PETER BEALES

ROSEN

meine Leidenschaft

PETER BEALES

ROSEN

meine Leidenschaft

Alles über Rosen vom
berühmten Rosengärtner

CHRISTIAN VERLAG

Für Joan

Aus dem Englischen übersetzt von Dr. Angela Kuhk
Redaktion und Satz: Barbara Kiesewetter
Korrektur: Petra Tröger
Umschlaggestaltung: Horst Bätz

Die Originalausgabe mit dem Titel *Peter Beales – A Passion for Roses*
wurde erstmals 2004 im Verlag Mitchell Beazley, einem Imprint der
Octopus Publishing Group Ltd, London, veröffentlicht.

Fotos: Marianne Majerus

Druck und Bindung: Toppan Printing Company, Hongkong
Printed in China

ISBN 3-88472-646-3

Umschlagfotos:
Vorderseite: *Rosa* 'Tuscany Suberb'.
Rückseite: *Rosa* 'Double Pink Burnet' inmitten von Schwertlilien und Lupinen.
Rücken: *Rosa* 'Ferdinand Pichard'.
Alle Umschlagfotos von Marianne Majerus.

Seite 1: *Rosa* 'Félicité Parmentier'.
Seite 2: *Rosa* 'Tour de Malakoff'.
Seite 3: *Rosa* 'Mme Plantier'.
Diese Seite: *Rosa* 'Raubritter' mit weißem Fingerhut (*Digitalis*).
Gegenüberliegende Seite: *Rosa* 'Amy Robsart'.

Inhalt

EINFÜHRUNG

Geburt einer Passion

Wenn ich an meinen ersten Arbeitstag mit Rosen zurückdenke, erinnere ich mich an den überwältigenden Duft von Apfelrosen und daran, dass die Sonne heiß und gnadenlos schien. Es war 1951, ich war fünfzehn Jahre alt und begann meine Lehre bei den berühmten LeGrice Nurseries in Norfolk. Edward LeGrice persönlich hatte mich damit beauftragt, eine zugewucherte Ecke mit Apfelrosen zu jäten. Bis heute frage ich mich, ob er mich prüfen wollte, denn ich entdeckte später, dass »Vater«, wie er hinter seinem Rücken von seinen Mitarbeitern genannt wurde, auf strikte Disziplin hielt. Falls es eine Prüfung war, stand ich jedenfalls kurz davor, sie nicht zu bestehen, denn ich erinnere mich, wie ich am Ende des Tages mit zerkratzten Armen und schmerzendem Rücken dachte: »Wenn dies Rosenzüchten sein soll, dann möchte ich niemals wieder auch nur eine einzige Rose sehen.« Doch irgendwie hatte ich bestanden, denn von da an wurde meine Arbeit interessanter. Durch den hervorragenden Unterricht und die Führung dieses großartigen Rosenmenschen begann meine lebenslange Liebesgeschichte mit den Rosen. Durch seine umfassende Kenntnis und seine tiefe Zuneigung zu Rosen sowie durch seinen Wunsch, dies mit anderen zu teilen, entwickelte sich zwischen Lehrer und Schüler eine äußerst befriedigende Arbeitsbeziehung.

'William Lobb' und 'Tour de Malakoff'
(vorhergehende Seite)
Die überhängende Zentifolie 'Tour de Malakoff' wurde mit der Moosrose 'William Lobb' kombiniert. Mohn (*Papaver orientale* 'Patty's Plum') und Dreimasterblumen (*Tradescantia*) ergänzen das Bild. Hier zeigt sich, wie gut Rosen in ähnlichen Farbtönen mit unterschiedlichsten Pflanzen eine reizvolle Komposition eingehen.

'Tuscany Superb'
(unten)
Die Hauptrolle in dieser geschmackvollen Inszenierung kommt der Gallica-Rose 'Tuscany Superb' zu, die sich hier locker zwischen Stauden wie Glockenblumen (*Campanula*), Fingerhut (*Digitalis*) und Lavendel (*Lavandula*) einfügt.

Meine Lehre war allumfassend: Zu ihr gehörten jahreszeitlich bedingte Aufgaben wie Schnitt, Pflanzen, Krankheits- und Schädlingsbekämpfung sowie alle übrigen Aspekte guter Rosenpflege. Im Laufe der Zeit galt meine Neigung jedoch stärker jenem Bereich, der für mich der spannendste in der Rosenzucht war, dem Hybridisieren und der Vermehrung. Es faszinierte mich, LeGrice beim Kreuzen verschiedener Sorten zuzusehen und die Verschiedenheit der so entstandenen neuen Pflanzen zu beobachten. Obwohl sich meine Arbeit zunächst auf das Etikettieren und Protokollieren beschränkte, gelangte ich schließlich doch zu den höheren Weihen eigener Kreuzungen. Ich erinnere mich besonders an eine wundervoll samtig dunkelrote Zucht aus 'Tuscany Superb', eine Rose, die Le Grice später ausgiebig in seiner Zucht nutzte. Meine Rose sah zunächst vielversprechend aus, aber am ersten heißen, sonnigen Tag welkte sie und ging ein.

R. rubiginosa
Die Wildform der Apfelrose treibt Blätter, die den Duft von Äpfeln verströmen. Es war ein Beet dieser aus Samen gezogenen Rosen, das ich an meinem ersten Tag als Rosenzüchter zu jäten hatte. Und bis heute muss ich beim Duft von Apfelrosen an meinen schmerzenden Rücken und die Kratzer an meinen Armen denken, die mir die wichtigsten Tage meines Lebens im Jahre 1951 beschert haben.

Wegen meiner Lehre war meine Wehrpflicht verschoben worden und ich wurde erst mit 20 Jahren eingezogen. Der zweijährige Dienst erweiterte meinen Horizont und stärkte mein Selbstvertrauen, doch auch in Uniform habe ich meine Leidenschaft für Rosen nie vergessen und wollte meine Laufbahn möglichst rasch fortsetzen.

In den 1950er- und 60er-Jahren erhielt meine Passion für Alte Rosen durch die Lektüre der Werke von Graham Stuart Thomas weiteren Auftrieb. Seine Schriften beeinflussten mich so stark, dass ich ihm kurz vor Ende meines Wehrdienstes schrieb und ihn um eine Anstellung in der damals von ihm geleiteten Pflanzschule Thomas Hilling of Chobham, Surrey, bat. Zu meiner großen Freude stellte er mich tatsächlich ein. Ich arbeitete ein Jahr lang für ihn, bevor er weiterzog, und ich plötzlich zum Hüter dieser wunderbaren und berühmten Sammlung wurde, die Graham Thomas über viele Jahre hinweg aufgebaut hatte. So konnte ich viel Zeit damit verbringen, das Wesen dieser Rosen kennen zu lernen und zahlreiche unter ihnen nach Art und Sorte zu bestimmen.

Je mehr ich über die Vorzüge Alter Rosen erfuhr und ihre Vielschichtigkeit besser kennen lernte, umso mehr lernte ich sie lieben, so sehr, dass ich meine Freizeit zum Teil stöbernd in Antiquariaten auf der Suche nach Rosenbüchern verbrachte. Nach und nach entstand so eine umfangreiche Sammlung, die bis heute ergänzt wird. Mehrmals stieß ich hierbei auf die Werke solch bedeutender Verfasser wie Nancy Steen, James Russell und Vita Sackville-West, die meine Leidenschaft gefestigt und meine Wertschätzung des geschriebenen Wortes in Bezug auf Rosen gesteigert haben.

Gelebte Leidenschaft

Mitte der 1960er-Jahre begann ich meine eigene bescheidene Rosenschule und schon bald verlockte mich wieder das Hybridisieren, erst im kleinen Rahmen, aber nach und nach auch mit größerem Anspruch. Die erste neue Sorte, die ich eingeführt habe, war eine duftende, erdbeerfarbene Floribunda namens 'Penelope Plummer'. Ich zucke heute zusammen bei dem Gedanken, dass diese Rose nach der »Miss World« 1968 benannt wurde. Wie politisch inkorrekt das doch heutzutage wäre! Tatsächlich ist diese Floribunda erstrangig, wenn auch etwas extravagant. Ich mag sie noch immer gern und sie ist nach wie vor in meinem Katalog zu finden.

Eine weitere Züchtung von mir, die wohlgeformte, duftende, cremefarbene Teehybride 'Pinta', wurde 1973 eingeführt. Der Name stammt von der damaligen Werbegesellschaft für Milchvermarktung. Die Zeiten waren schwierig und ich war gezwungen, mich um Sponsoren zu bemühen, um das Überleben meines Betriebes zu sichern. Nun war Sponsoring nicht immer mit gutem Geschmack in Einklang zu bringen und es hat Situationen gegeben, in denen ich meinen Stolz ablegen musste. In besonderem Maße war dies bei 'Pinta' der Fall. Im Jahr ihrer Einführung hatte unser Stand bei der Sommerschau der Royal National Rose Society einen Challenge Cup gewonnen. Die Werbegesellschaft für Milch hatte – zu unserem großen Leidwesen – einen Schauspieler mitgebracht, der als große schwarzweiße Katze verkleidet war und fotografiert wurde, wie er Sahne aus dem Challenge Cup leckte! Meine Frau und ich versteckten uns während dieser Aktion hinter dem Stand. Weitere gesponserte Rosen, die alle ein Erfolg waren, sind 'Norwich Union', 'Everest Double Fragrance' und 'Norwich Castle'.

Seit meinen frühesten Tagen als Rosenzüchter sind Blumenschauen von großer Bedeutung gewesen, sowohl als Werbeveranstaltung für neue Sorten wie auch als Forum für die Vermarktung der Rosen. Nach einigen Jahren »Probezeit« bei weniger renommierten Schauen, wurde ich schließlich eingeladen, in Chelsea auf der berühmtesten Blumenschau der Welt auszustellen. Der erste dort gewonnene Preis gehörte der untersten Kategorie an, die man ergattern konnte, eine Banksian Medal. Ich empfing ihn mit großem Stolz und fühlte mich angespornt, beim nächsten Mal eine bessere Leistung zu bringen. In Chelsea erhält man nicht leicht einen Preis und wir arbeiteten uns langsam hoch. Schließlich dauerte es 25 Jahre, bis wir für eine Zusammenstellung nostalgischer Strauch- und Kletterrosen sowie Rambler die Goldmedaille gewannen.

Ich habe bereits die Werke von Nancy Steen erwähnt. Ihr Buch, *The Charm of Old Roses*, das Mitte der 1950er-Jahre erschien, war nicht nur mir ein Quell der Anregungen, sondern auch zahllosen Rosenfreunden weltweit, insbesondere in der Heimat Nancy Steens, Neuseeland. Die dortigen Liebhaber Alter Rosen zählten zu den Ersten, die eine eigene Gesellschaft zur Förderung der Kultivierung und des Erhalts jener Pflanzen, die sie als Heritage-Rosen bezeichneten, ins Leben riefen.

Dies erinnert mich an meinen guten Freund, Keith Money, der aus Neuseeland stammt. Mein erstes Treffen mit Keith wird mir immer in frischer Erinnerung bleiben. Es war

'Sander's White Rambler' *(rechts)* Die einzige reinweiße Ramblerrose der Wichuraiana-Gruppe, 'Sander's White', lässt sich mit ihren langen, schlanken Trieben hervorragend an Bögen und Spalieren ziehen. Unter dem Bogen bieten einige Gallica-Rosen der Sorte 'Rosa Mundi' einen stilvollen Farbkontrast. In dem von Nancy Steen entworfenen weißen Garten habe ich mehrere herrliche Exemplare dieses prächtigen Ramblers entdeckt.

an einem heißen Tag im Hochsommer in meiner Rosenschule, die damals in Swardeston bei Norwich lag. Er wohnte in der Nähe, in dem Dorf Caston. Als er hörte, dass ich begonnen hatte, Alte Rosen zu sammeln, besuchte er mich und wollte wissen, was ich vorhatte. Mir wurde schnell klar, dass uns die gleiche Leidenschaft verband, auch er liebte Rosen. Er war etwa so alt wie ich und hatte als Künstler, Autor und Fotograf bereits internationale Anerkennung erlangt. Tatsächlich steuerte Keith später die Fotos zu vier kleinen Bänden bei, die ich in den 1970er-Jahren zur Geschichte der Rosen schrieb. Sie gelten jetzt als Sammlerstücke.

Bevor ich Keith kennen lernte, hatte er schon eine ansehnliche Sammlung seltener und historisch bedeutender Rosen zusammengetragen. Zu ihr gehörte zum Beispiel 'Dame Edith Helen', die damals weltweit als verloren gegangen galt. Noch wichtiger war, dass er bei seinen sorgfältigen Nachforschungen 'Lady Mary Fitzwilliam', eine alte Teehybride, die Arthur Bennett zur Zeit Königin Viktorias gezüchtet hatte, wieder entdeckt hatte. Sie galt zur Zeit Bennetts als bedeutende Elternrose. Keith hatte die Rose in einem Nachbargarten gefunden, ein älterer Australier bestätigte ihre Echtheit. Als dessen Sohn, der professionelle Rosenzüchter Dean Ross, ihm Keiths Foto der Rose zeigte, erinnerte er sich, die Sorte kurz nach 1900 gesehen zu haben, als er die Rosenschule der Familie Ross begonnen hatte. Auch diese Rose galt zur Zeit ihrer Wiederentdeckung als für die Kultivierung verloren gegangen.

Gelegentlich zogen Keith und ich in die ländliche Umgebung von East Anglia auf der Suche nach alten, verschollenen Rosen. Wenn wir jenseits eines Zauns oder an einer Mauer oder einem Spalier ein interessantes Exemplar erspähten, hielten wir an, klopften an die Haustür und fragten den Besitzer oder die Besitzerin, ob wir uns die Rose ansehen dürften. Eigentlich haben wir bei diesen Beutezügen nur wenige bedeutsame Sorten entdeckt, aber uns gefiel immer das Jagdfieber, das uns dabei packte.

Als ich Keith zum ersten Mal begegnete, schrieb er an einer Biografie über die Balletttänzerin Anna Pavlova, und eines Tages stöberte er bei mir durch meine Reihen mit Sämlingen auf der Suche nach einer Rose, die würdig wäre, den Namen der großen Ballerina zu tragen. Sein Geschmack erwies sich als tadellos, denn er wählte eine erstklassige, aus Saatgut gezogene Rose aus. Die stark duftende, zartrosa teehybridartige Strauchrose gehörte schon bald zu den beliebtesten Sorten meiner Rosenschule. Keith ist mittlerweile nach Neuseeland zurückgekehrt, wo er noch immer mit Begeisterung Rosen züchtet. Als ich ihn vor kurzem besuchte, war die erste Rose, die mich beim Eintreten in seinen Gartens willkommen hieß, 'Anna Pavlova'.

'Anna Pavlova' spielt auch in einer weiteren Lieblingserinnerung eine Rolle, sie betrifft die verstorbene Königinmutter. Die Sandringham-Blumenschau in meiner Heimat Norfolk war immer eine wichtige Ausstellung für meine Rosenschule, und die Königinmutter besuchte die Schau 36 Jahre lang mit großer Regelmäßigkeit. Als ich sie eines Tages durch unseren Stand führte, äußerte sie gegenüber einem ihrer Begleiter, dem Choreographen Sir Frederick Ashton: »Wäre es nicht herrlich, wenn eine Rose nach dir, Fred, benannt würde?« Ich betrachtete dies als königlichen Befehl. Die Vorsehung wollte, dass ich einige Tage nach der Schau eine reinweiße Spielart an einer 'Anna Pavlova' fand. Von dieser Sorte stellte ich hinreichend Zuchtmaterial zusammen, um zwei Jahre später den königlichen Wunsch erfüllen zu können und Sir Frederick seine eigene Rose zu überreichen, die natürlich 'Sir Frederick Ashton' hieß.

Grenzenlose Leidenschaft

Ich war bereits Mitte vierzig, als ich mit meinen weltweiten Reisen auf der Suche nach Rosen und Rosengärten begann. Vorher hatte ich, vielleicht etwas naiv, angenommen, Rosen würden nirgends besser als in England gedeihen. Schließlich ist die Rose das Wahrzeichen Englands und nimmt in der Geschichte des Landes eine bedeutende symbolische Rolle ein. Auf meinen Reisen stellte ich jedoch fest, dass Rosen in fast allen Regionen der Welt gedeihen, und häufig musste ich neidvoll feststellen, wie ausgesprochen gut sie jenseits der Grenzen Englands gerieten.

Rosen lieben das Klima in den südlichen Staaten Australiens. Mein erster Besuch in diesem Land, Mitte der 1980er-Jahre, ist mir unvergessen. Ich zählte zu den Gastrednern bei der International Heritage Rose Convention in Adelaide. Kurz nach meiner Ankunft wurde ich David Ruston vorgestellt, den ich jetzt als einen der größten Rosenzüchter der Welt betrachte und mit dem ich bis heute befreundet bin. David fuhr mich zu seinen Gärten, etwa 300 km nördlich von Adelaide, in der Nähe von Renmark. Wir fuhren in die Nacht hinein und erlebten beim Überqueren des Murray-Flusses bei Swan Reach einen der schönsten Sonnenuntergänge, an die ich mich erinnern kann.

Der nächste Tag sollte ein ernsthafter Rosentag für mich werden. Ich entdeckte nach und nach Davids gewaltigen Garten und stieß auf Rosen, die ich seit den Tagen meiner Lehre nicht mehr gesehen hatte. So etwa 'McGredy's Sunset' und 'McGredy's Yellow', um hier nur zwei Teehybriden zu nennen, und 'Dainty Maid' und 'Dusky Maiden', zwei seiner vielen Floribundas. Mit über 4000 Sorten besitzt David die größte Rosensammlung der südlichen Halbkugel. Der Tag, den ich in Renmark verbrachte, muss der heißeste Tag des Jahres gewesen sein. Auch die Luftfeuchtigkeit war hoch, da der gesamte Garten mit Wasser, das aus dem Murray-Fluss gepumpt wurde, gewässert wurde. Ich erinnere mich, dass ich dort zum ersten Mal 'Bloomfield Dainty' und 'Bloomfield Courage' sah, beides Kletterrosen. Der Garten ist von einem kängurusicheren Zaun (2,5 m hoch) umgeben, an dem David eine Vielzahl von Rambler- und Kletterrosen sowie Rankpflanzen zieht.

'Dainty Maid'
Die Floribunda-Rose 'Dainty Maid' ruft glückliche Erinnerungen an die ersten Tage meiner langen Liebesgeschichte mit Rosen hervor. Als ich 1951 meine Lehre bei Edward LeGrice begann, zählte sie bereits zu den beliebtesten Polyantha-Hybriden (den heutigen Floribundas). LeGrice hatte 'Dainty Maid' 1940 gezüchtet und eingeführt, bevor er von der Regierung gehalten wurde, die Rosenzucht kriegsbedingt zugunsten von Gemüseanbau aufzugeben.

Am meisten beeindruckte mich eine riesige Pflanze namens 'Mermaid'. Es muss damals die größte Pflanze der Welt gewesen sein, und vermutlich ist sie jetzt sogar noch größer. Ich habe kletternde Teerosen gesehen, die Arm in Arm mit Zitronen- und Orangenbäumchen wuchsen. Da ich aus kälteren Regionen stamme, hatte ich diese interessante Kombination niemals zuvor gesehen. Früh am nächsten Morgen erwischte ich einen Bus, der mich 24 Stunden später ziemlich müde von der Reise in Sydney absetzte. Der heiße Tag in Davids Garten wird mir immer in Erinnerung bleiben.

Auf der selben Reise flog ich dann von Sydney weiter nach Neuseeland. Dieses Land besitzt ebenfalls zahlreiche gute Rosengärten und gute Rosenzüchter, von denen ich viele zu meinen Freunden zähle. Ich erinnere mich, wie mir der Witwer von Nancy Steen, David, ihren Weißen Garten zeigte. Es war überaus spannend, einen Garten zu sehen, der mich in einer früheren Lebensphase auf den Seiten eines Buches sehr angeregt hatte. Ein weiterer großartiger Rosengarten ist der Parnell Garden mitten in Auckland, und ich durchstreifte mehrere glückliche Stunden lang die dortigen Rosenbeete. In Neuseeland gibt es überall Rosen, von Auckland im Norden bis Dunendin und allen Orten des Südens.

Auch in Europa gibt es viele hervorragende Rosengärten, private wie öffentliche, die über den gesamten Kontinent verstreut sind, vom kühlen Oslo bis zum sonnigen Neapel, was wiederum die große Klimatoleranz dieser Pflanzen unter Beweis stellt.

Verborgene Gärten haben immer meine Fantasie beflügelt, und obwohl der Besitzer des Gartens hinter dem Terrassenhaus im französischen Pithiviers weltweite Bekanntheit genießt, hatte ich dennoch Schwierigkeiten, seinen Garten zu finden. Es war immer mein Wunsch gewesen, den Mann kennen zu lernen, der dort lebte, der berühmte französische Rosenzüchter André Ève. Als wir uns dann trafen, und obwohl keiner von uns beiden die Sprache des anderen beherrschte, konnten wir über das Medium der Rosen problemlos miteinander kommunizieren. (Eines der vielen Dinge, die ich auf meinen Reisen gelernt habe, ist, dass Rosen keine Grenzen kennen und es keine Sprachbarrieren zwischen Rosenzüchtern gibt.) Ich verbrachte einen wunderbaren Tag mit ihm in seinem zauberhaften Garten, in dem ich u. a. 'Souvenir de Mme Léonie Viennot' in herrlicher Blüte hoch auf einer Mauer fand, ebenso ein großes Exemplar der 'Cerise Bouquet', die in die Krone eines sehr hohen Baumes emporgewachsen war.

Pithiviers liegt in der Nähe von Paris, wo es zwei bedeutende Rosengärten gibt. Zunächst die Roseraie de l'Haÿ-les-Roses, wo über viele Jahre eine große Sammlung historischer Rosen zusammengetragen wurde, einschließlich einiger, die nirgendwo sonst zu sehen sind. Der zweite berühmte Garten ist die Roseraie du Parc de Bagatelle. Ein besonderer Anziehungspunkt sind hier die vielen Kletter- und Ramblerrosen, die an Obelisken hochranken – ein großartiger Anblick von Ende Mai bis Mitte Juli. Weitere französische Städte mit bedeutenden Rosengärten sind Lyon und Orléans.

Auch mein Besuch im belgischen Chateau Hex war äußerst lohnend, zum einen wegen der zahlreichen Rosen, die in den Schlossgärten wachsen, zum anderen wegen der Rosenleidenschaft des Besitzers, Graf d'Ursel, die er von seiner Mutter, Gräfin

Nanda d'Ursel, geerbt hat. Insbesondere sind mir hier die Rambler 'Sander's White' und 'Debutante' im Gedächtnis geblieben, die sich anmutig um hohe Obelisken ranken. Rosengärten von beträchtlicher Größe finden sich in Deutschland reichlich, etwa in Städten wie Baden-Baden, Dortmund, Kassel, Karlsruhe, Uetersen und Erfurt, um nur einige zu nennen. Sie sind alle großartig angelegt und in Parks und öffentliche Grünflächen integriert. Das thüringische Sangerhausen hat mit 7000 Sorten die größte Rosensammlung der Welt. In jüngerer Zeit hat auch Oelde in Westfalen sich erfolgreich zu einer »Gartenstadt« entwickelt, mit zahlreichen zu entdeckenden Gärten. Mit großer Freude war ich an der Pflanzung des dortigen Rosengartens beteiligt und taufte bei der Eröffnung im Jahr 2002 einen unserer Sämlinge 'City of Oelde'.

Auch bei den Italienern ist eine große Rosenleidenschaft zu verzeichnen: In Rom und Genua gibt es herrliche städtische Gärten, in Cavriglia hat Professor Fineschi über

'Petite d'Hollande' und 'Pink Bells'
Die Sonnenuhr ist der einzigen Hinweis darauf, dass die Zeit auch in diesem wundervoll verwunschenen Garten, in dem Rosen sich mühelos zwischen anderen Pflanzen einfügen, existiert. Unter ihnen gedeihen die alte Zentifolie 'Petite d'Hollande' und die moderne Flächenrose 'Pink Bells'. Sie zeigen, dass alte und neue Rosen gut miteinander harmonieren.

'Ballerina' *(rechts)*
Die Moschata-Hybride 'Ballerina' scheint hier bemüht, zwischen Frauenmantel (*Alchemilla mollis*) und der Rugosa-Hybride 'Red Grootendorst' Beachtung zu finden. Doch bin ich zuversichtlich, dass 'Ballerina' nicht überwuchert wird, schließlich ist es eine Rose mit großem Überlebenswillen. Außerdem wird ihr in den Gärten von Mannington Hall, Norfolk, in Großbritannien, sicher jemand mit einer Gartenschere zu Hilfe eilen, sollte die Rose in eine bedrohliche Lage geraten.

Roseraie de l'Haÿ-les-Roses *(unten)*
Der Vordergrund wird von dem Wichuraiana-Rambler 'American Pillar' beherrscht, der sich mit Leichtigkeit über einen Bogen spannt. Gegenüber erfüllt der Multiflora-Abkömmling 'Thalia' eine ähnliche Rolle. Die Roseraie de l'Haÿ-les-Roses in der Nähe von Paris besitzt eine herrliche Sammlung verschiedenster Rosen.

viele Jahre hinweg mit großer Liebe eine umfangreiche, erlesene Rosensammlung zusammengestellt. Auch gibt es landesweit eine stattliche Zahl privater Gärten. Auf Capri wurde ich einmal gebeten, einen Rosengarten in einem Gelände mit ausgewachsenen Kakteen anzulegen. Meine gesamte Vorstellungskraft war hier gefordert! Mein Lieblingsgarten weltweit ist ohne jeden Zweifel der Garten von Ninfa (Latina). Er entstand in den letzten 80 Jahren in einer zerfallenen Stadt, deren Geschichte bis zur Römerzeit zurückreicht und die seit dem 14. Jahrhundert völlig verlassen ist. Der Ort wurde zu einem großartigen Waldgarten mit einer herrlichen Atmosphäre umgestaltet. Zwischen den Bäumen erheben sich etwa sieben mittelalterliche Kirchenruinen, Rosensorten aus den letzten zwei Jahrhunderten finden sich, wohin das Auge auch reicht.

Obwohl Rosen in den nordöstlichen Staaten der USA einen guten Winterschutz benötigen, blühen sie nahezu überall. In Kalifornien gedeihen sämtliche Sorten, wenngleich sich die europäischen Ursprungs – also die einmal blühenden Sorten – meist weniger gut entwickeln. Für sie sind die Sommer zu heiß, die Winter zu kurz und warm. Die alten Tee- und China-Rosen blühen nahezu ganzjährig, wie auch viele Austin-Rosen, die hier sehr verbreitet sind. (Ich nenne sie nicht gern »Englische« Rosen, schließlich sind doch alle Rosen, die von englischen Rosenzüchtern gezogen werden, Englische Rosen.) Ebenso gedeihen Teehybriden, Floribundas und moderne Strauchrosen hier prächtig, insbesondere in Küstennähe und in den weiten fruchtbaren Tälern. Letztere bieten auch ideale Bedingungen für kommerzielle Rosenschulen, die Millionen von Rosen hervorbringen, sowohl durch Okulation wie auch durch Vermehrung durch Stecklinge. Den Rosengarten, den ich in Kalifornien am besten kenne, ist der Huntington Botanic Garden, der von dem Kurator, Clair Martin III., hervorragend geführt wird. Er besitzt eine prachtvolle Sammlung, die in verschiedenen Themengärten, darunter auch einem im Stile der Shakespeare-Zeit, präsentiert wird. Im Bundesstaat Oregon finden sich noch bessere Klimabedingungen für die Rosenzucht als in Kalifornien. So besitzt die Stadt Portland einen hervorragenden Rosengarten, der alljährlich viele tausend Besucher anzieht. In Oregon befindet sich auch die Heirloom-Rosenschule, die von Louise und John Clements geführt wird und eine sehr umfassende Sammlung sämtlicher Rosensorten, die aus Stecklingen gezogen werden, anbieten. Die auf diese Weise vermehrten Rosen, die unter dem Namen wurzelechte Rosen bekannt sind, beginnen allmählich die

kommerzielle Rosenszene in den USA zu beherrschen. Zwei weitere sehr bekannte Züchter derartiger Rosen sind Mike und Jean Shoup, die das Antique Rose Emporium in Brenham, Texas, leiten, sowie Paul Zimmermann, der Ashdown Roses in Landrum, South Carolina, führt.

Im Osten Kanadas ist das Klima eher rau. Dennoch gedeihen dort, insbesondere in und um Toronto und Montreal, erstaunlich viele Rosen. Wie schon im Nordosten der USA benötigen die Pflanzen jedoch einen guten Winterschutz. Westlich der Rocky Mountains ist das Klima milder, und das Wetter von Vancouver und Victoria gleicht jenem Englands. Ich habe in den USA und in Kanada viele glückliche Stunden damit verbracht, mit befreundeten Rosenzüchtern die verschiedensten Rosengärten anzusehen.

Im Jahr 1990 besuchte ich Indien, um einen Vortrag bei der Indian Rose Convention in Lucknow zu halten. Ich traf dort zahlreiche, begeisterte Rosenzüchter, und es war mir eine große Freude, so viele schöne Sorten in so guten Händen zu sehen. Historisch betrachtet waren die ersten China-Rosen über die alte Seidenstraße auf den indischen Subkontinent und von dort in den Nahen Osten gelangt. Wenngleich es stimmt, dass britische Pflanzensammler im späten 18. und 19. Jahrhundert Rosen auf direktem Weg von China nach Europa brachten, so darf man doch nicht vergessen, dass Rosen dieser Art bereits lange zuvor in Indien und den arabischen Ländern gediehen.

In jüngerer Zeit ist in Japan ein verstärktes Interesse für Rosen zu verzeichnen. Das Land besitzt eine starke nationale Rosengesellschaft, die große Unterstützung erhält, und in den meisten Gegenden des Landes werden Rosen mit großem Erfolg gezogen. Ich habe Japan seit 1997 regelmäßig besucht und es ist immer wieder eine Freude, mit so vielen engagierten Rosengärtnern zu sprechen. In und um Tokio wie auch weiter außerhalb wurden große Rosengärten angelegt. Ein sehr guter Garten entstand in Gifu, wo es eine bedeutende Sammlung an Wildrosen und Historischen Rosen wie auch nahezu jede erdenkliche Moderne Rose zu sehen gibt.

Ein weiterer wichtiger Garten, deren Besitzer auf ihre Rosensammlung stolz sind, ist jener in Tateshina bei Chino in den Ausläufern der japanischen Alpen. Er heißt Barakura und hat sich auf Gärten im englischen Stil spezialisiert. Er gehört der Familie Yamada und vor kurzem hat mein Unternehmen eine neue, dort entdeckte Bourbon-Rose eingeführt – eine dunkle pflaumenrote Spielart der gestreiften 'Variegata di Bologna' – und sie nach dem weiblichen Familienoberhaupt 'Mrs Yamada' benannt. Frau Kay Yamada gilt in ihrem Land als sehr berühmte Gärtnerin und gewann im Jahre 2002 die vergoldete Silbermedaille bei der Blumenschau in Chelsea.

In Großbritannien haben natürlich die meisten Gärten mindestens eine Rose aufzuweisen, und selbst jene Briten, die keinen eigenen Garten besitzen, können sich in einem nahe gelegenen Garten an Rosen erfreuen. Aus irgendeinem Grund sind in Großbritannien (mit der Ausnahme von Belfast, Glasgow, Aberdeen und dem Queen Mary Rose Garden in London) große städtische Rosengärten nicht sehr verbreitet, dafür gibt es eine Fülle herrlicher öffentlicher Gärten, die Organisationen wie dem National Trust und der Royal Horticultural Society gehören. In Schottland besitzen die

botanischen Gärten von Edinburgh und Glasgow gute umfassende Rosensammlungen. Weiter nördlich, in Drum Castle bei Aberdeen, befindet sich ein weiterer schöner Rosengarten. Doch das Rosenzentrum der Insel ist der Garten in St Albans, Hertfordshire, im Besitz der Königlichen nationalen Rosengesellschaft.

Einige Privatgärten verdienen hier besondere Erwähnung, da sie sowohl im Umfang wie auch in der Zusammenstellung ihrer Sammlungen und in ihrer Anlage hervorragend sind. Mottisfont Abbey Gardens bei Romsey in Hampshire wird vom National Trust geführt. Der weitläufige, von Mauern eingefasste Garten besitzt eine gepflegte Sammlung Alter Rosen in Beeten und Rabatten und an Rankgerüsten. Die Gartenanlage wie auch die Auswahl der Pflanzen stammt noch von dem mittlerweile verstorbenen Graham Stuart Thomas. Der Garten wird heute von David Stone geführt.

Zu den schönsten Gartenanlagen Englands zählen zwei Privatgärten in Norfolk: Mannington Hall und Elsing Hall. Der Erste gehört Lord und Lady Walpole, der Zweite David und Shirley Cargill. Die Sammlung in Mannington gibt einen Einblick in die Entwicklung der Rosen vom Mittelalter bis heute. In Elsing Hall entstand in den letzten 20 Jahren ein schönes Ensemble mit älteren Rosensorten. Die Royal Horticultural Society hat in den Wisley Gardens in Surrey vielfältige Sorten gepflanzt, ebenso gestaltete sie einen Rosengarten mit alten und neuen Sorten in Rosemoor im nördlichen Devon.

Dies führt mich zum Ende meines raschen Rundgangs durch die Rosengärten dieser Welt. Ich konnte hier nur kurz auf ihre Vielfalt und Unterschiede eingehen. Die Beliebtheit und Anziehungskraft der Rosen ist so groß, dass es zehn Bände mit dem zweifachen Umfang des vorliegenden erforderte, sie gebührend zu beschreiben.

'Seagull' und 'Charles de Mills'
Der Multiflora-Rambler 'Seagull' hat im Garten von Elsing Hall im englischen Norfolk eine der Türen bereits fast für sich beansprucht. Darunter ist die Gallica-Rose 'Charles de Mills' zu erkennen. Selbst wenn ich nicht wüsste, woher dieses Foto stammt, hätte ich es mit Sicherheit erraten, denn der Eindruck ist mehr als typisch für die Arbeit von Shirley Cargill, die Elsing Hall zusammen mit ihrem Ehemann David besitzt. Fingerhut (*Digitalis*), Mohn (*Papaver*), Mutterkraut (*Tanacetum parthenium)* und Storchschnabel (*Geranium*) sind nur einige der Pflanzen, die hier in harmonischer Lässigkeit mit den Rosen gedeihen.

Rosen in der Gartenlandschaft

Die Gattung *Rosa* ist die einzige Pflanzengattung, die für jede im Garten zu erfüllende Rolle eine geeignete Vertreterin bietet. Umso erstaunlicher ist es, dass Rosen etwa bis zur Mitte des 20. Jahrhunderts zumeist in eigenen Beeten oder einem eigenen Rosengarten isoliert wurden.

Dankenswerterweise übernehmen Rosen heutzutage, unabhängig von der Größe des Gartens oder der Zahl der verwendeten Pflanzen, vielfältige Rollen und sind zudem zu Hauptdarstellern im Gartenszenario geworden. Möglich wurde dies, weil die Alten Strauchrosen in den letzten Jahren zunehmend beliebter geworden sind und weil Moderne Strauchrosen bei Rosenzüchtern und in guten Gartenmärkten in großem Umfang angeboten werden. Darüber hinaus bietet die zunehmende Verwendung dekorativer Elemente im Garten eine weite Palette neuer Möglichkeiten für die Gartengestaltung mit Kletter- und Ramblerrosen.

In modernen Lifestyle- und Gartenmagazinen werden häufig gute Begleiter für Rosen beschrieben, und zahlreiche einschlägige Bücher widmen dem Thema meistens ein eigenes Kapitel. Tatsächlich fühlen sich Rosen in der Nachbarschaft nahezu sämtlicher anderer Gartenpflanzen wohl. In meinen Augen ist ein guter Begleiter eine Pflanze, die durch ihr Wesen die Ausstrahlung der sie umgebenden Pflanzen nicht beeinträchtigt oder unterdrückt, sondern sich einfügt und gleichzeitig dem Gesamtbild eine neue Dimension verleiht, etwa durch die Farbe der Blüte, des Laubs, durch den Duft oder unterschiedliche Höhen und Formen.

Darüber hinaus können Rosen in gemischten Rabatten auch Schwerpunkte setzen, die die Jahreszeiten übergreifen. So kann eine Staudenrabatte, die den Höhepunkt ihrer Blüte im Frühjahr erlebt, durch einige nostalgische Rosen auch im Hochsommer mit Leben erfüllt werden. Außerhalb der Rosenfamilie blühen nur wenige Sträucher länger als zwei bis drei Wochen, somit können strategisch gesetzte Strauchrosen in gemischten Pflanzungen wahre Wunder bewirken, wenn die jeweiligen Blütezeiten gut aufeinander abgestimmt sind. Auch Hagebutten, insbesondere die von Wildrosen, können einen naturnahen oder Waldgarten verschönern.

Ein weiteres Gestaltungselement, das oft in größeren Gärten zu finden ist, ist Wasser, gelegentlich fließend als Bach, meist jedoch als Teich oder kleiner See. Ich mag es sehr, wenn Rosen so nahe am Wasser wachsen, dass sie sich darin spiegeln, und ich liebe es, Blütenblätter auf dem Wasser treiben zu

'Reine des Violettes' (*rechts*)
Zu den charmantesten Alten Rosen zählt die Remontant-Rose 'Reine des Violettes', die ihren Namen zu Recht trägt. Je nach Laune erscheint sie in Violett und Grau, aber auch in rosa Schattierungen wie auf diesem Foto, das in meinem Garten nach einem kräftigen Regenguss entstand. Im Hintergrund ist farbenfroher Fingerhut (*Digitalis*) zu sehen, der sehr nützlich dabei sein kann, einer Gestaltung mit relativ locker wachsenden Rosen Struktur zu geben.

'Vanity' (*unten*)
Die grellrosa Moschata-Hybride 'Vanity' behauptet sich hier keck zwischen den Blüten des Storchschnabels *Geranium* 'Johnson's Blue'. Farbzusammenstellungen wie diese springen ins Auge, doch sollte man sie für mein Gefühl und vor allem in kleineren Gärten eher sparsam einsetzen.

R. wichuraiana
Die rankende Wildrose *R. wichuraiana* erfüllt einen sehr nützlichen Zweck, indem sie das Ufergelände in Mannington Hall, Norfolk, begrünt und dabei bis zum Wasser reicht. Wie alle Rosen ist sie für relativ feuchten Boden dankbar. Aus dieser Wildrose gingen sämtliche Wichuraiana-Rambler hervor.

sehen. In kleineren Gärten passen kompakte Floribundas und die nicht ausladenden Flächenrosen gut in Teichnähe.

Rosenhecken bilden seit langem einen Teil der Gartenszenerie. Was mich betrifft, hätten sie es durchaus verdient, noch beliebter zu sein. Für eine eher formbetonte Hecke eignen sich einmalblühende Sorten, die jährlich nach der Blüte in Form geschnitten werden. Die Apfelrose leistet hier besonders gute Dienste. Für weniger formbetonte Hecken lässt sich nahezu jede Rosensorte verwenden, *Rugosa*-Hybriden zählen hier zweifelsohne zur ersten Wahl.

Der Trend zur Gartengestaltung mit baulichen Elementen hat in den letzten Jahren Innenhöfe und Terrassen entstehen lassen. Mit der Verbreitung der gepflasterten Flächen stieg auch die Verwendung niedrigerer Rosen stark an. Sie werden heute oft Patiorosen genannt, ein Name, den ich, ehrlich gesagt, nicht mag. Ich ziehe es vor, sie als kompakte Floribundas zu bezeichnen. Diese Rosen sind vielseitig einsetzbar. Sie sind überwiegend sehr farbenfroh und pflegeleicht, und da sie von Natur aus klein und buschig sind, wachsen sie niemals über die kleinen Flächen hinaus, für die sie meist vorgesehen sind.

Innenhöfe und Terrassen eignen sich auch wunderbar als Stellfläche für Töpfe und Kübel, und Rosen nehmen wiederum mit Pflanzgefäßen in jeder Größe vorlieb. Kompakte Floribundas eignen sich besonders für Gefäße mit einem Durchmesser von 30 cm. Ist das Gefäß ausreichend groß und die Pflanzerde nährstoffreich genug, gedeiht jede Rose in einem Kübel, selbst Kletterrosen und Rambler. Eigentlich reagieren alle auf diese Weise gezogenen Rosen hervorragend auf die zusätzliche Aufmerksamkeit, die ihnen hier zuteil wird. Im Frühjahr, Sommer und Herbst ist tägliches Wässern natürlich besonders wichtig.

Ich war niemals ein großer Freund von Hochstammrosen, besonders, wenn sie in einem offenen Garten verwendet werden. Zu einer Ausnahme bin ich bereit, und zwar, wenn diese Rosen als wesentlicher Teil einer formbetonten Anlage eingesetzt werden. Hochstammrosen sind ideale Kübelpflanzen, die sich hervorragend in Halbtonnen setzen lassen. In Innenhöfen und auf Terrassen ziehe ich Halbstämme vor, da ihre Höhe in einem besseren Verhältnis zu jener der sie umgebenden Pflanzen steht.

Manche Rosen sind in ausgewachsenem Zustand eher breit als hoch. Sie werden meist Bodendecker genannt, ich selbst ziehe die Bezeichnung Flächenrosen vor. Rosen dieses Typs benötigen für ihre Entwicklung etwas Platz und einige lassen sich sogar hervorragend als niedrige Rambler verwenden. Da sie als besonders kosteneffektiv gelten, findet man sie immer häufiger in Rosenkatalogen und Gartenmärkten. Oft eignen sie sich sehr gut für großflächige Bepflanzungen in Rasenflächen und entsprechend werden sie in Parks und anderen öffentlichen Grünflächen zunehmend so eingesetzt. Eine positive Eigenschaft dieses Rosentyps ist, dass die meisten von ihnen öfterblühend sind. Nicht alle Sorten wachsen jedoch dicht genug, um den Wuchs unerwünschter Pflanzen wirkungsvoll zu unterdrücken, deshalb sollte man sich vor der Auswahl einer bestimmten Sorte über ihre Wuchsform in ausgewachsenem Zustand informieren.

Zum Schluss möchte ich noch jene Rosen erwähnen, die gern in Bäume emporranken. Diese Rosen erfreuen sich steigender Beliebtheit und so gibt es mittlerweile ein gutes Angebot an wuchsfreudigen, stark rankenden Rosen. Zu Beginn sind sie für eine Rankhilfe in Form von Drähten dankbar, auch sollte man sie nach Möglichkeit an die kühlere, dunklere Seite von bereits eingewachsenen Bäumen setzen, sodass sie sich beim Klettern dem Licht zuwenden.

Auf den folgenden Seiten beschreibe ich eine Auswahl von Rosen, die ich besonders gern empfehle – es sind Rosen, mit denen Sie gern zusammenleben werden und die, bei guter Pflege, auch das Zusammenleben mit Ihnen sehr schätzen werden

'Dr W. Van Fleet'
Alte Apfelbäume bilden eine ideale natürliche Rankhilfe für wuchsfreudige stark rankende Rosen wie die Wichuraiana 'Dr W. Van Fleet'. Dieses Exemplar ist offenbar bereits seit vielen Jahren etabliert. Gelegentlich wird die Rose mit 'New Dawn' verwechselt, deren Blüten identisch sind. Im Gegensatz zu der öfterblühenden 'New Dawn' treibt 'Dr W. Van Fleet' jedoch nur einmal Blüten, und ist folglich – da Rosen von Natur aus nicht gleichzeitig starkwüchsig und dauerblühend sein können – eine deutlich wuchsfreudigere Sorte.

WILDROSEN

Am meisten mag ich an Wildrosen die Reinheit und Schlichtheit ihrer Blüten. Sie sind überwiegend einfach blühend, besitzen meist fünf Blütenblätter und ihre Staubgefäße sind deutlich zu erkennen. Sie sind die Rosen der Natur, die wilden Rosen der Welt, die über alle Regionen der nördlichen Halbkugel verteilt sind. Zwar gedeihen sämtliche Rosenarten heute auch in den meisten gemäßigten Zonen der südlichen Halbkugel, wo sie vor Jahrhunderten eingeführt wurden, doch es gibt keinen Nachweis, dass Wildrosen sich auf natürliche Weise südlich des Äquators entwickelt hätten. Ihre Wildformen finden sich nur in vier Hauptregionen: Europa, Kleinasien, Asien und Nordamerika.

R. banksiae 'Lutea' (*vorhergehende Seite*) Aus diesem herrlichen Bild spricht die vornehme Blütenfülle von *R. banksiae* 'Lutea'. Die Gesellschaft der Tulpen – weist auf den frühen Zeitpunkt ihrer Blüte hin (Nahaufnahme auf Seite 38).

Wildrosen in Europa

Europäische Wildrosen sind weniger zahlreich als jene in anderen Teilen der Welt. Am weitesten verbreitet ist die Hundsrose, *R. canina*. Ebenso bekannt ist in Europa die Apfelrose, *R. rubiginosa*. Die Rose mit dem nach Apfel duftenden Laub war bis vor kurzem unter dem Namen *R. eglanteria* bekannt. Sie ist mit der Hundsrose eng verwandt. Die Dünenrose, *R. pimpinellifolia*, die heute offiziell *R. spinosissima* heißt, wächst in der freien Natur oft in Küstengegenden, da ihr ärmere, sandige Böden genügen. Diese drei Arten wie auch die weniger verbreitete Feldrose, *R. arvensis*, fühlen sich eher im nördlichen und östlichen Europa heimisch als weiter südlich, während die Essigrose, *R. gallica*, und die Moschusrose, *R. moschata*, die Wärme des Südens schätzen und gelegentlich am Mittelmeer auch in der freien Natur wachsen. Für die heutigen hochgezüchteten Rosen waren die Gene all dieser Wildrosen von großer Bedeutung.

R. canina (*unten*) Unter den Europäischen Wildrosen ist die Hundsrose mit Abstand am weitesten verbreitet. Zu ihren Lieblingsstandorten zählen Hecken und Waldränder. Noch bis in die 1950er Jahre wurde diese Wildrose in der kommerziellen Produktion von Gartenrosen als Veredlungsunterlage verwendet.

Wildrosen in Kleinasien

R. canina
Im Winter bilden die orangeroten Hagebutten der Hundsrose in den meisten Landstrichen Nordeuropas einen vertrauten Anblick. Sie sind eine wichtige Nahrungsquelle für Vögel und Tiere. In den Kriegsjahren, als Zitrusfrüchte in Großbritannien Seltenheitswert hatten, lieferten Hagebutten in Form von Sirup und Marmelade wertvolles Vitamin C. Als Schuljunge musste ich sie zu diesem Zweck sammeln und wurde jeden Tag vor der Schule mit einem Löffel Sirup für meine Mühen entlohnt.

Auch wenn man sie nur selten antrifft, wachsen in Kleinasien in der freien Natur doch zwei Wildrosen von sehr großer Bedeutung: *R.* x *damascena* und *R.* x *centifolia*. Beiden kommt ein wesentlicher Anteil in der Entwicklung der modernen Hybriden zu. Ich bin überzeugt, dass die heute in Katalogen angebotene *R.* x *centifolia* zu gefüllt ist, um auch nur annähernd eine echte Wildrose zu sein.

Im Nahen Osten beheimatet ist die reizvolle, weiße *R. phoenicia*, ebenfalls ein bedeutender Ahne der modernen Hybriden. Aus dieser Region stammt auch *R. foetida*, aus der vor langer Zeit *R. foetida* 'Persiana' hervorging. Mit ihr wurde Ende des 20. Jahrhunderts die Mehrzahl der heutigen gelben Hybriden gezüchtet. Aus ihr enstand auch eine leuchtend orange Sorte namens 'Bicolor', die bereits seit sehr langer Zeit – seit dem 16. Jahrhundert und vielleicht schon früher – kultiviert wird.

Wildrosen in Asien

Die Mehrzahl der asiatischen Wildrosen finden sich in den südlichen und zentralen Regionen, mehrere in den Ausläufern des westlichen Himalaja, andere in Regionen im Osten Chinas, einige weiter südlich in Japan. Die bedeutendste Wildrose asiatischer Provenienz ist zweifelsohne *R. chinensis spontanea*, die auch als *R. indica* bekannt ist. Sie ist die Elternrose mehrerer chinesischer Hybriden, die im späten 18. und frühen 19. Jahrhundert nach Europa eingeführt wurden, unter ihnen auch die »vier China-Elternrosen« (siehe Seite 72). Als diese mit Wildrosen aus Europa und dem Nahen Osten gekreuzt wurden, entstanden Sorten, die zwei- oder mehrmals blühen, was in der europäischen Rosenwelt jener Zeit als Novum galt. *R. chinensis spontanea* ist heute nur selten in der Natur anzutreffen. In den frühen 1980er-Jahren wurde sie von dem Pflanzenkenner Roy Lancaster entdeckt, der Samen für den Chelsea Physic Garden in London und für Castle Howard in Yorkshire sammelte. Diese Rose unterscheidet sich aber deutlich von jener, die mir als *R.* 'Odorata' bekannt ist, ein Name, mit dem – meines Erachtens zu Unrecht – oft *R. chinensis* bezeichnet wird.

Unter allen für den Garten geeigneten Wildrosen entwickeln jene aus Asien die prächtigsten Hagebutten, von den an bauchige Weinflaschen erinnernden Früchten der *R. moyesii* über die mollig runden der *R. rugosa* bis zu vielen anderen Formen. Ihre Blüten weisen eine breite Farbpalette von leuchtendem Rot bis Gelb- und Weißtönen auf.

R. moyesii
Diese wundervolle Wildrose aus dem westlichen China ist sowohl für sich allein als auch zusammen mit anderen Pflanzen eine sehr gute Gartenpflanze. Den schönen, einfachen Blüten folgen im Herbst herabhängende, orangerote Hagebutten, die prall und bauchig geformt sind und leichte Borsten besitzen.

Wildrosen in Nordamerika

Nordamerikanische Wildrosen lassen sich an einem Merkmal von jenen anderer Regionen grundsätzlich unterscheiden: Sie entwickeln, von wenigen Ausnahmen abgesehen, sehr farbenprächtiges Herbstlaub. Meist sind sie auch als Gartenpflanzen leichter zu pflegen. Besonders farbenfroh sind die Blätter der rosa blühenden *R. virginiana*: Zum Ausklang des Sommers werden sie kräftig gelbbraun und tragen zahllose kleine, orangerote Hagebutten. Eine weitere Wildrose mit rosa Flor und intensiver Laubfärbung ist *R. nitida*, die etwas weniger hoch wird als *R. virginiana*. *R. blanda* gleicht in vielerlei Hinsicht der europäischen *R. canina*, ist jedoch nicht so strauchförmig und ihre Blüten sind etwas größer. *R. woodsii* wächst üppig in den Hecken von Oregon. In Oregon stieß ich auch auf *R. gymnocarpa*. Zu meinen Lieblingswildrosen aus Nordamerika zählen jedoch die große, einfache, lila bis rosa blühende *R. nutkana* und die ähnlich gefärbte, etwas kleinblütigere *R. californica*.

In den Südstaaten der USA sind einheimische Wildrosen nicht sonderlich verbreitet, doch haben sich zwei Wildrosenarten aus China durch Vögel, die überall Samen fallen lassen, ausgewildert. Es sind *R. laevigata* und *R. gigantea*. Beide haben einfache, cremeweiße Blüten, die mehrmals in der Saison an sehr stacheligen Pflanzen erscheinen. Im Herbst und Winter tragen sie relativ große, borstige, gelbliche Hagebutten. *R. stellata* findet man gelegentlich in den Halbwüsten des amerikanischen Südwestens, da sie an Trockenheit besser angepasst ist als die meisten anderen Wildrosen. Sie trägt hübsche, kleine, malvenfarbene bis rosa Blüten und ist stark bestachelt.

Wildrosen im Garten

Auf den folgenden Seiten habe ich etwa 30 Wildrosen oder artverwandte Sorten ausgewählt und nach Wuchshöhe gruppiert: Solche mit geringer Höhe, die meist nicht höher als 1,5 m werden; mittelhohe von 1,5 bis 2,5 m sowie hoch wachsende mit 2,5 m Höhe und mehr. Anschließend folgen zwölf der besten Rambler und kletternden Wildrosen – jene Sorten, die mir am geeignetsten für die Verwendung im Garten erscheinen. Die meisten Wildrosen blühen nur einmal, und zwar relativ früh im Sommer, doch sind einige auch öfterblühend und blühen zum Teil bis in den Herbst hinein. Wildrosen werden wohl, wie auch in der Natur, am besten eher nicht geschnitten. Falls ein Rückschnitt nötig ist, ist das Frühjahr der ideale Zeitpunkt.

R. pimpinellifolia
(syn. *R. spinosissima*)
Die auch als Dünenrose bekannte *R. pimpinellifolia* findet sich häufig in dünn besiedelten Küstengebieten Nordeuropas, insbesondere an Standorten mit leichtem und mitunter kargem Boden. Ein besonderes Merkmal bilden ihre schwarzen, runden Hagebutten. Dünenrosen gedeihen hervorragend in naturnahen oder waldähnlichen Gärten und eignen sich auch gut für dichte, stachelige, niedrige Hecken.

Wildrosen geringer Höhe

Da sie alle meist unter 1,5 m Höhe bleiben, lässt sich eine große Zahl unter den Wildrosen auch in kleineren Gärten ziehen. Mit knapp 1 m eine der niedrigsten ist die mittelrosa blühende *R. nitida*. Sie wirkt besonders gut in Gruppenpflanzungen als farbenfroher Bodendecker. *R. gallica* erreicht etwa die gleiche Höhe und ist ebenfalls für Pflanzungen in Gruppen geeignet. Ihre roten Blüten mit tiefrosa Rand sind größer als die von *R. nitida*. Leider ist diese sehr reizvolle Wildrose heute nur noch selten in Gärten anzutreffen, und das trotz ihrer Bedeutung, denn von *R. gallica* stammen alle gezüchteten Gallica-Hybriden ab.

In jedem Garten sollte mindestens ein Exemplar der *R. pimpinellifolia* (syn. *R. spinosissima*) zu finden sein. Die Rose mit natürlich dichtem Wuchs und farnartigem Laub trägt im späten Frühjahr

R. fedtschenkoana
Die dicht wachsende *R. fedtschenkoana* ist eine der sehr wenigen dauerhaft blühenden Wildrosen. Die Erkenntnisse moderner Gentechnik in der Genealogie der Rosen legen nahe, dass neben 'Quatre Saisons' (*R. x damascena bifera*) auch diese Rose dazu beigetragen hat, dass Moderne Rosen dauerhaft blühen.

zahllose zart cremefarbene, einfache Blüten, auf die runde, mahagonifarbene bis schwarze Hagebutten folgen. Sie fügt sich problemlos zwischen Sträuchern und Stauden ein, toleriert auch leichten Halbschatten und stellt keine besonderen Bodenansprüche. Gelegentlich entwickelt sie im Spätsommer noch ein bis zwei Blüten. 'Grandiflora' (auch 'Altaica' genannt) ist eine höher wachsende Form von *R. pimpinellifolia*. Sie trägt größere Blüten, aber nicht so schöne Hagebutten.

Eine weitere Wildrose mit zartem farnähnlichem Laub und zahlreichen Stacheln ist die im Frühling blühende, zart primelgelbe *R. primula*. Diese Rose besticht durch ihren Weihrauchduft, den Blätter und Blüten verströmen, besonders, wenn man diese leicht zwischen Daumen und Zeigefinger zerreibt. Wenngleich *R. primula* in gewissem Maße Schatten verträgt, so scheint mir ihr Duft an sonnigen Standorten doch stärker zu sein. Ich setze diese Wildrose gern in die Nähe eines Gartenwegs, wo ihr Duft schon bei leichter Berührung deutlich wahrzunehmen ist.

Das farnähnliche Laub der *R. elegantula* fühlt sich weich an, wie auch die zahlreichen moosartigen Borsten, die farblich an Schokolade erinnern. Die kleinen Blüten öffnen sich sternförmig in einem Ton zwischen Lila und Rosa. An einem klaren Wintermorgen, wenn die mit Raureif überzogenen Triebe in der Sonne glitzern, sieht diese Rose großartig aus. Die beste Form ist *R. elegantula* 'Persetosa'.

Zwei weitere Rosen, wenn auch keine reinen Wildrosen, da beide Kreuzungen von *R. rugosa* und *R. roxburghii* sind, machen sich ebenfalls gut in der kalten Jahreszeit. Es sind die zartrosa *R.* x *micrugosa*, deren Blüten einzeln erscheinen, und die rein weiße, einfache *R.* x *micrugosa* 'Alba'. Beide blühen den ganzen Sommer über. Voll ausgereift, sind ihre Früchte kugelförmig, stachelborstig und orangerot. Ihr Laub zeigt sich äußerst farbenprächtig, besonders in der herbstlichen Abendsonne.

Auch *R. fedtschenkoana* ist öfterblühend und verwöhnt uns vom Frühsommer bis in den Spätherbst mit einfachen, reinweißen Blüten. Ihr weiches Laub ist gräulich grün. Sie toleriert magere Böden, in gutem Boden wird sie auch größer als 1,5 m.

R. virginiana ist meines Erachtens nicht nur eine herausragende Wildrose, sondern auch einer der besten Gartensträucher überhaupt. Ihre zart duftenden, einfachen, rosa Blüten lassen in völlig geöffnetem Zustand schöne goldene Staubgefäße erkennen. Auf die Blüten folgt eine Fülle runder, orangeroter Hagebutten. Ihr Herbstlaub leuchtet im frühen Winterlicht außergewöhnlich prachtvoll. Diese Wildrose ist ein gern gesehener Gast in jedem Garten. Sie gedeiht selbst in ausgelaugtem Boden und, auch wenn sie Sonne vorzieht, macht ihr etwas Schatten nichts aus. Sie ist mit Sicherheit eine der besten Wildrosen für Hecken, ist von regelmäßigem Wuchs und wird bis 1,2 m hoch.

Wie *R. virginiana* stammt auch *R. woodsii* ursprünglich aus Nordamerika, wobei heute zumeist die Form *fendleri* gezogen wird. Im Hochsommer ist sie mit einfachen, lilarosa Blüten übersät, die größer sind als jene der reinen Wildrose, doch sind ihre großen, roten, rundlichen Hagebutten wohl ihr reizvollstes Merkmal. Auch diese Rose toleriert leicht schattige Standorte und stellt keine besonderen Bodenansprüche.

Eine weitere niedrige Rose mit farnähnlichem Laub ist *R. ecae*, die relativ früh im Sommer zahllose kleine, einfache, wachsartige, goldgelbe Blüten trägt. Von aufrechtem Wuchs und mit sehr stacheligen Trieben lässt sie sich gut mit anderen Pflanzen kombinieren, doch braucht sie unbedingt besondere Aufmerksamkeit und fruchtbaren Boden. Auch die im westlichen Asien beheimatete *R. haemisphaerica* ist für etwas persönliche Zuwendung dankbar. Ihre stark gefüllten Blüten zeigen sich in tiefem Schwefelgelb, aber sie öffnen sich bei feuchter Witterung selten richtig. Dennoch belohnt sie Geduld und Ausdauer mit gelegentlich vollkommenen Blüten. Sie bevorzugt einen geschützten, möglichst sonnigen Standort und fühlt sich auch in einem großen Pflanzgefäß wohl.

R. virginiana
Diese nordamerikanische Art zählt zu den wertvollsten Gartenpflanzen unter den Wildrosen. Ihre Blüten erscheinen im Hochsommer. Auf sie folgt im Herbst eine Fülle kleiner, roter Hagebutten, die wunderbar mit der einsetzenden Herbstfärbung der Blätter von Gelb zu kräftigen, gelbbraunen Goldtönen harmonieren. *R. virginiana* ist eine der besten Wildrosen für Heckenpflanzungen.

R.* x *richardii
R. x *richardii* ist keine echte Wildrose, doch ein sehr alter Artbastard, der nahe verwandt ist mit *R.* x *damascena*. Sie stammt aus der Gegend von Äthiopien, wo sie in der Nähe von Gräbern und Kirchen gefunden wurde. Daher erhielt sie ihren weiteren Namen, *R. sancta*. *R.* x *richardii* ist eine wertvolle Gartenpflanze, die eher in die Breite als in die Höhe wächst.

Zu den selten gezogenen Wildrosen zählt *R.* x *kochiana*. Ihre einfachen malvenfarbenrosa Blüten trägt sie zwischen leuchtend grünen Blättern, die im Herbst einen beeindruckenden, glänzenden Goldton annehmen. Auch diese Rose ist ein guter Partner, harmoniert besonders gut mit Stauden und Sträuchern mit grauem Laub und wird selten höher als knapp 1 m.

Die mit der *R. gallica* verwandte *R.* x *macrantha* ist ein halbkriechender Strauch mit mittelgroßen, einfachen, duftenden Blüten in Zartrosa bis Weiß. Sie begnügt sich zumeist mit einer Höhe von 1,2 m, ist jedoch dankbar für etwas Freiraum zur Seite, da sie mindestens 2,2 m breit wird. Sie duldet durchaus leicht halbschattige Standorte und eignet sich somit als wirkungsvolle Unterpflanzung unter höheren Gehölzen und Bäumen, besonders unter solchen, die nicht allzu dicht werden.

Auch *R.* x *richardii* wird eher breit als hoch. Sie ist auch als *R. sancta*, St. John-Rose und als Heilige Rose bekannt und ist eine sehr alte Wildrose oder ein Artbastard, der mit *R.* x *damascena* verwandt ist, wenngleich sie erst 1902 in Europa eingeführt wurde. Sie trägt viele relativ große, zartrosa, einfache Blüten, die leicht duften. Müsste ich mich auf eine einzige aufrecht wachsende Wildrose beschränken, würde ich diese wählen.

Schließlich möchte ich *R. stellata* nennen, die mit knapp 1 m zu den kleinsten Wildrosen zählt und am besten in der Form *mirifica* gewählt wird. Sie sieht eher wie ein Stachelbeerstrauch aus und ist tatsächlich noch stacheliger. Mit ihren kleinen einfachen, malvenfarben-rosa Blüten lässt sie sich hervorragend mit Stauden kombinieren. Sie übersteht selbst die längste Dürreperiode und macht sich auch als Kübelpflanze gut.

Wildrosen mittlerer Höhe

Mehrere Wildformen der Rosen werden mittelhoch, also zwischen 1,5 und 2,5 m, und nahezu alle sind geeignete Gartenpflanzen. Einige wirken auch als Einzelpflanzen, andere fügen sich harmonisch in wald- oder naturnahe Gärten. Die meisten vertragen zumindest Halbschatten und ein großer Teil sogar unfruchtbaren Boden.

Eine Wildrose, die besonders gut mit derlei Böden zurechtkommt, ist *R.* x *dupontii*, gelegentlich auch als 'Dupontii' geläufig. Diese hervorragende Rose zeigt eine enge Verwandtschaft mit *R. moschata*. Mein eigenes Exemplar ist etwa 2,5 m hoch und fast ebenso breit. Jahr für Jahr schenkt sie mir Tausende einfacher, zartrosa bis cremeweißer Blüten mit einer Krone goldener Staubgefäße. Ihre Hagebutten sind leuchtend rot, doch leider relativ klein und eher gewöhnlich.

Die starkwüchsige *R. canina* 'Andersonii' ging aus einer Kreuzung von *R. canina* und *R. gallica* hervor. Die von Natur aus gern überhängende Rose eignet sich vorzüglich für Waldgärten. Auf ihre großen, einfachen, duftenden, klarrosa Blüten folgen im Herbst zahlreiche ovale, orangerote Früchte.

R. villosa entwickelt einfache, mittelrosa Blüten und apfelförmige, borstige, karmesinrote Hagebutten. Ihr gräulich grünes Laub ist leicht flaumig. Diese europäische Wildrose, die früher als *R. pomifera* oder Apfelrose bekannt war, wird seit den 1770er-Jahren in Gärten kultiviert. Gefüllt ist die Form *R. villosa* 'Duplex' oder 'Wolley-Dod's'.

Bei der Burr-Rose, *R. roxburghii*, handelt es sich um eine alte, aus China stammende Rose, die im Laufe der Jahre für etwas Verwirrung gesorgt hat. Nach Europa gelangte zuerst eine Form mit gänzlich gefüllten Blüten, die genau genom-

R. roxburghii
Die Früchte von *R. roxburghii* entwickeln sich an kurzen Stielen zwischen den Blättern. Diese wiederum stehen dicht an den Trieben. Die Hagebutten erscheinen meist in Paaren, obwohl dieses Merkmal bei den Blüten nicht so deutlich zu erkennen ist.

R. glauca
Die Blüten der *R. glauca* sind hier doppelt vergrößert abgebildet. Dadurch kommt ihr charmantes Wesen vor dem Hintergrund ihrer bläulich purpurfarbenen Blätter und ähnlich gefärbten Triebe noch besser zur Geltung.

men eine kultivierte Form war, jedoch als Wildrose eingeführt wurde. Sie ist heute als *R. roxburghii roxburghii* oder auch als *R. roxburghii* 'Plena' bekannt und besitzt tief lila-rosa Blüten. Die eigentliche Wildrose (heute *R. roxburghii normalis*) treibt große, einfache Blüten in zarteren Tönen und wurde erst später beschrieben. Beide tragen Früchte, die an ungeöffnete Kastanien erinnern, und sich im Herbst gelb, im Winter rot färben.

R. webbiana ist eine Rose mit vielen kleinen, einfachen, zart rosig-rosa Blüten zwischen graugrünem Laub. Am schönsten sind ihre roten Früchte, die von Mitte Herbst bis weit in den Winter wie ovale Fläschchen an langen überhängenden Trieben erscheinen. Eine weitere halb herabhängende Rose ist *R. willmottiae*. Vor ihren gräulich grünen Blättern erscheinen zahlreiche einfache lila-rosa Blüten, denen kleine ovale Früchte folgen. Diese Rose wie auch *R. webbiana* lassen sich vorzüglich als Solitär in Rasen- und freien Flächen einsetzen. Auch sind sie beide mit halbschattigen Standorten zufrieden.

Auch für *R. macrophylla* stellt Halbschatten keine Herausforderung dar. Eine bessere Alternative zur Wildrose ist die sehr aufrecht wachsende Sorte 'Doncasterii'. Ihr fast unbewehrtes pflaumenfarbenes Holz treibt reichlich Blätter in purpurroten Farbtönen. Ihre großen ovalen bis flaschenförmigen Hagebutten werden leuchtend orangerot.

R. xanthina hugonis ist eng verwandt mit der leuchtend gelben *R. xanthina* 'Canary Bird', zumeist als 'Canary Bird' geläufig, und tatsächlich weisen beide zahlreiche Gemeinsamkeiten auf. *R. xanthina hugonis* zeigt jedoch einen etwas anmutigeren Wuchs und zartgelbe Blüten. Wie 'Canary Bird' blüht auch die Wildrose zur Frühlingsmitte.

Als Letzte die mir wertvollste aller mittelhohen Wildrosen, *R. glauca*, bis vor kurzem als *R. rubrifolia* bekannt. Sie besitzt bereiftes, pflaumenfarbenes bis purpurrotes Holz, der Austrieb ist unbewehrt. Wenngleich ihre einfachen Blüten etwas unbedeutend erscheinen, sind sie doch formschön und harmonieren in zartem Rosa vortrefflich mit dem graublau-purpurroten Laub. Im Herbst trägt sie rötlich purpurrote Hagebutten in großen Büscheln. Die Rose wächst dicht und aufrecht und gedeiht nahezu überall im Garten. An Mauern lässt sie sich sogar als kleine Kletterrose ziehen.

Hagebutten von *R. glauca*
Eine zauberhafte Farbzusammenstellung bilden die Früchte von *R. glauca* und ihre bläulich purpurfarbenen Blätter. Die Hagebutten reifen zunächst in leuchtendem Rot heran und wechseln allmählich über dunkles Karmesinrot zu pflaumenfarbenem Purpur. In dieser Phase sind sie ein besonderer Leckerbissen für Vögel.

Hochwachsende Wildrosen

Während die hohen Wildrosen alle sehr groß werden – mindestens 2,5 m, gelegentlich mehr –, darf man doch nicht außer Acht lassen, dass auch die mittelhohen Sorten auf sehr guten Böden recht groß werden können. Die ausladenden Sorten sind nicht wirklich für kleine Gärten geeignet. Sie passen am besten in naturnahe Gärten oder Gehölzpflanzungen und eignen sich hervorragend für undurchdringliche Hecken.

Die Erste unter den hohen Wildrosen, die als Hecke infrage kommt, ist *R. rugosa*; mit ihr lässt sich eine der besten Wildrosenhecken überhaupt errichten. Die Wildform ist weniger bekannt als die zahlreichen Kreuzungen. Die in Japan beheimatete Pflanze zählt zu den wenigen Wildrosen, die fortwährend blühen. Die Blüten sind duftend, einfach, mittel- bis tiefrosa und werden von großen, runden, leuchtend orangeroten Hagebutten gefolgt. Die Triebe sind stark bewehrt und tragen dichte, dunkelgrüne

R. soulieana
Zu den hochwachsenden Wildrosen, die mühelos zu den Ramblern oder stark rankenden Rosen gezählt werden können, gehört *R. soulieana*. Hier hängt diese Rose unbekümmert von einem größeren Strauch herab, den sie als Rankhilfe für sich beansprucht hat. Die Wildrose gilt im nördlichen Europa als nicht vollkommen winterhart, doch hat mir ihre angebliche Frostempfindlichkeit in meinem Teil Englands niemals Probleme bereitet.

Blätter. Leider treibt sie allzu willig Schösslinge, die dann in einiger Entfernung von der Elternpflanze erscheinen.

Eine Wildrose, die ich sehr mag, ist *R. forrestiana*. Sie besitzt steife, mahagonifarbene Triebe, die relativ stark bestachelt sind und blaugrüne Blätter tragen. Die einfachen, duftenden Blüten öffnen sich tiefrosa und werden von zahlreichen kleinen, ovalen Hagebutten in Orange- bis Rottönen gefolgt. Große, rote, bauchige Hagebutten und einfache, zartrosa Blüten besitzt *R. davidii*. Ihre Blüten erscheinen im zeitigen Sommer in großen Mengen an steifen, stacheligen Trieben. Das ledrig dunkelgrüne Blattwerk ist leicht glänzend. In ihrem Wuchs und ihrer Struktur weist *R. setipoda* Ähnlichkeit mit *R. davidii* auf, doch sind ihre Blüten von etwas tieferem Rosa und ihre bauchigen Hagebutten etwas länglicher, wenn auch genauso groß und farbenfroh.

Die anmutige, graulaubige *R. soulieana* ist von dichtem, überhängendem Wuchs. Sie kann dennoch sehr hoch werden. Man könnte sie durchaus zu den Ramblern zählen. Im Sommer entwickelt sie zahlreiche kleine, weiße, einfache, duftende Blüten, die von orangeroten Hagebutten gefolgt werden.

Die ungewöhnlichste aller Wildrosen ist *R. omeiensis pteracantha*, auch *R. sericea pteracantha* genannt. Die reinweißen Blüten dieser äußerst wuchsfreudigen Rose bestehen aus nur vier Petalen, eine Blütenform, die ausschließlich bei dieser Rose vorkommt. Sie entstehen im späten Frühjahr und werden von kleinen, herabhängenden, leuchtend orangeroten Hagebutten gefolgt. Am außergewöhnlichsten sind jedoch ihre großen, keilförmigen, durchscheinenden Stacheln, die zunächst kirschrot sind.

'Master Hugh' ist eine weitere, höhere Form der bereits erwähnten, verhältnismäßig unbewehrten *R. macrophylla*, doch entwickelt sie gewaltige Hagebutten. Die krugförmigen Früchte werden im Herbst leuchtend rot und bleiben bis weit in den Winter hängen. Die großen, einfachen Blüten sind zart kirschrosa, das Laub purpurrot.

Rambler und stark wachsende Wildrosen

Rambler und stark rankende Wildrosen sind vom Typus her sehr unterschiedlich, da sie von vielen Klassen innerhalb der Gattung abstammen. Einige besitzen sehr biegsame, kletternde Triebe, andere neigen zu eher steifem Wuchs. Viele können sich auch auf bescheidene Dimensionen beschränken, einige wenige sind jedoch nicht zu bremsen und klettern in große Höhen. Für diese extrem wuchsfreudigen Pflanzen verwende ich dann gern den Begriff »stark rankende Rosen«, wenngleich es sich hier nicht um eine Klassifizierung handelt – im Gegensatz zu Ramblern, dem gebräuchlichen Begriff für alle Rosen, die bei leicht überhängendem Wuchs klettern.

Einige Rambler sind, selbst in rauerem Klima, nahezu immergrün, einige besitzen gräuliches Laub. Mehrere zeigen, bevor sie die Blätter verlieren, eine schöne Herbstfärbung. Die Natur hat die meisten Rambler mit weißen bis cremefarbenen Blüten ausgestattet, da sie sich in ihrer natürlichen Umgebung deutlich von den Blättern abheben müssen, um so von Bienen wahrgenommen zu werden. Eine verhältnismäßig große Zahl unter ihnen duftet. Gegen Ende des Sommers sind sie mit orangen und roten Hagebutten übersät: Ein Festschmaus für Vögel und eine Freude für jene wie mich, die Hagebutten zu den lohnendsten Attraktionen der Rosen zählen.

Wildrosen sind in ihrer Rambler-Form sehr wertvolle Gartenpflanzen. Außer an Mauern oder in Bäumen lassen sie sich jedoch nicht leicht in kleineren Gärten unterbringen. Richtig zur Wirkung kommen sie erst in naturnaher Umgebung. Einige bilden bodendeckende Büschel, besonders dort, wo das Sonnenlicht durch das Blätterdach spielt. Lässt man sie hoch in Bäume klettern, bereichern sie naturnahe Gärten um eine weitere Dimension. Doch auch an Zäunen und Spalieren fühlen sie sich wohl.

Es gibt unter den Wildrosen etwa 20 bis 25 kletternde Formen, doch sind einige, obwohl überaus interessant, eher unbekannt und selten außerhalb botanischer Gärten oder Rosensammlungen zu sehen. Ich möchte hier etwa zwölf von ihnen vorstellen.

R. omeiensis pteracantha
Die ungewöhnliche chinesische Wildrose ist leicht an ihren äußerst spitzen, keilförmigen, durchscheinenden, roten Stacheln zu erkennen. Über derart reizvolle wie auch gefährliche Waffen verfügen nur sehr wenige ihrer nahen Verwandten. Ein weiteres einzigartiges Merkmal sind ihre Blüten, die aus nur vier Petalen bestehen, während die Blüten aller anderen einfach blühenden Rosen über fünf Blütenblätter verfügen.

R. banksiae normalis
(*rechts*)
R. banksiae normalis gilt als die Wildform der Gruppe der *R. banksiae*. Hier zeigt sie ihre Pracht im Zusammenspiel mit einer Glyzine (*Wisteria chinensis*). Als mit Abstand wuchsfreudigste dieser Gruppe beansprucht sie entsprechend viel Platz, wenn sie gut gedeihen soll.

***R. banksiae* 'Lutea'**
(*unten*)
Mit ihrer Blütezeit von Mitte bis Ende des Frühlings zählt die wunderschöne *R. banksiae* 'Lutea' zu den ersten blühenden Rosen des Gartenjahres. Zwar mag ihr Flor von kurzer Dauer sein, doch verzeiht man diese kleine Schwäche beim Anblick ihres üppigen Flors, der sich vor dem Hintergrund des reichlichen, hellgrünen Blattwerks herrlich in Szene setzt (siehe auch Abbildung Seite 24).

Die Feldrose, *R. arvensis*, ist der einzige, ursprünglich in Großbritannien beheimatete Rambler und eine äußerst reizvolle Rose. Ihre einfachen, reinweißen Blüten werden ähnlich groß wie die der Hundsrose, *R. canina*, und besitzen hübsche goldgelbe Staubgefäße. Die Früchte erscheinen jedoch in einem eher trüben Rot. Die Pflanze entwickelt zahlreiche biegsame Triebe, die ihren Weg in Bäume wie auch durch Unterholz und Hecken finden. Die nur leicht bewehrten Sträucher tragen reichlich dunkelgrünes Laub. Wenn sie sich frei entfalten darf, kann *R. arvensis* 3 bis 5 m hoch werden. Ich begegne dieser Rose jedoch lieber in freier Wildbahn als in meinem Garten. Aus *R. arvensis* gingen im Übrigen zahlreiche gefüllte Sorten hervor, so etwa 'Dundee Rambler', 'Bennett's Seedling' und 'Venusta Pendula'.

Die vier Formen der aus China stammenden *R. banksiae* gelten im nördlichen Europa als etwas frostempfindlich, doch fühlen sie sich wohl, wenn sie an einer warmen geschützten Mauer gezogen werden. *R. banksiae banksiae*, auch als *R. banksiae* 'Alba Plena' bekannt, trägt zahlreiche, kleine, halb- bis dicht gefüllte, weiße Blüten in kaskadenartig herabhängenden Büscheln. Die weitere weiße Form, *R. banksiae normalis*, trägt Büschel mit einfachen Blüten. *R. banksiae* 'Lutea' oder 'Yellow Lady Banks' ist mit ihren leuchtend gelben, dicht gefüllten Blüten in zahllosen Büscheln in jeder Hinsicht eine wundervolle Rose. Die Vierte ist die sehr schöne einfache, gelbe Rose namens *R. banksiae* 'Lutescens'. Alle *R. banksiae* blühen in Nordeuropa im späten Frühjahr, in wärmeren Gegenden drei bis vier Wochen früher. Die unbewehrten Sträucher besitzen reichlich hellgrünes Laub. An geeigneten Standorten erreichen sie eine beträchtliche Höhe. Ein weiterer Vorzug liegt in ihrem überaus verlockenden Duft.

Eine der wuchsfreudigsten unter allen Rosen, *R. brunonii*, wurde gelegentlich als *R. moschata* angeboten. Sie blüht jedoch wesentlich früher als diese und trägt ihre weißen, duftenden Blüten in großen Dolden. Zu dem gräulich grünen Laub gesellen sich eher unauffällige Früchte, die zur Herbstmitte leuchtend rot gefärbt sind. Die bessere Sorte, 'La Mortola', hat größere Blätter sowie prächtigere Blüten.

Unter den Rambler-Wildrosen ist *R. helenae* meine Lieblingsrose. Die äußerst wuchskräftige Pflanze hat graugrünes Laub und kleine, unverwechselbar duftende, einfache, cremefarbene Blüten, die in großen kaskadenartigen Dolden stehen. Am meisten liebe ich sie jedoch wegen ihrer reichlichen

R. gentiliana
Diese Wildrose aus China entwickelt zahlreiche mittelgroße Büschel aus weißen Blüten, die zwischen üppigem, fast immergrünem, glänzendem Laub stehen. Ihnen folgen kleine, rundlich-ovale, orange-rote Hagebutten. Im Vordergrund ist hier die Gewöhnliche Nachtkerze (*Oenothera biennis*) zu erkennen.

Hagebutten, die von Herbst- bis Wintermitte in großen, johannisbeerähnlichen Trauben herabhängen.

Ich komme nun zur *R. moschata*, die ich bereits erwähnt habe. Sie blüht mit duftenden, einfachen, weißen Blüten in großen, lockeren Büscheln ab Mitte des Sommers. Die Rose wächst verhältnismäßig niedrig und erinnert eher an einen großen Strauch als an einen Rambler. Sie zeigt einen dichten Wuchs mit gräulichem, weichem Laub. *R. moschata* ist eine sehr alte Rose, die vor dem 16. Jahrhundert zu datieren ist. Sie galt lange als verloren, bis Graham Stuart Thomas sie um 1970 in Myddleton House, Essex, wieder entdeckte. Diese hervorragende Rose verdient durchaus mehr Beachtung.

Aus der Ferne betrachtet mögen die kleinen weißen Blüten der *R. multiflora* am reizvollsten sein. Ihre Stecklinge bewurzeln leicht und sie wird manchmal als Unterlage verwendet. Im Garten pflanzt man sie am besten als Hecke, wo sie, bei regelmäßigem Rückschnitt, eine gute Abschirmung oder einen Raumteiler bildet.

Eine weitere stark rankende Wildrose ist *R. mulliganii*, die lange Zeit als *R. longicuspis* ausgegeben wurde. Die kleinen weißen Blüten von *R. longicuspis* verströmen einen starken Duft, während jene von *R. mulliganii* nur schwach riechen. Letztere eignet sich in ihrer Wuchsfreudigkeit wunderbar für das Beranken von Bäumen. Ihre orangen Hagebutten sind zwar klein, dafür ist sie reichlich mit ihnen übersät. Für *R. longicuspis* würde ich gern eine authentische Bezugsquelle finden.

R. sinowilsonii sei wegen ihrer großen, glänzenden Blätter empfohlen. Sie soll in kühleren Gegenden etwas frostempfindlich sein, aber ich habe dies niemals feststellen können. Sie besitzt, im Vergleich zu anderen Rosen, sehr große, glänzende, hellgrüne Blätter, die im Herbst gelbbraun werden. Auch wenn sie nicht allzu viele einfache, weiße Blüten trägt, so duften diese doch sehr angenehm und stehen in dekorativen Büscheln. Die Rose wird gelegentlich für *R. longicuspis* gehalten, doch unterscheidet sie sich stark von jener *R. longicuspis*, die ich einst kannte. Etwas üppiger blüht *R. gentiliana*, eine stark rankende Sorte, die mit ihren großen, glänzenden Blättern *R. sinowilsonii* gleicht.

Die erste im Freien wachsende *R. bracteata* fand ich in La Landriana, einem herrlichen Garten in der Nähe von Rom. In England hatte ich sie nur in Gewächshäusern gesehen, da sie als nicht winterhart gilt. Ich ziehe sie seit drei oder vier Jahren hier in Norfolk im Kübel; bis jetzt hat sie dies gut überlebt. Ihre großen, zart primelgelben Blüten erscheinen zwischen üppigem Laub und zahlreichen Stacheln. Hier gönnt sie sich im Spätsommer eine kurze Auszeit, um dann gegen Ende des Herbstes nochmals zu blühen. In wärmeren Gegenden blüht sie das ganze Jahr hindurch.

Die wuchsfreudigste unter den stark rankenden Wildrosen ist die aus China stammende *R. filipes*. Heute ist sie häufiger als ihr Sämling 'Kiftsgate' anzutreffen, der noch gewaltiger als die Wildrose ist und größere Blüten besitzt. Der einfache, duftende Flor steht in großen Rispen. Die rötlichen Hagebutten bleiben eher klein. Sie besitzt reichlich gesundes, mittelgrünes Laub und ist besonders stachelig.

R. wichuraiana ist in vieler Hinsicht empfehlenswert. Etwas später als die meisten anderen Rambler trägt sie Unmengen duftender, einfacher, hell elfenbeinfarbener Blüten in Dolden. Ihre schlanken, biegsamen Triebe sind für das Beranken von Bäumen wie geschaffen und sie eignet sich auch gut als Bodendecker. Im ausgehenden 19. und beginnenden 20. Jahrhundert wurde sie oft als Zuchtmaterial verwendet, und manch einer ihrer Nachfahren, wie 'Albertine' oder 'New Dawn', hat bis heute nichts von seiner Beliebtheit eingebüßt. In meinen früheren, erst vor wenigen Jahren entstandenen Büchern, habe ich, in der Nachfolge anderer Autoren, den Namen *R. wichuraiana* verwendet, der dann aber von den Mächten, die in der Namensgebung der Pflanzen herrschen, für falsch gehalten wurde. Die Änderung des Namens zu *R. wichurana* ließ jedes Buch ungenau werden – ärgerlicherweise auch mein eigenes. Inzwischen wurde der Name wieder in *R. wichuraiana* geändert. Doch in der Literatur wird weiterhin oft *R. wichurana* verwendet.

***R. filipes* 'Kiftsgate'**
Noch wuchsfreudiger als *R. filipes*, die 1908 aus dem westlichen China eingeführt wurde, ist dieser Sämling, der 1954 in Kiftsgate Court im englischen Gloucestershire entdeckt wurde und seitdem unter diesem Namen weltweite Verbreitung gefunden hat. Die ursprüngliche Pflanze in Kiftsgate zählt zu den größten Rosen Großbritanniens und bedeckt mittlerweile mehrere große Bäume.

ALTE
GARTENROSEN

Alba-Rosen

Seit meiner Kindheit liebe ich Alba-Rosen, aber erst jetzt wird mir deutlich, dass sie schon immer benachteiligt waren: Viele empfinden ihren flüchtigen Flor, der nur wenige Wochen im Sommer blüht, als Nachteil. Andere Alte Gartenrosen, einschließlich der Damaszener-Rosen, der Gallicas und der Zentifolien, blühen zwar ebenfalls nur kurz, doch sind die Albas so schöne Rosen, dass es mir besonders ungerecht scheint, wenn sie wegen dieser einen kleinen Schwäche ausgegrenzt werden. Außerdem blühen doch auch Narzissen nur einmal im Jahr, ebenso nahezu alle Blütensträucher.

Der anonyme Verfasser eines meiner kleinen Lieblingsbücher, *The Flower Garden* (1839), meint zu Alba-Rosen, sie seien seit Urzeiten in den Gärten Europas zu finden gewesen. Mit Sicherheit reichen einige der älteren Sorten mindestens bis in die Römerzeit zurück. Der Autor führt nicht weniger als 42 verschiedene Alba-Sorten an, doch bieten spezialisierte Züchter heute selten mehr als zwölf an. Wenngleich ihr Ursprung etwas im Dunkeln liegt, verdankt die ursprüngliche Alba-Rose ohne Zweifel ihre Gene zu einem großen Teil der Hundsrose, *R. canina*, wie an dem gesunden graugrünen Laub und dem strauchähnlichen Wuchs ihrer Nachfahren deutlich wird. Zumeist wird *R.* x *damascena* für den anderen wahrscheinlichen Elternteil der Alba-Rosen gehalten, von der sie das Potenzial für den herrlichen Duft geerbt haben. Für mich besitzt kein Duft einer anderen Rose die gleiche Raffinesse wie der dieser Gruppe. Somit haben, wie flüchtig ihr Flor auch sei, die wenigen Albas, die uns seit Jahrhunderten begleiten, schon allein wegen ihres Dufts einen Platz in jedem modernen Garten verdient.

Alba-Rosen im Garten

Der Name Alba, der weiß bedeutet, ist etwas irreführend, denn obwohl es einige reinweiße Alba-Rosen gibt, etwa 'Maxima' und 'Semi Plena', öffnen sich die meisten in verschiedenen Rosaschattierungen. Doch wie auch immer ihre Farbe sei, so muss man sie doch schon allein wegen ihrer Schönheit als nahezu göttlich bezeichnen. Sie zählen außerdem zu den pflegeleichtesten Rosen. Ihre ausschlaggebende Tugend liegt jedoch darin, dass sie mit den meisten anderen Pflanzen harmonieren.

Für Alba-Rosen hatte ich immer ein besonderes Auge, vermutlich weil ich duftende Rosen in weißen und zarten Farbtönen mag. Meine Lieblingsrose ist ohne jeden Zweifel 'Maiden's Blush'. Ich erinnere mich an diese Rose aus der Zeit meiner Kindheit, und für mich vermögen nur wenige Freuden jene zu übertreffen, die ich beim alljährlichen Anblick einer ihrer ersten vollkommenen Blüten empfinde, deren zartrosa Blütenblätter sich zu einem gefüllten, betörend duftenden Kissen öffnen. Es gibt von

'Hermosa'
(vorhergehende Seite)
Die China-Rose stammt aus dem Jahr 1840. Sie blüht den ganzen Sommer hindurch und widerlegt damit die allgemeine Annahme, dass sämtliche Alte Rosen eine sehr kurze Blütezeit haben. Die Blüten von 'Hermosa' duften, die Triebe sind ziemlich bewehrt.

dieser Rose zwei Formen: Great und Small. 'Great Maiden's Blush' erreicht an Mauern oder Spalieren eine Höhe von 4,5 m, als frei stehender Strauch wird sie etwa 1,8 m hoch. 'Small Maiden's Blush' wächst selten über 1,2 m hinaus. Auf meinen Reisen stieß ich bei Rosen mit dem Namen 'Maiden's Blush' auf sehr unterschiedliche Farbnuancen: Einige wiesen einen kräftigen Hauch Rosa auf, andere eine kaum wahrnehmbare Spur. In Frankreich heißt diese Rose 'Cuisse de Nymphe'. Wenn ich auf eine einsame Insel nur eine einzige Rose mitnehmen dürfte, so wäre diese Sorte mit Sicherheit meine erste Wahl.

'Alba Maxima' wird oft für die weiße Rose von York gehalten, dem Wahrzeichen der York-Partei im englischen Rosenkrieg des 15. Jahrhunderts. Im Laufe der Zeit hat sie zahlreiche andere Namen getragen: Jakobitenrose, Bonnie Prince Charlie's Rose, 'Cheshire Rose' oder auch 'Great Double White'. Letzterer Name liefert eine zutreffende Beschreibung für ihre Blüten, die geöffnet ganz mit reinweißen Petalen gefüllt sind und bei weniger schönem Wetter leicht zartrosa überhaucht sind. Ihr Duft gleicht der der 'Maiden's Blush'. 'Alba Maxima' ist stachelig und besitzt reichlich graugrünes Laub. Sie gerät nicht aus der Form und lässt sich auch als kleine Kletterpflanze erziehen.

'Maiden's Blush'
'Maiden's Blush' zählt für mich zu den schönsten Rosen. Sie verströmt einen feinen Duft, der Erinnerungen in mir weckt. Als ich diese Rose zum ersten Mal sah, war ich noch sehr jung, und obwohl es vielleicht zu weit geht, zu glauben, die Entdeckung von 'Maiden's Blush' hätte mich in meiner Berufswahl geleitet, so weckte sie doch ohne Zweifel ein sehr frühes Interesse an der Welt des Gartens in mir.

'Königin von Dänemark'
Eine der dunkelsten unter den rosa Alba-Rosen, 'Königin von Dänemark' – hier in Kombination mit der Klematis 'Prince Charles' –, zeigt ihren charakteristischen, aufrechten, aber dichten, buschigen Wuchs. Auch das reichliche, gesunde, graugrüne Laub der Albas kommt hier deutlich zur Geltung.

Zu Beginn des 19. Jahrhunderts wurden einige sehr gute Albas in Europa eingeführt, die vermutlich das Ergebnis absichtlicher Kreuzungen oder eine Auswahl aus zufällig verteiltem Saatgut waren. Unter diesen habe ich hier drei ausgewählt. Die Erste ist 'Jeanne d'Arc', die 1818 von Vibert in Frankreich vorgestellt wurde. Die Rose entwickelt zahlreiche cremefarbene, duftende Blüten, deren Petalen bei heißer Sonne jedoch rasch zu Weiß verblassen. Der mittelgroße Strauch ist von regelmäßigem Wuchs und nützlich für gemischte Gehölzpflanzungen und Rabatten. Die 1826 vorgestellte 'Königin von Dänemark' (auch 'Queen of Denmark') besitzt etwas kleinere Blüten als die meisten Albas. Diese öffnen sich gänzlich gefüllt in einem tieferen Rosa als die meisten ihrer Art. Gelegentlich lässt das Gewicht der Blütenbüschel die eher stacheligen Triebe herabhängen. Die Pflanze selbst ist relativ robust, aber nicht übermäßig groß. Die wundervoll duftende Rose wirkt am besten in Dreiergruppen. Die Dritte ist die eher kompakte, aber reizvolle 'Félicité Parmentier', die um 1828 eingeführt wurde. Der aufrechte Strauch besitzt das typische gesunde graugrüne Laub der Albas sowie reichlich dicht gefüllte Blüten mit zurückgebogenen Petalen, die zartrosa Pompons bilden.

Die auch als 'Rosée du Matin' bekannte 'Chloris' ist eine sehr alte Alba-Rose unbekannten Ursprungs. Der Charme des mittelhohen Strauchs besteht in den kleinen grünen Fruchtblättern, die aus der Mitte der satinartigen rosa Blüten ragen.

In meinen Augen besitzt 'Celestial' oder 'Céleste' das reizvollste Laub unter den Alba-Rosen. Die üppigen, bleigrau-grünen, reichlichen Blätter bieten einen hervorragenden Hintergrund für die lockeren, seidig rosafarbenen und betörend duftenden Blüten. 'Celestial' ist eine Rose, die wunderbar mit sämtlichen Sträuchern und Stauden harmoniert. Selbst wenn sie vernachlässigt wird, gerät sie niemals aus der Form.

'Semi-Plena' treibt, wie der Name besagt, relativ informelle Blüten, wobei die meisten Klone über reichlich reinweiße Blütenblätter verfügen, um eine schön geformte Knospe zu bilden. In völlig geöffnetem Zustand sind die goldenen Staubgefäße zu sehen. Die auch unter den Namen *R. alba* 'Nivea' und *R. alba suaveolens* bekannte Rose ist weit älter als das 15. Jahrhundert und einige behaupten, sie – und nicht 'Alba Maxima'– sei die historische weiße Rose von York. In Wahrheit kann es niemand mit Gewissheit sagen. Ich persönlich meine, es hätte vielleicht *R. alba* sein können, eine reizvolle, rein-weiße, einfache Rose, die im Frühsommer blüht. Ich habe sie gelegentlich in der freien Natur in den Hecken Norfolks gesichtet, und im 15. Jahrhundert dürfte sie in ganz Europa verbreitet gewesen sein. Auf ihre angenehm duftenden Blüten folgen im Herbst ovale Hagebutten, die in der Farbe an jene der Hundsrose, *R. canina*, erinnern, aber etwas kleiner als diese sind. Tatsächlich gleicht sie, abgesehen von dem graueren Laub, *R. canina*, möglicherweise handelt es sich um eine weiße Form der Wildrose.

Zum Schluss gelange ich zu 'Mme Plantier' und 'Mme Legras de St Germain', zwei gefüllte, reinweiße und duftende Alba-Rosen, die nur schwer auseinander zu halten sind. Ganz typisch für die Gruppe sind sie beide nicht. Ihr eher weiches Laub legt nahe, dass sie entfernt mit den Damaszener-Rosen verwandt sind. Beide sind relativ unbewehrt und machen sich gut als hohe Sträucher oder kleine Kletterrosen.

'Celestial'
Dies ist eine von mehreren Albas unbekannten Ursprungs, die alle mit großer Wahrscheinlichkeit mindestens auf das 15. Jh., wenn nicht auf noch frühere Zeiten, zurückgehen. Bartfaden (*Penstemon* 'Port Wine') ist hier ein idealer Partner für diese herrlich zartrosa, intensiv duftende und pflegeleichte Rose.

Damaszener-Rosen

'Kazanlik' (*rechts*)
In Bulgarien wird die alte, halbgefüllte Damaszener-Rose 'Kazanlik' wegen ihrer aromatischen Blüten in großen Mengen kultiviert. Seit Jahrhunderten werden ihre Blütenblätter gesammelt, um daraus Rosenöl zu gewinnen.

'Ispahan' (*unten*)
Auch wenn alle Damaszener-Rosen mit Ausnahme von 'Quatre Saisons' einmalblühend sind, so entwickelt sich ihr Flor doch in sehr schöner Dichte. Die Blüten von 'Ispahan' bieten nicht nur einen äußerst verführerischen Anblick, jede Blüte duftet auch mehr als betörend.

Die größte Verführungskraft der Damaszener-Rosen liegt in ihrem einzigartigen Duft. Im Nahen Osten wurden einige der ältesten Damaszener-Rosen lange in der Parfümherstellung für die Bereitung von Rosenöl und von Duftmischungen sehr geschätzt. Im Sommer verzaubern sie den Garten etwa drei Wochen lang mit Blüten in allen Schattierungen von Rosa bis Weiß (ein oder zwei Sorten blühen deutlich länger). Der Überlieferung nach sind die ersten Damaszener-Rosen zur Zeit der Kreuzzüge nach Europa gelangt. Manche Quellen behaupten, die Kreuzritter hätten sie aus dem Nahen Osten mitgeführt. Es gibt keinen Grund, dies nicht zu glauben; und sicher finden sich unter den Damaszenern einige der ältesten Rosen. Was ihre Abstammung betrifft, denke ich, die Damaszener tragen mehr *R. gallica* in sich als bislang angenommen.

Damaszener-Rosen im Garten

Die Hauptmerkmale der Damaszener-Rosen sind ihr flaumiges, weiches Laub und die eher kurzen Blütentriebe; auch sind sie nahezu alle stark bewehrt. Ihr eher lockerer Wuchs macht sie zu idealen Begleitern für andere Sträucher und Stauden. Von den insgesamt etwa 20 Sorten will ich hier rund die Hälfte vorstellen.

'Blush Damask' blüht im Frühsommer sehr reich. Der regelmäßig wachsende Strauch wird etwa 1,2 m hoch und bildet mit seinem dichten stacheligen Wuchs fast undurchdringliche Hecken. Daher würde ich die Rose vor allem zu diesem Zweck pflanzen. Sie wirkt jedoch auch einzeln. Ihre gefüllten, flachen Blüten duften intensiv und erscheinen in Mittelrosa, das an den Rändern zu Hellrosa verblasst.
'Celsiana' stammt aus der Zeit vor 1750 und wird seit ehedem von Gärtnern sehr geschätzt. Sie kann bis 1,5 m hoch werden, doch ist ihr Wuchs etwas weniger dicht als der von 'Blush Damask'. Ihre nicht gänzlich gefüllten Blüten öffnen sich in reizvollem,

'Leda'
Der Ursprung dieser bezaubernden Rose, auch als 'Painted Damask' bekannt, ist ungewiss. Die Blätter verraten jedoch einen gewissen Gallica-Einfluss. Wäre sie öfterblühend, würde sie mit Sicherheit zu den Portland-Rosen gezählt. Sie wird niemals zu hoch oder unförmig. Ihr Name 'Leda' – jener Königin der griechischen Sage, der sich Zeus in Gestalt eines Schwans näherte – hat mir immer besonders gut gefallen.

klarem Rosa, das an heißen Tagen hellrosa verblasst. Die Blüten duften stark, schon deshalb ist die Rose lohnend. Von der eher untypischen Damaszener-Rose 'Hebe's Lip' wird gelegentlich behauptet, sie sei aus einer Kreuzung zwischen *R.* x *damascena* und *R. rubiginosa* hervorgegangen. Die mehr als einfachen Blüten sind weißlich, die Blütenblätter rot gerändert. Sie duftet stark und blüht im Frühsommer sehr üppig. Das Laub mag etwas derb sein und der Wuchs etwas staksig, dennoch schätze ich diese eher ungewöhnliche Strauchrose, die nie aufdringlich wirkt. Im Handel findet man sie auch unter den Namen 'Reine Blanche' und 'Rubrotincta'.

Die Herkunft der 'Ispahan', die vor 1832 entstanden sein muss, liegt weitgehend im Dunkeln. Bekannt ist nur, dass sie, wie der Name nahe legt, in einem Garten in Ispahan, im westlichen Persien (Iran) von einem unbekannten Rosenliebhaber entdeckt wurde. Sie wird auch unter dem Namen 'Rose d'Ispahan' vertrieben. Die prachtvolle Damaszener-Rose besitzt weniger Stacheln als die meisten anderen. Ihre wohlgeformten, stark duftenden Blüten öffnen sich in sattem Rosa. Diese ideale Topf- wie auch Beetpflanze mit relativ aufrechtem Wuchs zählt zu meinen Lieblings-Damaszener-Rosen. Sie blüht nur einmal, dann aber von Früh- bis Hochsommer.

Die sehr alte Rose 'Kazanlik' oder 'Trigintipetala' wurde jahrhundertelang in bulgarischen Rosenfeldern zur Gewinnung von Rosenöl kultiviert. Ehrlich gesagt hätte sie kaum überlebt, wäre da nicht der betörende Duft ihrer rosa Blüten. Sie ist etwas ausladend und sehr stachelig, aber gesund und gut geeignet für naturnahe Gärten.

Eine weitere Damaszener-Rose mit geheimnisvollem Ursprung ist die vermutlich aus dem 19. Jahrhundert stammende 'Leda'. Ihre Knospen öffnen sich zu duftenden, mittelgroßen, gänzlich gefüllten Blüten mit einem knopfartigen Auge aus nach innen gewölbten Kronblättern. Sie erscheinen in zartem Hellrosa mit rot gezeichneten Rändern. Ich finde sie sehr gesund, und obwohl sie nicht mehrmals blüht, ist sie sehr schön. Mit knapp 1 m wird sie weniger hoch als die meisten ihrer Gruppe, harmoniert meines Erachtens jedoch gut mit einer Vielzahl verschiedener Pflanzen.

Zu meinen Lieblingsrosen zählt die reinweiße Damaszener-Rose 'Mme Hardy', eine prächtige, edle Rose, die in keinem Garten fehlen sollte. Sie entwickelt im Frühsommer herrlich duftende Blüten. Ihr Wuchs ist aufrecht und regelmäßig. Ihr einziger Nachteil ist, dass sie Regen nicht sonderlich mag, aber dies sei ihr verziehen. Pflanzen

Sie sie an einen beliebigen Ort im Garten und versorgen Sie sie großzügig mit Wasser und Nährstoffen: Sie wird Ihnen unendlich viel Freude schenken.

'Omar Khayyám' ist zweifellos sehr alter Abstammung. In England wurde sie zunächst von einer Rose vermehrt, die in Suffolk auf dem Grab des Edward Fitzgerald, dem berühmten Übersetzer von Omar Khayyáms *Rubáiyát* (1859), gepflanzt war. Dort war sie aus den Samen einer Rose entstanden, die von dem Grab des persischen Dichters aus dem 12. Jahrhundert in Nishapur stammten. Die Rose wird eindeutig wegen ihrer Herkunft und weniger wegen ihrer Gartenwerts geschätzt, obwohl sie eine ganz nette Rose ist. Sie erfordert jedoch äußerst viel Aufmerksamkeit. Ihre Blüten erscheinen, leicht zerzaust, in einer Art silbrigem Rosa. Da sie nie höher als knapp 1 m wird, fühlt sie sich in einem großen Kübel auf der Terrasse oder im Innenhof am wohlsten.

'Quatre Saisons' oder 'Autumn Damask' zählt zu den sehr alten Rosen. Sie soll aus einer Kreuzung von *R. gallica* mit *R. moschata* hervorgegangen sein und ist auch als *R.* x *damascena bifera* oder *R.* x *damascena semperflorens* im Handel. Durch die Kreuzung mit der China-Rose 'Old Blush' entstanden die Portland- und Bourbon-Rosen. Ihre duftenden, zartrosa Blüten öffnen sich in dichten Büscheln. Als Strauch wächst sie nicht zu locker und wird 1,2 m hoch.

Die letzte Damaszener-Rose, die ich ausgewählt habe, ist ein Sammlerstück, wächst jedoch in fast jedem Boden und stellt kaum Ansprüche an den Standort. Ihr Name lautet 'York and Lancaster', genauer *R.* x *damascena versicolor*, wobei dieser Name Aufschluss über ihre Farbe gibt, einer Mischung aus Tiefrosa und Weiß. Die Färbung ist ungleichmäßig: Manchmal erscheint nur eine Blüte eines Büschels weiß, manchmal nur eine halbe Blüte, usw. Sie ist eindeutig ein Sport von 'Kazanlik' und existierte ziemlich sicher bereits vor den ersten Belegen aus dem Jahre 1550. Ich halte es für sehr wahrscheinlich, dass diese Rose bei der Entwicklung der Tudor-Rose, dem Wahrzeichen der britischen Königlichen Familie, im Jahre 1485 als Quell der Inspiration diente.

'Mme Hardy'
Die ausgezeichnete, reinweiße Rose, die seit ihrer Einführung im Jahre 1832 zu den beliebtesten Damaszener-Rosen zählt, kommt hier vor dem Hintergrund eines Flechtzauns schön zur Geltung. Wie die meisten weißen Rosen mag sie feuchtes Wetter nicht sonderlich, doch in einer Folge von heiteren Tagen im Hochsommer ist sie einfach hinreißend.

Zentifolien

'Fantin Latour'
Prachtvoll ist ein Wort, das ich zum Beschreiben einer Rose nur selten gebrauche. Doch ich zögere nicht, es für 'Fantin Latour' anzuwenden. Wäre ich jünger, würde ich sie sogar als »genial« bezeichnen. Die Rose blüht jeden Sommer nur für ein paar kurze Wochen. Doch schon ein flüchtiger Blick und ein Schnuppern an ihr rufen mir in Erinnerung, warum ich Rosen schon immer geliebt habe.

Ich kenne etwa 25 verschiedene Zentifolien oder Provence-Rosen, wie sie auch heißen, und das umfasst knapp die ganze Sammlung. Über ihren Ursprung ist nichts Genaues bekannt, und auch über ihre jahrhundertelange Entwicklung liegen keine gesicherten Angaben vor. Es ist jedoch offensichtlich, dass ihre Ahnentafel überaus gemischt ist und unter anderem auf *R. gallica* und *R.* x *damascena* zurückzuführen ist. Die Vergangenheit scheint wesentlich mehr Zentifolien gekannt zu haben: In Holland wurden im 16. und 17. Jahrhundert wohl Hunderte verschiedener Sorten entwickelt, und da dieses Land schon immer fähige Gärtner besaß, gibt es keinen Grund, dies zu bezweifeln. Doch ist es mir ein Rätsel, warum so wenige Zentifolien überlebt haben.

Wenngleich sich in der Rosenliteratur im Laufe der Jahrhunderte keine Belege dafür finden lassen, glaube ich, dass die holländischen Rosenzüchter mit Zuchtmaterial vom alten Zentifolien-Typ gearbeitet haben, vielleicht von Rosen aus vorrömischer Zeit. Diese Annahme basiert auf der Tatsache, dass die meisten Zentifolien, die es noch gibt, für eine einfache Hybridisierung zu dicht gefüllte Blüten besitzen. Darüber hinaus soll das Klima in Europa vor 300 bis 400 Jahren kälter gewesen sein als heute, und die Rosenzucht wäre ohne künstliche Wärme schwierig gewesen. Ich glaube, dass die Zentifolien, die uns heute fehlen, die einfachen und halbgefüllten waren, die viel leichter zu kreuzen gewesen wären. Somit wurden wohl nur die dicht gefüllten Nachfahren für die Kultivierung und weitere Verbreitung ausgewählt – vielleicht als Schnittblumen, denn aus diesem Grund hätte man sie in Holland vornehmlich gezüchtet.

Solche üppig gefüllten Rosen sind auf zahlreichen Bildern der holländischen und flämischen Meister und anderer Künstler jener Zeit zu sehen. Häufig wurden sie als Dekoration ebenso wohlproportionierter Frauen gezeigt oder sie erschienen in Sträußchen, Vasen und gekünstelten Arrangements mit anderen Blumen und Früchten.

Zentifolien im Garten

Es ist nicht verwunderlich, dass Zentifolien im Laufe der Zeit immer wieder von Künstlern als Motiv gewählt wurden, denn sie sind ohne Frage sehr schöne Rosen. Die Mehrzahl besitzt Blüten aus vielen Blütenblättern – der Name *centifolia* bedeutet »100 Blätter« –, die alle dicht aneinander gedrängt beim Öffnen der Blüte flache, dicht gefüllte Kissen bilden. Obwohl ein oder zwei unter ihnen weiß sind, und einige wenige rötliche Nuancen aufweisen, ist Rosa mit Abstand die beherrschende Farbe unter den Zentifolien. Die meisten blühen nur einmal im Jahr. Ein weiteres Merkmal der Gruppe ist der Duft, der unverwechselbar und in seiner Intensität nahezu berauschend ist.

Zentifolien sind sehr unterschiedlich: Einige haben äußerst stachelige Triebe, andere sind ziemlich glatt, und von klein und wohlgeformt bis hoch und unregelmäßig sind alle Formen vertreten. Ihr vielfältiger Habitus ermöglicht es, sie an nahezu jedem Standort im Garten zu verwenden. Und wenn sie zwischen andere Sträucher gesetzt werden, muss es kein Nachteil sein, dass sie nur einmal blühen.

Die im Folgenden beschriebenen zehn Zentifolien sind die, die ich für die besten halte. Beginnen möchte ich mit der *R.* x *centifolia* selbst. Diese komplexe Rose existierte bereits vor 1600 und war einst als Kohlrose ('Cabbage Rose') bekannt. Ihre Blüten öffnen sich in intensiv leuchtendem Rosa und sie besitzen mehr Blütenblätter als jede ihrer Verwandten. Sie zählt zudem zu den stacheligsten Vertreterinnen ihrer Gruppe. Bei normalem Boden zeigt sie einen äußerst lockeren Wuchs und erreicht etwa eine Höhe von 1,8 bis 2,2 m. Ich habe sie jedoch auch schon als Kletterer an alten Hausmauern und in Bäumen gesehen, und einmal fand ich ein Exemplar, das munter in einer Hecke emporwuchs. Es gibt eine alte Sorte namens 'Bullata', die sich von *R.* x *centifolia* durch ihr Laub unterscheidet: Es ist viel größer und leuchtender und dazu

'De Meaux'
Die Zentifolie aus dem späten 18. Jh. zählt zu den niedrigeren Sorten dieser Gruppe und eignet sich somit hervorragend für die Kultur in kleineren Gruppen oder Töpfen. Wie die meisten ihrer Art duftet sie herrlich. Hier prahlt sie mit ihrer üppigen Blüte, die im Früh- bis Hochsommer erscheint.

gekräuselt wie Salatblätter. Eine dritte Sorte wirkt durch den reizvollen knopfartigen Ansatz ihrer Blütenblätter etwas raffinierter. Sie zeigt auch ein etwas leuchtenderes Rosa und ist unter drei Namen bekannt: *R. x centifolia* 'Major', 'Centfeuille des Peintres' und 'Rose des Peintres'.

Zu den weißen Zentifolien zählt 'Unique Blanche'. Die 1775 entstandene Sorte ist auch als 'White Provence' und 'Vierge de Cléry' bekannt. Ihr üppiger, duftender Flor aus zahlreichen seidigen Blütenblättern erscheint im Frühsommer. Die Pflanze zeigt einen lockeren Wuchs und eignet sich gut zum Kombinieren, da sie auch im Halbschatten gedeiht. Bei 'Juno', der anderen weißen Zentifolie, handelt es sich um eine feinere Hybride aus dem Jahr 1832. Ihre Blüten sind zartrosa überhaucht. In ihren Proportionen gleicht sie sehr der 'Unique Blanche', aber sie wächst vielleicht etwas lockerer, ist eindeutig weniger bestachelt und besitzt mehr dunkelgrüne Blätter.

Zu den kleinsten der Zentifolien zählt die charmante 'De Meaux', die seit etwa 1790 in Gärten heimisch ist. Da sie nur selten höher als 60 cm wird, wurde sie früher gern als Topfpflanze verwendet und auf den Pariser Blumenmärkten angeboten. Sie ist auch heute noch als Kübelpflanze geeignet, etwa in einer kleinen Sammlung im Innenhof oder auf der Terrasse. Wenn sie in den Garten gepflanzt wird, empfehlen sich Gruppen von drei oder fünf Pflanzen. Die zahlreichen kleinen Blüten erscheinen im Früh- und Hochsommer und öffnen sich zartrosa mit zum Rand hin gekräuselten Blütenblättern.

Eine weitere eher kleine Sorte, die noch älter ist als 'De Meaux', ist die 'Burgunderrose', die auch als 'Pompon de Bourgogne' und 'Parvifolia' im Handel ist. Im Frühsommer schmückt sich diese herrliche kleine Rose mit einer Fülle an kleinen, pomponartigen Blüten, deren Farbpalette von rosigem Rosa bis Weinrot reicht. Die Rose ist ein Gewinn für jede gemischte Rabatte, besonders wenn sie wie 'De Meaux' in kleineren Gruppen oder in Kübeln gepflanzt und je nach Bedarf umgestellt wird.

Auch die kräftig rosafarbene 'Spong' macht sich hervorragend als Kübelpflanze. Sie wird etwas höher als die vorigen zwei – höchstens jedoch knapp 1 m – und fühlt sich in kleinen Gruppen zwischen Stauden und niedrigen Sträuchern wohl.

'Tour de Malakoff'
Die auch als 'Black Jack' bekannte 'Tour de Malakoff' wird hier von der Klematis 'Mme Julia Correvon' umrahmt. Obwohl Klematis auf manche Rosen etwas einschüchternd wirken kann, erwarte ich von 'Tour de Malakoff', dass sie mit dieser etwas dreisten Konkurrenz spielend fertig wird.

'Robert le Diable' besitzt Blüten in einer Farbe, die aber sehr schwer zu beschreiben ist: Es ist eine Mischung aus Karmesinrot, Lila und Grau. Bei bewölktem Wetter wirkt sie jedoch fast Purpurfarben. Ihre Blüten sind dicht gefüllt.

Eine wesentlich größere Sorte in dieser Gruppe, mit ähnlichen Farbnuancen wie 'Robert le Diable', ist 'Tour de Malakoff' (auch als 'Black Jack' bekannt), die sehr gern an einer Stütze wächst.

Diese wundervolle Rose duftet betörend und blüht üppig im Früh- und Hochsommer. *R.* x *centifolia* 'Variegata', die auch als 'Village Maid' bekannt ist, ist eine eher hohe Strauchrose mit sehr kräftigen, stacheligen Trieben. Ihr stark duftender, üppiger Flor zeigt sich im Frühsommer in zartem Cremeweiß mit einzelnen purpurrosa Streifen.

Schließlich komme ich zu einer der beliebtesten aller Zentifolien, 'Fantin-Latour'. Diese Rose zählt sicherlich zu meinen Lieblingsrosen und wird in meiner persönlichen Favoritenliste immer unter den ersten zehn zu finden sein. Von dieser schönen Rose liegen keine Hinweise über ihren Ursprung vor, doch ihr Erscheinungsbild legt nahe, dass sie mit einigen *Gallica*-Genen ausgestattet ist. Das Blattwerk ist glatt, gräulichgrün und fühlt sich etwas weicher an als jenes der anderen Rosen dieser Gruppe. Auch besitzt sie weniger Stacheln und zeigt einen etwas aufrechteren Wuchs. Ihre wohlgeformten, großartig duftenden, gänzlich gefüllten Blüten zeigen sich in einem zerbrechlich zarten Rosaton. Die Rose harmoniert gut mit anderen Pflanzen und erreicht als Kletterer etwa das Doppelte ihrer normalen Höhe, die bei 1,5 m liegt.

R.* x *centifolia
Die Blüte im klassischen altmodischen Stil hat sich aus einer becherförmigen Knospe zu einem wundervollen Arrangement von Blütenblättern entfaltet. In der Mitte findet sich eine Andeutung von Staubbeuteln, die ausreichen mag, um Bienen anzulocken, falls das feine und alles durchdringende Parfum dieser zauberhaften Blüte sie nicht schon längst verführt hat.

Gallica-Rosen

Die Gallica-Rosen zählen zu den ältesten Rosengruppen; der Einfluss ihres Erbguts lässt sich bis hin zu fast allen modernen Rosen verfolgen. Die Zahl der Gallica-Rosen, die bis zum Ende des 18. Jahrhunderts als die beliebtesten Gartenrosen galten, war früher wesentlich höher als heute. Tatsächlich soll Kaiserin Josephine mehr als 150 Sorten in ihrer Sammlung in Malmaison kultiviert haben, und danach wurden, in erster Linie in Frankreich, noch deutlich mehr gezogen. Im 19. Jahrhundert und zuvor nannte man Gallica-Rosen Gallische Rosen oder Provins-Rosen.
R. gallica var. *officinalis* gilt als eine der ältesten Gallicas. Sie ist auch als »Apothekerrose« und, nachdem sie Mitte des 13. Jahrhunderts zum Wahrzeichen derer von Lancaster geworden war, als »Rote Rose von Lancaster« bekannt. Eine weitere sehr berühmte Gallica ist die rot-weiß gestreifte 'Rosa Mundi', ein Sport der *R. gallica* var. *officinalis*. Es heißt, die Rose sei nach Rosamond Clifford benannt, einer Geliebten Heinrichs II. von England, nachdem eine Pflanze in der Nähe ihres Grabes gefunden worden war.

R. gallica* var. *officinalis
Eine der ältesten unserer heutigen Gartenrosen, *R. gallica* var. *officinalis*, ist auch unter den Namen 'Apotheker-Rose' und 'Red Rose of Lancaster' geläufig. Hier wächst sie neben der Moosrose 'Gloire des Mousseux' und weiteren Pflanzen wie Rittersporn. Sie wird niemals wesentlich höher als knapp 1 m.

Gallica-Rosen im Garten

Als Gartenpflanzen erweisen sich Gallica-Rosen als äußerst nützlich, da sie sich, bis auf wenige Ausnahmen, auf eine pflegeleichte Größe beschränken. Ein oder zwei sind etwas überhängend, doch die meisten sind kompakt und buschig. Wuchs und Größe machen sie zu idealen Begleitern zahlreicher Sträucher. Einige passen auch in moderne Gartenanlagen. Als Kübelpflanzen eignen sich alle gut.

Wenige Gallica-Rosen, wenn überhaupt, sind wirklich stark bewehrt. Ihr Laub ist etwas derb und zeigt ein schönes Dunkel- bis Mittelgrün. Wenn sie nicht veredelt sind, treiben sie äußerst willig. Ihre einfachen bis gänzlich gefüllten Blüten erscheinen im Hochsommer von Zartrosa bis tief Karmesinrot und Purpur. Weiße Gallicas gibt es nicht. Einige, wenn auch nicht alle, duften sehr angenehm. Da ihre Hagebutten kaum Zierwert besitzen, wird bei Gallica-Rosen Verblühtes am besten nach der Blüte entfernt, sodass sie ihre Wuchsform erhalten.

'Rosa Mundi'
Vor langer Zeit entstand aus einer Mutation von *R. gallica* var. *officinalis* die herrliche, gestreifte 'Rosa Mundi', die heute zu den bekanntesten Alten Rosen zählt. Sie harmoniert gut mit anderen Pflanzen und eignet sich ausgezeichnet als niedrige Hecke, vor allem, wenn sie jedes Jahr nach der Blüte in Form geschnitten wird.

Aus der Glanzzeit der Gallica-Rosen sind heute etwa noch 50 Sorten überliefert. Von diesen möchte ich hier 15 etwas ausführlicher vorstellen. Sie zählen nicht unbedingt zu den bekanntesten, doch sind es alles Rosen, für die ich mich verbürgen kann, und einige, die ich schlichtweg mag.

Ich beginne mit 'Agatha', einer dicht gefüllten, tief himbeerfarbenen Rose mit blasseren Rändern, die auf die Zeit vor 1818 zu datieren ist. 'Empress Joséphine' ist ihr relativ ähnlich, wenn auch zarter in der Färbung und mit weniger Blütenblättern. Beide duften und werden etwa 1,5 m hoch. Sie gehören zu einer kleinen Gruppe von Gallica-Hybriden, die als 'Agathe-Rose' bekannt sind. Von den echten Gallica-Rosen unterscheiden sie sich durch etwas raueres Laub und ihre größere Höhe.

Eine gute Gallica, die mit 1,2 m etwas weniger hoch wird als die ersten beiden, ist die reizvolle 'Belle de Crécy'. Sie besitzt dicht gefüllte, magentarote Blüten, die kräftig in gräuliches Purpurrot überspielen, und verströmt einen Duft, der so verlockend ist wie ihre Farbtöne und Form. Die zahllosen Blüten stehen an kräftigen, aber dünnen Trieben, die sich gelegentlich unter dem Gewicht der Blüten neigen. Diese Rose ist etwas anspruchsvoll und mag keinen Boden, der nicht wirklich fruchtbar ist.

'Empress Joséphine' Wie hier zwischen *Stipa gigantea* und einem Essigbaum (*Rhus typhina*) scheint es 'Empress Joséphine' nichts auszumachen, ihren Lebensraum mit anderen Pflanzenarten zu teilen. Die duftende Gallica-Hybride bringt jeden Sommer eine etwa dreiwöchige, üppige Blüte hervor. Sie datiert aus der Zeit vor 1815.

Es gibt ein oder zwei gestreifte Gallica-Rosen, deren berühmteste natürlich die bereits erwähnte 'Rosa Mundi' ist. Sie ist leichter zu ziehen als 'Belle de Crécy', zeigt sich durchaus für etwas Aufmerksamkeit erkenntlich, aber nimmt auch schlechte Zeiten hin. Da es sich um einen Sport von *R. gallica* var. *officinalis* handelt, mutieren ihre rosa und weiß gestreiften Blüten gelegentlich zur Farbe der Elternsorte zurück und zeigen sich in tief rötlichem Rosa. Wie die Elternsorte eignet sie sich hervorragend als niedrige Hecke und ich kenne mehrere sehr gute Gärten, in denen beide Rosen sich in dieser Funktion bestens bewähren. Ein schlichter jährlicher Rückschnitt mit der Heckenschere nach der Blüte hält eine Hecke mit diesen beiden Rosen in Form. Beide Rosen duften. Bei Trockenheit sind sie anfällig für Mehltau, doch ist dies meist nicht weiter problematisch, da die Krankheit erst nach der Blüte einsetzt. Eine weitere reizvolle Gallica ist die magentarote, rosa bis zart purpurrote Sorte 'Camaieux', die 1830 entstand. Die großen, nahezu gänzlich gefüllten Blüten bestehen aus lockeren Rosetten und verströmen einen angenehmen Duft. Der regelmäßig wachsende, wenn auch eher überhängende Strauch besitzt gesundes, gräulich grünes Laub.

'Alain Blanchard' ist eine herrliche halbgefüllte Gallica-Rose: Ihre zart duftenden Blüten zeigen sich in purpur überlaufenem Karmesinrot und besitzen goldene Staubgefäße. Mit etwa 1,2 m wird sie etwas höher als die meisten Gallica-Rosen, wächst locker und formschön und ist mit einer Fülle dunkelgrünem Laub gesegnet.

Die Entstehung einer der schönsten aller Gallica-Rosen, 'Tuscany Superb', reicht sehr weit zurück, viel weiter als 1848, das als Datum ihrer Einführung festgehalten wurde. Ihre duftenden Blüten setzen sich aus drei Schichten samtiger, tief karmesinroter Blütenblätter zusammen, die einen reizvollen Büschel goldener Staubgefäße umsäumen. Das Zusammenspiel von Gold und Karmesinrot ist überwältigend.

Zum sehr tief karmesin- bis purpurroten Farbspektrum zählen auch 'Cardinal de Richelieu' und 'Charles de Mills'. Die völlig geöffneten Blüten der Ersteren sind eng mit Blütenblättern bestanden, die sich zur Mitte hin nach innen wölben. 'Charles de Mills' zeigt sich deutlich dunkler und gefüllter als 'Cardinal de Richelieu', doch liegen ihre Blütenblätter in völlig geöffnetem Zustand flach wie ein Kissen, eine Komposition vollendeter Symmetrie. Leider verströmt 'Cardinal de Richelieu' nur einen schwachen Duft, 'Charles de Mills' duftet überhaupt nicht, doch ihre Schönheit vermag dies mehr als auszugleichen.

'Alain Blanchard'
Bei dieser Rose, die vermutlich aus einer Kreuzung von *R. centifolia* und *R. gallica* hervorging, scheint es sich zunächst nur um eine gewöhnliche dunkelrote Sorte mit einer großen Krone goldgelber Staubgefäße zu handeln. Näheres Hinsehen ist jedoch lohnend, denn ihre etwa zehn Blütenblätter muten an wie luxuriöser, kastanienbrauner Samt. Jedes ist zart rot getüpfelt und purpurrot überlaufen. In völlig geöffnetem Zustand sind die Blüten einzigartig. Wie es sich für eine Rose dieser Farbe geziemt, verströmt sie einen reizvollen Duft.

'**Complicata'** *(rechts)*
Die auf dem Foto in doppelter Größe abgebildete 'Complicata' wirkt – ganz im Gegensatz zu ihrem Namen – unschuldig und rein. Sie toleriert karge Böden, lässt sich sowohl als Strauch als auch als Baumkletterer oder Hecke einsetzen und harmoniert gut mit verschiedenen Sträuchern. Als wäre dies nicht genug, duftet sie angenehm und treibt reichlich, gesundes Laub.

'Président de Sèze' *(unten)*
Blau passt hervorragend zu vielen Alten Rosen in dunkelrosa Tönen, insbesondere zu jenen mit einem Hauch Blau in der eigenen Farbpalette. Hier bildet die Breitblättrige Glockenblume (*Campanula latifolia*) einen hervorragenden Hintergrund für die wunderschöne Gallica-Rose 'Président de Sèze'.

Eine weitere Gallica-Rose mit ungewöhnlicher Farbe – einer Mischung von Lila, Purpurrot, Rosa und Grau – ist 'De la Maître d'École'. Ihre gänzlich gefüllten, parfümierten und sehr großen Blüten sind geviertelt und tragen in der Mitte ein grünes Auge. Sie hat dunkelgraugrünes Laub und kräftige Triebe, die, wie bei 'Belle de Crécy' und einiger anderer Gallicas, unter dem Gewicht der Blüten bogenförmig herabhängen.

Die tiefviolett-magentarote Gallica namens 'Hippolyte' scheint ihre Triebe absichtlich nach unten zu beugen, sodass man beim Betrachten ihrer zahllosen Blüten fast einen Kopfstand vollbringen müsste (der Aufwand ist jedoch überaus lohnend). Für eine Gallica-Rose sind die gefüllten Blüten klein, erscheinen aber in großer Fülle. Wegen ihres eher lockeren Wuchses braucht sie etwas Platz, wird aber selten höher als 1 m.

'Président de Sèze', auch als 'Mme Hébert' bekannt, ist eine weitere Gallica mit Blüten in einer Mischung aus Lila- und Magentatönen, nur sind sie hier etwas gedämpfter, mit blassgrau geränderten Blütenblättern. Sie duften intensiv. Der regelmäßig wachsende Strauch wird etwa 1,2 m hoch und nahezu ebenso breit. Wenn diese Sorte nicht durch Rückschnitt im Zaum gehalten wird, kann sie relativ sparrig werden.

Eine wunderbare, sehr alte Gallica ist die halbgefüllte 'La Belle Sultane', die auch als 'Violacea' im Handel ist; ein Name, der die gefleckt violett-purpurrote Farbe ihrer Blüten treffend beschreibt. Die Rose besitzt auch auffällige goldene Staubgefäße.

Zu den blassesten Gallica-Rosen zählt die hellrosa 'Duchesse de Montebello', deren nach innen gewölbten, gänzlich gefüllten Blüten einen herrlichen Duft verbreiten. Ich mag die zartgetönten Blüten dieser Rose besonders zusammen mit einigen der purpur- oder karmesinroten Gallica-Sorten. Sie wird ungefähr 1,2 m hoch und wächst von Natur aus aufrecht und regelmäßig.

Beenden möchte ich dieses Kapitel mit einer Rose, die unter den Gallicas einen gewissen Gegensatz bildet, die aber in keinem Garten fehlen sollte. Ihr Name ist 'Complicata'. Sie zählt zu den wenigen Rosen in dieser Gruppe mit einfachen Blüten. Diese öffnen sich duftend in einem hellen Rosa mit auffälligen gelben Staubgefäßen. Im Gegensatz zu den meisten anderen ihrer Art, die von Natur aus relativ regelmäßig wachsen, zeigt 'Complicata' einen eher kletternden und stark rankenden Wuchs. Bei regelmäßigem Schnitt lässt sie sich als mittelgroßer Strauch ziehen. Wenn sie sich jedoch frei entfalten darf, wird sie rasch in Bäume und Hecken klettern.

Pimpinellifolia-Hybriden

Weil sie eine besondere Vorliebe für das Klima Schottlands hegt, ist *R. pimpinellifolia*, die aus Großbritannien stammt, auch als Schottische Rose bekannt. Ihr botanischer Name ist auf die Ähnlichkeit ihrer Blätter mit jenen der Bibernelle (*Pimpinella*) zurückzuführen. Die Wildrosenart und die aus ihnen entstandenen Züchtungen sind auch als Bibernell-Rosen bekannt. Seit kurzem werden Pimpinellifolia-Hybriden offiziell Spinosissima-Hybriden genannt, was auf ihre mit vielen Stacheln versehenen Triebe verweist. Der Name *R. pimpinellifolia* ist aber weiter sehr gebräuchlich.

Als Gartenpflanze wurde diese Rose zuerst um 1800 eingesetzt, nachdem schottische Sämlinge von einer wilden Pimpinellifolia gefüllte Blüten in unterschiedlichen Farben hervorgebracht hatten. Diese Nachkommenschaft ließ darauf schließen, dass die Wildrose eine Liaison mit einer kultivierten Gartenrose eingegangen war. Die Anziehungskraft jener reizvollen kleinen Sträucher erwies sich als so groß, dass einst zahlreiche gefüllte und halbgefüllte Formen neben farbigen, einfachen Formen den Markt bereicherten. Das 1839 veröffentlichte Buch The Flower Garden führt mindestens 50 Sorten von Reinweiß bis Purpurrot und Gelb.

Pimpinellifolia-Hybriden zählen zu den ersten Rosen, die uns mit ihren Blüten erfreuen, dafür blühen sie nur vereinzelt nach. Nachdem ein breiteres Publikum dann die Remontant-Rosen für sich entdeckt hatte, war es nur eine Frage der Zeit, bis die Beliebtheit dieser kleinen Sträucher schwinden würde. In älteren Gärten auf dem Lande sind nach wie vor Pimpinellifolia-Hybriden, die leicht an ihren spitzen Stacheln und weichem farnähnlichem Laub zu erkennen sind, zu finden. Früher wurden ihre Namen nicht sorgfältig notiert. So können heute nur wenige benannt werden, und auch ich selbst habe gelegentlich Schwierigkeiten bei der Identifizierung.

'Double Pink Burnet' *(rechts)*
In herrlichem Zusammenspiel entfaltet sich hier die kleine Pimpinellifolia-Rose inmitten von Schwertlilien und Lupinen. Vor langer Zeit trug diese hinreißende Rose gewiss einen verführerischeren Namen. Doch mit der Entstehung der öfterblühenden Rosen wie den Portland- und Bourbon-Rosen, ist sie und viele andere ihrer Art nahezu in Vergessenheit geraten, sodass ihre Namen vielfach verloren gegangen sind.

Pimpinellifolia-Hybriden im Garten

In den letzten Jahren wurde diese Rosengruppe wieder zum Leben erweckt. Die wenigen, die geblieben sind, zeigen sich äußerst anpassungsfähig und fügen sich problemlos in die meisten Gärten ein, wo sie sich mit Charme und Eigenständigkeit behaupten. Sie eignen sich hervorragend als niedrige Hecken, die zumeist pflegeleicht sind, ein Schnitt mit der Heckenschere im Winter nach der Hagebuttenzeit mag genügen. Die Hagebutten zeigen sich übrigens meist in Mahagoni- oder Purpurrot. Schottische Rosen harmonieren außerdem auch gut untereinander, und Gruppen mit zwei bis drei eng zusammengesetzten verschiedenen Sorten bieten einen reizvollen Anblick. Diese Gruppe verträgt Schatten besser als die meisten anderen und kann als Unterpflanzung

'Old Yellow Scotch'
Ältere gelbe Rosen sind selten, doch diese Rose, die mir schlicht unter dem Namen 'Old Yellow Scotch' bekannt ist, ist eine überaus zauberhafte Sorte aus alter Zeit. Sie ist eine kompakte Form von 'Harison's Yellow' und scheint etwas dunkler als 'Williams' Double Yellow' – vielleicht ein Klon von einer dieser beiden?

in waldnahen Gestaltungen verwendet werden. Sehr wirkungsvoll sehen sie auch aus, wenn sie in gemischten Rabatten oder vor Strauchpflanzungen gesetzt werden. Wenn sich ihr Laub im Herbst glänzend gold- bis bronze-purpurrot färbt, sehen sie allesamt besonders reizvoll aus. Und dass sich Rosen dieser Größe zudem hervorragend als Kübelpflanzen eignen, versteht sich von selbst. In Gefäßen sollten sie in gut ausgewogener Erde gepflanzt werden, obgleich sie im Garten mit jedem Boden vorlieb nehmen. Besonders wohl fühlen sie sich in leichteren Böden.

Da ich die Wildformen bereits im Kapitel Wildrosen (siehe Seite 29) behandelt habe, beginnt meine Auswahl mit vier Sorten, die mangels eigener Namen im Handel aufgrund ihrer Beschreibung unterschieden werden. Die Erste, 'Double White Burnet', ist eine reizvolle, duftende Rose mit becherförmigen Blüten, die in großer Fülle zwischen farnähnlichem dunkelgrünem Laub stehen. Die Pflanze ist stark bewehrt und mit knapp 1 m von kompaktem Wuchs. Es folgt 'Double Pink Burnet', die sich nur in der Blütenfarbe von der weißen Form unterscheidet. Ebenso 'Marbled Pink Burnet', deren rosa Blüten weiß marmoriert oder gefleckt sind. Die Vierte ist 'Irish Marbled Burnet', die bis auf die Farbe mit den anderen identisch ist: Ihre Blüten öffnen sich purpurrot mit rosa und weißen Marmorierungen.

'Old Yellow Scotch' geht vermutlich auf das späte 18. Jahrhundert zurück und hat halbgefüllte Blüten in tiefem, nicht verblassendem Gelb. Mit 1,2 m Höhe wird sie etwas größer als die anderen. Weitere gelbe Sorten dieser Gruppe sind 'Harison's Yellow', die unter den Wildrosen als 'Yellow Rose of Texas' erwähnt wurde, und die 1828 entstandene 'William's Double Yellow'. Alle eignen sich gut als Hecken.

Eine weitere alte, aber nicht näher datierbare Sorte ist 'Falkland' mit becherförmigen Blüten in Lilarosa, das vor dem Verblühen zu Zartrosa verblasst. Sie besitzt farnartige Blätter, die reifen Hagebutten sind kastanienbraun und oval bis rund.

'Mary Queen of Scots' treibt im späten Frühjahr ihre zart duftenden, einfachen Blüten, deren Boden cremefarben ist. Zur Mitte werden die Blütenblätter lila und verblassen an den Rändern zu Zartrosa. Sie erscheinen in großer Fülle zwischen farnartigem Laub. Die kleinen, herabhängenden, ovalen Hagebutten sind mahagoni- bis purpurrot.

'Mrs Colville' zählt zu den Pimpinellifolia-Hybriden, die möglicherweise einen falschen Namen tragen, da sich in älteren Büchern mehrere Rosen finden, die zu der Beschreibung »einfach und karmesin- bis purpurrot mit weißer Mitte« passen. Diese Rose ist unwesentlich weniger bewehrt als die anderen und ihr Laub minimal weniger farnartig, dennoch handelt es sich eindeutig um eine echte Pimpinellifolia-Hybride. Die rötlich braunen, kegelförmigen Hagebutten heben sich vor dem leuchtenden Herbstlaub ab.

'Single Cherry' ist eine wahre Wonne: Ihre kirschroten Blüten sind etwas größer als jene ihrer Schwestern und erscheinen an einer buschigen, nur 1 m hohen Pflanze. Die Hagebutten sind rund und tief kastanienbraun. Wie bei 'Mrs Colville' und 'Mary Queen of Scots' ist das Datum ihrer Einführung nicht bekannt, doch man kann davon ausgehen, dass sie alt ist.

Eine weitere Rose, die ich niemals zu datieren vermochte, ist 'William III'. Von regelmäßigem, aufrechtem Wuchs entwickelt sie halbgefüllte, kräftig kastanienbraune Blüten, die allmählich zu Magentarot verblassen. Die schokobraunen Hagebutten stehen zwischen dichtem farnartigem Laub. Ich kenne noch mindestens zwei weitere Rosen dieses Namens, darunter eine mit einfachen Blüten.

'Glory of Edzell' wird höher als die meisten Pimpinellifolia-Hybriden, in sehr gutem Boden erreicht sie 1,2 m. Ihre einfachen, klar rosa Blüten mit hellerer Mitte erscheinen relativ früh. Ihre Blätter sind etwas weniger farnartig als bei anderen Rosen dieser Gruppe.

'Stanwell Perpetual' unterscheidet sich realtiv stark von anderen Pimpinellifolia-Hybriden und entstand vermutlich aus einer Kreuzung von 'Quatre Saisons' und *R. pimpinellifolia*. Den ganzen Sommer hindurch erscheinen ihre großen, gänzlich gefüllten, zartrosa Blüten, deren mittlere Petalen nach innen gewölbt sind. Sie duften betörend und sind von dichtem, gräulich grünem, farnartigem Laub umgeben, das leider gelegentlich purpurrote Flecken aufweist. Sie wird etwa 1,5 m hoch und breit. Anders als die meisten Pimpinellifolia-Hybriden mag sie nur besten Boden.

'Mrs Colville'
Wenngleich 'Mrs Colville' nur einmal blüht, zeigt sich dieser Flor doch so üppig, dass die Pflanze zu Beginn des Sommers mit Blüten übersät ist. Der Duft ist ein zusätzlicher Reiz dieser Rose. Pimpinellifolia-Rosen werden niemals groß oder geraten aus der Form, sodass sie sich hervorragend für die Kultur in Töpfen eignen. Im Spätsommer und Herbst bilden die meisten Sorten dieser Gruppe Hagebutten aus.

Moosrosen

Moosrosen unterscheiden sich von allen anderen Rosen durch ihre bemoosten Bärte, die sich um Blütenkelche, Blütenstiele und manchmal auch um Blattstiele und Triebe bilden. Das Moos ist meist grün, kann jedoch auch braun oder mahagonifarben sein. Bis auf wenige Sorten, bei denen es eher fest ist, fühlt es sich weich an und ist stark aromatisch, vor allem, wenn man es zwischen den Fingern zerreibt.

Wann und wie die ersten »Rosen mit Backenbart« entstanden sind, ist nicht genau bekannt, aber 'Common Moss', eine der schönsten überhaupt, ist eindeutig eng mit *R.* x *centifolia* verwandt. Sie lässt sich bis vor 1700 zurückverfolgen, ist aber vermutlich deutlich älter. Genau genommen stammen nahezu alle Moosrosen von den Zentifolien ab, wobei die meisten im Laufe des 19. Jahrhunderts in Frankreich gezüchtet wurden. Sie bieten eine farbenfrohe Palette, die von nahezu reinem Weiß bis zu sehr dunklem Karmesinrot reicht. In der Höhe variieren sie von 1 bis 3 m. Die meisten blühen zwischen Früh- und Hochsommer, bei einigen gibt es eine spätere Nachblüte.

In der Viktorianischen Zeit vermochten Moosrosen eindeutig zu faszinieren. Die damaligen Kataloge der Rosenzüchter führen eine entsprechend große Zahl unterschiedlicher Sorten, von denen etwa 15 bis zum 21. Jahrhundert überlebt haben. Meines Erachtens haben sich jene, die uns bis heute begleiten, gehalten, weil ihre Bemoosung ein Novum war, und weniger wegen der Qualität ihrer Blüten. Ihr Duft ist jedoch eine andere Sache, denn damit sind sie alle reichlich gesegnet.

Moosrosen im Garten

Die Vielfalt unter den Moosrosen ist so groß, dass sich für jeden Verwendungszweck im Garten eine geeignete Sorte findet. Im Allgemeinen eignen sie sich gut als Sträucher, da sie sich mit ihren Pastelltönen unaufdringlich einfügen. Wenngleich sie Halbschatten akzeptieren, bevorzugen sie doch sonnige, luftige Standorte. Einige der niedrigeren Sorten sind auch gut als Kübelpflanzen geeignet. Unter den höheren Moosrosen, die eher dazu neigen, sich auszubreiten, lassen sich einige gut an Pfeilern ziehen.

Ich setze Moosrosen gern an Beet- oder Wegränder oder auch in die Nähe von Grasflächen, denn von hier aus kann man ihre bemoosten Knospen im Vorübergehen berühren oder streifen, sodass sie ihren aromatischen Duft entfalten.

Unter den etwa 50 heute erhältlichen Moosrosen fiel es mir besonders schwer, mich auf lediglich 16 zu beschränken. Die Erste ist eine von zwei oder drei, die ein deutliches Damascena-Erbe zeigen, es ist 'Alfred de Dalmas' oder 'Mousseline' aus dem Jahr 1855. Die interessante, attraktive Rose öffnet sich in zart cremefarbenem Rosa.

'Capitaine John Ingram'
Die Rose gehört zu den dunkelsten unter den roten Moosrosen. Auch zählt ihr im Hochsommer drei Wochen währender Flor zu den üppigsten ihrer Gruppe. Sowohl die Blüten wie auch das dunkel purpurrote Moos sind duftend, Letzteres erinnert an frisch durchmischte Kiefernnadeln.

Ihre halbgefüllten Blüten verströmen einen schönen Duft, Knospen und Stiele sind dicht mit khakifarbenem Moos bestanden. Ihre Blütezeit ist deutlich länger als bei anderen Moosrosen; eigentlich blüht sie den ganzen Sommer hindurch. Wenn sie nicht deutlich bemoost wäre, würde man sie wohl zu den Portland-Rosen zählen. Diese herrliche Rose wird selten höher als gut 50 cm. Im Garten ist sie vielseitig verwendbar: Sie eignet sich gut als Kübelpflanze, doch ist sie ebenso nützlich in Beetbepflanzungen, in Einzelstellung oder in Gruppen.

Die 1880 vorgestellte 'Blanche Moreau' ist eine reizvolle weiße Rose mit kastanienbraunem Moos und dicht gefüllten, duftenden Blüten. Die Pflanze zeigt einen aufrechten Wuchs und schön bemooste, schlanke Triebe. Ihr Laub ist – für eine weiße Rose doch ungewöhnlich – eher dunkelgrün. Mitunter entwickelt sie im Herbst ein oder zwei Nachblüten, eine Eigenschaft, die sie vermutlich von einer entfernten Verwandten, vielleicht von der Damaszener-Rose 'Quatre Saisons', geerbt hat.

Eine Moosrose, die höchstens 1,2 m hoch wird, ist die sehr dunkle, rötlich purpurrote 'Capitaine John Ingram'. Ihre Blüten sind nicht übermäßig groß, dafür aber wohlgeformt und gänzlich gefüllt, auch verströmen sie einen intensiven Duft. Ihr dichtes Moos in purpurroten und braunen Farbtönen ist über die Blütenkelche, Blütenböden

'Chapeau de Napoléon'
Die sich zaghaft öffnende Knospe dieser Moosrose lässt deren tiefrosa Farbe bereits andeutungsweise erkennen. Ihre einzigartigen Knospen haben Moosbüschel auf den Kelchblättern, die einem Dreispitz gleichen, was der Rose den Namen 'Chapeau de Napoléon' verlieh. Sie ist auch unter dem Namen 'Crested Moss' bekannt.

und Stiele verteilt und duftet nach Kiefer. Die erstklassige, 1855 eingeführte Rose lässt sich besonders gut in Gehölzpflanzungen integrieren.

'Chapeau de Napoléon' ist eine äußerst ungewöhnliche Rose. Ihre dicht gefüllten, stark duftenden, tiefrosa Blüten werden durch Moosbüschel auf den Kelchblättern verziert, die einem Dreispitz gleichen, was der Rose ihren Namen gab. Sie wächst gern ausladend und entwickelt Triebe mit graugrünem Laub. Lässt man sie ungehindert wachsen, kann sie bis zu 1,5 m hoch werden. Ich habe sie auch schon als niedrige Kletterpflanze an einer Mauer gesehen. Die 1826 gezüchtete Rose ist auch unter den Namen 'Cristata' und 'Crested Moss' im Handel.

'Common Moss' habe ich bereits erwähnt; die gelegentlich auch 'Old Pink Moss' genannte Rose ist schlichtweg überall zu finden. Bei einer rosa Moosrose in einem alten Garten handelt es sich nahezu immer um 'Common Moss', die ihren Namen vermutlich aufgrund eben dieser Allgegenwart erhielt. Die Alte Rose zeigt sich in leuchtendem Tiefrosa, ist gänzlich gefüllt und duftet vorzüglich. Ihr Moos breitet sich dicht und mittelgrün von den Knospen bis zu den Stielen aus und erinnert an den Duft frisch geschlagener Kiefern. Sie wird bis 1,2 m hoch, in Mauernähe auch höher.

Die herrlichen Blüten der mittelgroßen bis hohen ‘Comtesse de Murinais’ öffnen sich dicht gefüllt und wunderbar duftend in einem schönen Zartrosa bis Cremeton. Ihr Moos erinnert an kleine Borsten und verströmt einen starken, nachhaltigen Balsamduft. Sie erreicht eine Höhe von etwa 1,5 m, wobei ihre etwas hochaufgeschossenen Triebe gern von einer Mauer, einem Pfeiler oder Spalier gestützt werden.

Die 1873 vorgestellte ‘Deuil de Paul Fontaine’ zählt zu den Moosrosen mit dem dunkelsten Rot, doch lässt ihr Verhalten zu wünschen übrig. Erwähnenswert ist sie hier lediglich, weil sie im Spätsommer mitunter einen zweiten Flor entwickelt. Sie wird selten höher als 1 m, ihre großen dicht gefüllten Blüten sind schalenförmig. Das zunächst rötlich grüne Laub wird später Mittelgrün, das Moos ist in ähnlichen Tönen gehalten. Ich schließe nicht aus, dass unter ihren Ahnen Portland-Rosen zu finden sind.

Die wunderbare zartrosa Moosrose ‘Général Kleber’ mag ich, seit ich sie in den 1960er-Jahren in Blüte sah. Damals dachte ich, eine so schöne Rose sollte nicht nach einem Mann, und erst recht nicht nach einem General, benannt sein. Die Farbe ihrer Blüten möchte ich »Zuckergussrosa« nennen, sie sind dicht gefüllt und verströmen einen überwältigenden Duft. Das Moos ihrer Knospen duftet nach frischen Kiefernnadeln. Sie ist vielseitig einsetzbar und wird nur 1,2 m hoch.

‘Gloire des Mousseux’ besitzt vermutlich die größten Blüten unter den Moosrosen. Sie öffnen sich zu einem sanften, zarten Hellrosa. Das Laub, das im Spätsommer leicht von Mehltau befallen wird, ist dunkelgrün, das Moos noch einige Nuancen dunkler. Die Pflanze wächst eher staksig, lässt sich aber durch jährlichen Rückschnitt in Form halten.

‘Gloire des Mousseux’ Die gänzlich gefüllte, runde, reizvolle Moosrose ‘Gloire des Mousseux’ ist hier wunderschön porträtiert. Auch die zarte, seidene Struktur ihrer Blütenblätter ist zu erkennen. Der Duft dieser Rose ist nahezu berauschend. Ihre Blütenkelche, Blütenböden und -stiele sind dicht mit tief dunkelgrünem Moos bestanden.

Die auch als ‘Red Moss’ bekannte, herrliche ‘Henri Martin’ zählt mit ihren duftenden, leuchtend roten Blüten, die in großen Büscheln erscheinen, zu den blühfreudigsten Moosrosen. Ihr Moos ist rötlich gelbbraun, das überaus gesunde Laub leuchtend grün. Mit einer Stütze entwickelt sie sich zu einem Strauch von etwa 1,5 m Höhe.

Zartrosa überhauchtes grünes Moos schmückt die Knospen und Blütenböden der zartrosa blühenden ‘Mme Louis

Lévêque'. Sowohl die Blüten als auch das Moos duften. Die Pflanze wächst robust und aufrecht und wird selten höher als 1,2 m. Auch als Kübelpflanze macht sie sich vortrefflich.

Die einzige britische Rose, die ich unter den Moosrosen ausgewählt habe, ist die dicht gefüllte, tief leuchtend rosafarbene 'Mrs William Paul', die im Frühsommer sehr üppig blüht. Ihre Blütenkelche und der Großteil der übrigen Jungtriebe sind von kupferfarbenem Moos bedeckt. Die dunkelgrünen Blätter fühlen sich fest an. Sie wurde 1869 von William Paul, einem der führenden englischen Rosenzüchter der Viktorianischen Zeit, vorgestellt.

'Nuits de Young' wird auch als 'Old Black' bezeichnet, ein Name, der ihre Farbe nahezu perfekt erfasst. Ihre kleinen Blüten sind gänzlich gefüllt und duften, wie auch das dunkle Moos, das Knospen, Blütentriebe und -böden umgibt. Der locker wachsende Strauch wird etwa 1,2 m hoch und ist überaus empfehlenswert.

'William Lobb' *(oben und rechts)* Wegen der Beschaffenheit der Blütenblätter ist diese anhaltend beliebte Rose gelegentlich auch als 'Old Velvet Moss' zu finden. Das Foto oben zeigt zwei weitere ihrer Eigenschaften: Die Dichte ihres Mooses, das allmählich rosa überhaucht wird, und die große Knospenzahl, die zusammen ein Büschel bilden. Gegenüber ist 'William Lobb' mit Glockenblumen und Armenischem Storchschnabel (*Geranium psilostemon*) zu sehen. Auch hier kann die Rose mit ihren vielen Tugenden prahlen: Schlichte Farben, dauerhaftes, graugrünes Laub und wunderschöne Blütenfülle.

Die jüngste unter den Moosrosen, 'Robert Léopold', wurde 1941 von Monsieur Buatois in Frankreich gezüchtet. Sie ist die einzige Moosrose, die gelbe Farbtöne besitzt. Die Blüten öffnen sich halbgefüllt und leuchtend rosa mit gelbem Grund, vereinzelt blühen sie im Herbst nach. Die Kelche und ein Großteil der Blütenstiele sind mit ingwerfarbenem Moos bedeckt, die Blätter sind dunkelgrün.

Eine niedrigere Moosrose, die sich gut für kleinere Gärten eignet, ist 'Salet', die maximal knapp 1 m hoch wird. Allerdings kann sie in wirklich gutem Boden auch 1,2 m erreichen. Diese nicht so stark bemooste Rose hat gänzlich gefüllte, duftende Blüten in klarem, tiefem Rosa. Ihr regelmäßiger Wuchs macht sie als Kübelpflanze geeignet. 'Salet' ist eine äußerst zuverlässige Rose, die 1854 vorgestellt wurde.

Schließlich gelange ich zu 'William Lobb', die aus dem Jahr 1855 stammt. Die große, überhängende Sorte wird wohl am besten als Kletterrose verwendet, sie kann bis zu 3 m hoch werden. Ihre duftenden, halbgefüllten, lockeren Blüten öffnen sich zu einem Cocktail von Purpurrot, Lila, Grau und silber überhauchtem Rosa – der allgemeine Farbeindruck mit etwas Abstand ist Magentarot. Das Moos dieser Rose ist nicht sonderlich dicht, dafür aber angenehm weich und in einem rosa schimmernden Grün gehalten. Auch die gräulich grünen Blätter sind von eher weicher Beschaffenheit. 'William Lobb' zählt zu den beliebtesten Moosrosen, und ich werde an einem Rankgerüst oder einer Mauer in meinem Garten immer einen Platz für sie finden.

China-Rosen

Die Blumen, die in der Kunst Chinas dargestellt sind, legen nahe, dass Rosen dort seit dem 10. Jahrhundert, wenn nicht noch früher, wegen ihrer Schönheit geliebt und kultiviert wurden. Die Rosen, die heute als China-Rosen klassifiziert werden, bilden selbst eine wichtige Gruppe innerhalb der Gartenpflanzen. Geschätzt werden sie vor allem wegen ihrer lang anhaltenden Blütezeit und ihrer relativ guten Krankheitsresistenz, doch sind sie in der Entwicklung der Modernen Rosen auch genetisch von Bedeutung. Die meisten unter ihnen verdanken ihre Fähigkeit, zweimal oder mehrfach zu blühen, jenen Genen, die sie vor langer Zeit von den China-Rosen geerbt haben.

Eine der ersten China-Rosen, die in Europa eingeführt wurde, war im Jahre 1781 die zartrosa 'Old Blush'. Einige Jahre später folgte eine rote Sorte, die über Indien zu uns gelangte. Sie wurde zunächst 'Bengal Rose' genannt, war später jedoch unter den Namen 'Slater's Crimson' oder *R. chinensis* 'Semperflorens' bekannt. In den folgenden Jahrzehnten kamen zwei weitere Sorten aus China: 'Odorata', auch als 'Hume's Blush' bekannt, und 'Parks' Yellow' oder *R.* x *odorata* 'Ochroleuca'. Sie wurden als die »vier China-Elternrosen« bekannt. Sie waren durch natürliche Befruchtung mit *R. gigantea* verwandt, eine Kombination, die später zu den Teerosen, Teehybriden usw. führte.

Im Laufe der Jahre habe ich Zuchtmaterial von den vier original China-Rosen bekommen und ich schätze mich glücklich, dass sie echt sind, doch wurde ihre Echtheit gelegentlich stark angezweifelt. Ich versuche bei solchen Fragen unvoreingenommen zu sein, doch reduziert sich die Frage zumeist auf, »was sollen sie denn sonst sein, wenn nicht echt?« Ich sehe mich nie in der Lage, diese Frage zu beantworten, muss jedoch gestehen, dass dieses Anzweifeln gelegentlich den angenehmeren Seiten in der Beurteilung von Rosen im Wege steht.

Im Allgemeinen fühlen sich China-Rosen in den wärmeren Regionen am wohlsten, somit fällt die Größe der Pflanzen in Nordeuropa wesentlich kleiner aus als etwa in den mediterranen Gegenden Kaliforniens. Auch habe ich auf meinen Reisen festgestellt, dass die Farbe der China-Rosen in wärmeren Gegenden intensiver ist. Ein weiterer Faktor ist ihre Winterfestigkeit. Obwohl die meisten auch raueres Klima überleben, kann ein harter Frost doch Triebe beschädigen, die dann im Frühjahr zurückgeschnitten werden müssen. Es gibt verschiedene China-Rosen, die in Europa gut gedeihen, zwei sogar in Skandinavien und den nördlichen Regionen Nordamerikas, doch benötigen sie dort alle einen guten Winterschutz.

Obwohl die meisten China-Rosen selbst in kühleren Gegenden eher offene Standorte bevorzugen, kultiviere ich sie doch gerne in Töpfen und anderen Gefäßen, und

'Mutabilis' (*rechts*) Diese herrliche China-Rose besitzt einen ausgesprochenen Sinn für Humor. Sie hält einen nicht nur über ihre tatsächliche Größe im Unklaren. Zwischen 90 cm und 1,8 m ist alles möglich, sie passt auch ihre Farbe dem jeweiligen Wetter an. Für gewöhnlich öffnet sie sich strohgelb und wechselt dann innerhalb von zwei bis drei Tagen zu Dunkelrot. Dieser Wechsel kann aber auch an einem einzigen Tag stattfinden. Hier befindet sie sich in Gesellschaft der Steppenkerze *Eremurus* x *isabellinus* 'Cleopatra'. Im Hintergrund ist auf dem Dach der Multiflora-Rambler 'Veilchenblau' zu sehen.

die Mehrzahl von ihnen gedeiht dort gut, wenn diese ausreichend groß sind. Die meisten China-Rosen haben gemeinsame Merkmale, sie besitzen z.B. wenige ernst zu nehmende Stacheln. Ein weiterer gemeinsamer Nenner ist ihr Laub, das beim Austrieb zunächst orangerot ist. Drittens weisen sie alle verhältnismäßig dünne Triebe auf und keine von ihnen mag einen zu kräftigen regelmäßigen Rückschnitt. Die meisten entwickeln ihre Blüten in Büscheln und im Gegensatz zu vielen anderen Rosen, die im Laufe der Jahre blasser werden, werden die Farben der China-Rosen im Alter eher intensiver.

China-Rosen im Garten

Die bei weitem beliebteste China-Rose ist die reizvolle 'Mutabilis', eine Rose, die nach dem Zufallsprinzip zu wachsen scheint. Manche werden über Jahre hinweg knapp 1 m hoch und werden dann, aus Gründen, die keiner kennt, plötzlich höher. Ich habe China-Rosen mit 3 m Höhe an Mauern gesehen. Ihre Blüten sind einfach und zunächst bräunlich gelb. In gänzlich geöffnetem Zustand wechseln sie zu verschiedenen Nuancen von Rosa bis Rot. Sie duften nur sehr wenig, doch erscheinen sie den ganzen Sommer hindurch im Übermaß. 'Mutabilis' ist auch als 'Tipo ideale' und *R. turkestanica* bekannt. Trotz ihres unvorhersehbaren Verhaltens ist sie eine sehr gute Kübelpflanze. Auch als Hecke hat sie mich überzeugt und an Mauern wächst sie als kleine Kletterpflanze.

Eine weitere beliebte China-Rose ist 'Cécile Brunner', die Malteser Rose, die auch als 'Sweetheart Rose' bekannt ist. Sie ist sowohl im Wuchs als auch in der Blüte klein, doch vermag sie dies mit einer üppigen Blüte, die den ganzen Sommer über anhält, wunderbar auszugleichen. Die zartrosa, leicht duftenden Blüten erinnern an Miniatur-Teehybriden und eignen sich hervorragend als Knopflochschmuck. Gelegentlich will mir ihr Laub etwas zu spärlich erscheinen, doch sorgt die Fülle an Blüten für einen Ausgleich. Wie alle China-Rosen eignet sie sich hervorragend für die Kultur in Töpfen, Gewächshäusern und Wintergärten. Im Garten ist sie eine gute Begleiterin für viele Pflanzen, insbesondere für kleinere Stauden. Die kletternde Form besitzt Blüten, die jenen der Strauchvariante vollkommen gleichen, darüber hinaus ist sie jedoch ihr komplettes Gegenteil: An einem Baum oder einer Mauer wächst sie zu stattlichen Höhen empor und erfordert ein solides Spalier. Nach dem ersten Flor im Frühsommer blüht sie nur vereinzelt nach.

Die Blüten der 'Bloomfield Abundance' sind nahezu identisch mit jenen von 'Cécile Brunner', sie besitzt nur

'Old Blush'
'Old Blush' oder 'Parson's Pink', wie sie gelegentlich auch heißt, zählt zu den ältesten China-Rosen. Sie gelangte im Jahr 1789 nach Europa. Zusammen mit anderen Rosen aus China wurde sie schon bald zu Zuchtzwecken genutzt und verlieh so zahlreichen neuen Rosengenerationen die Eigenschaft des Öfterblühens.

längere, deutlicher fedrige Kelchblätter. Die in den USA auch unter dem Namen 'Spray Cécile Brunner' bekannte Sorte wird auch höher und ist wuchsfreudiger. Zur wahren Identität dieser zwei China-Rosen hat es bereits zahlreiche Diskussionen gegeben, doch möchte ich in diesem Buch nicht näher auf diese Kontroverse eingehen.

'Old Blush', eine der ersten China-Rosen-Hybriden ist nach wie vor beliebt und erfreut sich einer beachtlichen Langlebigkeit. Sie findet als Strauchrose oder als kleine Kletterrose Verwendung. Ihre halbgefüllten, duftenden Blüten erscheinen den ganzen Sommer über in tiefem Rosa mit lila Untertönen.

'Perle d'Or' zählt zu den wenigen China-Rosen aus der gelben Farbpalette, obwohl das Gelb in diesem Fall eher Bronzefarben ist und besonders am äußeren Rand der Blütenblätter zu Cremefarben verblasst. Die wohlgeformten, gänzlich gefüllten Blüten stehen in aufrechten, großen Büscheln und duften zart. Das Laub ist etwas karg, doch die Fülle an Blüten lässt dies vergessen. Der Wuchs ist relativ aufrecht, die Triebe nicht besonders bestachelt. Sich selbst überlassen, wächst sie zu einer Höhe von knapp 1,2 m heran und wird ebenso breit. Die Rose harmoniert mit Pflanzen aller Farben, selbst mit leuchtenden Orange- und Rottönen. Wie alle China-Rosen wird auch 'Perle d'Or' ungern kräftig zurückgeschnitten, sondern entwickelt lieber ihre eigene Wuchsform.

Eine der besten unter den roten China-Rosen ist 'Cramoisi Supérieur', von der es auch eine kletternde Form gibt. Die in Büscheln erscheinenden Blüten sind etwas mehr als halbgefüllt und karmesinrot und duften nur bescheiden. In kühleren Gegenden wird die Strauchform selten höher als knapp 1 m; die kletternde Form kann mindestens 6 m hoch werden. Die Strauchform blüht ausdauernd, die Kletterrose zeigt einen üppigen

'Perle d' Or'
Mit Hunderten von Blüten übertrifft die etwas extrovertierte China-Rose 'Perle d' Or' hier sich selbst, zumal sie diese Fülle an Blüten den ganzen Sommer hindurch bietet. Neben ihr befinden sich die Rugosa-Rose 'Roseraie de l'Haÿ' und als Baumkletterer die kletternde Form der Teehybride 'Ophelia'.

'Gruß an Teplitz'
Diese China-Rose verströmt einen herrlich würzigen Duft. Sie wurde gegen Ende des 19. Jhs. eingeführt und zählte viele Jahre lang zu den beliebtesten roten Rosen. Sie wird durchaus hoch und treibt den ganzen Sommer hindurch Blüten. Leider stehen diese an relativ schwachen Stielen, sodass sie gelegentlich zwischen dem mittelgrünen Laub herabhängen.

ersten Flor, blüht dann aber nur vereinzelt nach. In wärmeren Gegenden erreichen diese Rosen mindestens die doppelte Größe. In den USA und auf den Bermudas ist die Sorte als 'Agrippina' geläufig. Im Garten findet sie ohne weiteres ihren Platz, denn Rot passt zu den meisten anderen Farben.

Eine China-Rose, die mir sehr am Herzen liegt, ist 'Sophie's Perpetual', eindeutig eine Alte Rose, ihre Herkunft ist jedoch nicht bekannt. Mein Zuchtmaterial habe ich von dem verstorbenen Humphrey Brooke erhalten, der in seinem Garten in Suffolk eine wundervolle Sammlung Alter Rosen zusammengetragen hatte. Die Rose ist im Grunde eine kleine Kletterrose und wird in wärmeren Gegenden besser als solche kultiviert. Ich ziehe sie jedoch gern als Strauchrose, wobei sie eine Höhe von 1,8 m erreicht. Ihre duftenden Blüten sind locker, ihre Farbe gleicht einer Mischung aus Kirschrot und silbrigem Rosa. Sie folgen von Sommer bis Herbst in kleineren Büscheln aufeinander und machen sich gut vor roten Ziegelmauern, wo sie 3 m hoch werden.

Die dunkelste der roten China-Rosen ist die fast schwarze 'Louis XIV', die nur 60 cm hoch wird. Ihre halbgefüllten, zart duftenden Blüten blühen den ganzen Sommer. Es fehlt ihr etwas an Laub, trotzdem ist sie eine wertvolle Gartenpflanze.

Eine weitere rote China-Rose, die aber mit 1,8 m wesentlich höher wird, ist die alte Sorte 'Gruß an Teplitz' mit dicht gefüllten, wohlgeformten Blüten und würzigem Duft. Die üppig blühende Rose ist eine gute Gartenpflanze, besonders wenn sie von einem Stab gestützt wird. Die Blüten von 'Slater's Crimson', eine der Sorten, die für die Entwicklung des öfterblühenden Charakters von Rosen verwendet wurde, sind leuchtend rot und gefüllt. Die Rose, die 90 cm hoch wird, lässt sich im Garten am besten als Kübelpflanze einsetzen. Eine weitere leuchtend rote Sorte, die etwa gleich hoch wird, ist 'Sanguinea', auch als 'Miss Lowe's Rose' bekannt. Gelegentlich wurde sie mit 'Slater's Crimson' verwechselt, obwohl sie sich ziemlich voneinander unterscheiden. Ich besitze sie beide und kann ihre verschiedenen Identitäten bestätigen.

Wenngleich die Farbe Gelb unter den China-Rosen selten ist, besitzt 'Arethusa', eine ziemlich reizvolle kleine Rose, die im Jahr 1903 gezüchtet wurde, gefüllte Blüten in zartem Gelb mit orangen Schattierungen am Blütengrund. Ich empfehle die ausgesprochen gesunde Pflanze besonders gern als Begleiterin für Stauden und Sträucher, sie eignet sich aber ebenso als Topfpflanze. Die Sorte 'Comtesse du Cayla' besitzt halbgefüllte, orange-rosa Blüten mit gelb an der Basis. Die knapp 1 m hohe Pflanze verwöhnt mit einer Fülle duftender Blüten.

Die 1840 entstandene 'Hermosa' treibt silbrigrosa, gänzlich gefüllte Blüten und eignet sich gut für kleine Gärten. Auch sie empfehle ich im Kübel oder vor einer Mauer zu ziehen. Eine weitere Rose in leuchtenden Farben, die sich gut im Topf kultivieren lässt, ist die halbgefüllte, lachsrosa 'Mme Laurette Messimy'. Wenn sie höher werden kann als 60 cm, wird sie sich sehr wohl fühlen. 'Irène Watts' ist eine äußerst reizvolle kleine China-Rose, deren hellrosa Blüten zur Mitte hin etwas nachdunkeln. Mit ihren 45 cm Höhe ist sie gut für Beete geeignet. Die duftenden, herrlich gefüllten Blüten öffnen sich zu einem Durcheinander von Blütenblättern. In den letzten Jahren wurde sie öfter mit einer rosa Form der Floribunda 'Gruß an Aachen' verwechselt (siehe Seite 128).

Doch will ich nun zu 'Odorata' und 'Parks' Yellow' zurückkehren, zwei der ursprünglich als Zuchtgrundlage dienenden China-Rosen. Die zwei werden gelegentlich als Teerosen geführt, doch ich finde, sie passen besser zu den China-Rosen. 'Odorata' besitzt gefüllte, blassrosa duftende Blüten und wird 1,8 m hoch. 'Parks' Yellow' zeigt sich im ersten Flor üppig, blüht dann aber nur vereinzelt nach. Sie wird etwa genauso hoch wie 'Odorata'. Ihre halbgefüllten Blüten duften, sie sind halbgefüllt und blassgelb mit orangem Rand, wobei das Orange kurz vor dem Verblühen einen kräftigeren Ton annimmt. Diese Rose wie auch 'Odorata' benötigen in kälteren Gegenden einen geschützten Standort, da sie nur bedingt winterhart sind.

In diesem Abschnitt zu China-Rosen muss ich noch eine der ungewöhnlichsten Rosen erwähnen, die Grüne Rose oder *Rosa viridiflora*, deren Blüten aus Büscheln grüner, ins Braune spielender, blütenblattähnlicher Kelchblätter gebildet werden. Sie bietet im Garten nicht viel mehr als guten Gesprächsstoff, aber dafür lohnt sie sich. Ansprüche an den Boden stellt sie kaum.

'Viridiflora'
Die Grüne Rose 'Viridiflora' kann eher als Kuriosum denn als Gartenrose betrachtet werden: Ihre Blüten bestehen aus etwas zerzaust wirkenden Bündeln grüner und purpurrot bis brauner Kelchblätter. Der seltsame Flor erscheint in großer Fülle und ohne Unterbrechung vom Sommer bis in den Herbst hinein. Alles andere an dieser Pflanze ist normal. Es muss nicht verwundern, dass diese Sorte bei Floristen sehr begehrt ist.

Portland-Rosen

'Comte de Chambord'
(rechts)
Diese Farbzusammenstellung darf als sehr geglückt gelten. Wenngleich 'Comte de Chambord' hier unterdrückt zu werden scheint – überwältigt wird sie von dem Armenischen Storchschnabel (*Geranium psilostemon*) nicht. Kaum zu erkennen in diesem Meer von Magenta und Grün ist eine Blüte der Gallica-Rose 'Charles de Mills', die sich um Aufmerksamkeit bemüht.

'Duchess of Portland'
(unten)
Die auf etwa 1790 zu datierende 'Duchess of Portland' war die erste Portlandrose und galt zu ihrer Zeit als Sensation, da sie über den ganzen Sommer Blüten hervorbrachte, was für Gartenrosen jener Zeit selten war. Die ursprüngliche Portlandrose ist bis zum heutigen Tag eine wertvolle Gartenrose.

Bis vor kurzem nahm man an, dass die erste Portland-Rose aus einer Zufallskreuzung von 'Quatre Saisons' (auch als 'Autumn Damask' oder *R.* x *damascena bifera* bekannt) und einer China-Rose, wahrscheinlich *R. chinensis spontanea*, entstanden ist. Jüngere genetische Untersuchungen scheinen jedoch nahe zu legen, dass auch andere Gene, insbesondere jene der *R. gallica*, zur Erbmasse der Portland-Rosen zählen. Durch die Genforschung erhalten wir allmählich neue Erkenntnisse zu den Ursprüngen sämtlicher Rosengruppen, nicht allein der Portland-Rosen, sodass die seit langem geltende Rosen-Genealogie neu definiert werden muss.

Doch was auch immer die Elternsorten waren, fest steht, dass die erste Portland-Rose im späten 18. Jahrhundert erschien. Sie wurde »Portlandrose« genannt, später war sie unter dem Namen 'Duchess of Portland' bekannt. Beide Namen sind bis heute gebräuchlich. Die Rose entwickelte über den Sommer verteilt eine Reihe von Blütenfolgen, was eine verhältnismäßig neue Eigenschaft war und eine, die die Rosenzunft zu Begeisterungsstürmen bewegt haben muss. Folglich wurde die Portland-Rose bald als Zuchtmaterial verwendet, was wiederum diese reizvolle Rosengruppe entstehen ließ.

Die meisten Portland-Rosen sind öfterblühend und duften in unterschiedlichem Maße. Sie werden selten höher als knapp 1 m, sind anpassungsfähig und relativ krankheitsresistent, auch besitzen sie reichlich schönes Laub. Züchter Alter Rosen bieten etwa zwölf Sorten an. Ich mag sie alle. Etwa die Hälfte sind heute allgemein erhältlich und bereiten allen Freude, die gern ein oder zwei Alte Rosen im Garten hätten, aber nicht über große Flächen verfügen.

Portland-Rosen im Garten

Eine der liebenswertesten Eigenschaften der Portland-Rosen ist ihre Bereitwilligkeit, in Pflanzengemeinschaften zu wachsen. Portland-Rosen eignen sich auch gut als Kübelpflanzen für Innenhöfe, Terrassen oder gepflasterte Flächen. Besonders in älteren Gärten bietet ihr eher altmodisches Wesen beachtliche Vorteile gegenüber moderneren Rosen. Den Portland-Rosen kommt auch als Beetpflanzen große Bedeutung

zu, insbesondere in großen Beeten oder Rabatten, in denen ihre zarteren Farbtöne und ihr zurückhaltender Charakter unter Umständen erwünschter sind als jene extrovertierterer Sorten.

Ich beginne mit 'Comte de Chambord', nicht nur eine der besten Portland-Rosen, sondern auch eine der besseren Alten Gartenrosen. Die Tatsache, dass die 1863 gezüchtete Rose heutzutage in nahezu jedem Garten mit Alten Rosen zu finden ist, unterstreicht ihre Lebenskraft wie auch ihr herrliches Aussehen. Sie ist buschig mit üppigem Laub und von Natur aus so unkompliziert, dass sie nahezu den ganzen Sommer hindurch blüht. Ihre schlanken Knospen öffnen sich zu gänzlich gefüllten, schalenförmigen Blüten mit intensivem Duft und einem kräftigen, warmen rosa Farbton. Die etwa 60 cm hohe Rose ist in den USA auch als 'Mme Knorr' im Handel.

Die reizvolle, zartrosa 'Jacques Cartier' ist in den USA und in Deutschland als 'Marchesa Boccella' bekannt. Die dicht gefüllten duftenden Blüten entwickeln sich vom Juni bis zum Spätherbst, und ich bin immer wieder erstaunt, dass so unbedeutend aussehende Knospen derart schöne Rosen hervorbringen. Ohne regelmäßigen Rückschnitt wächst die Pflanze zu einer Höhe von knapp 1 m heran. Gelegentlich entwickelt sie lange, aus der Art schlagende Triebe, die wenig nützlich sind und besser herausgeschnitten werden. Das dunkelgrüne, geaderte Laub mutet etwas derb an.

Ich muss noch kurz auf die unterschiedlichen Namen zurückkommen, die für die letzten beiden Rosen verwendet werden: Wer mag sagen, welcher Name der richtige ist? Der amerikanische, der britische? Als Rosenzüchter ist mir nur allzu bewusst, wie die Namen von Rosen durcheinander geraten können, und dann dauert es mitunter sehr lange, bis der Fehler entdeckt wird. Zu jenem Zeitpunkt ist es jedoch bereits sehr schwierig, das Versehen zu beheben. Im Falle der obigen Rosen kann ich lediglich Folgendes anmerken: Ich habe einmal eine Rose namens 'Mme Knorr' gezüchtet, die der 'Comte de Chambord' sehr ähnlich war. Sie war ihr so ähnlich, dass ich sie von meiner Liste strich; es schien mir nicht sinnvoll, beide Sorten anzubieten. Jene 'Mme Knorr' besaß weniger Blätter und war etwas anfälliger für Krankheiten als meine 'Comte de Chambord'. Meiner Ansicht nach handelt es sich um zwei verschiedene Rosen, sodass die Namen nicht als Synonyme gelten können. 'Jacques Cartier' habe ich mein ganzes Leben lang, seit ich bei Graham Stuart Thomas in den 1960er-Jahren mit der Zucht Alter Rosen begann, unter diesem Namen gekannt. Sie ist sehr wahrscheinlich identisch mit 'Marchesa Boccella', aber für mich – und nahezu jeden Züchter auf den Britischen Inseln – ist ihr korrekter Name 'Jacques Cartier'.

Meine nächste Wahl innerhalb der Portlands ist die 'Rose de Rescht', deren Ursprung nicht bekannt ist. Die Blüten bestehen aus eine Fülle kürzerer Petalen, die sich zu kompakten Kissen öffnen. Ihr sattes Fuchsienrot wechselt allmählich zu purpurartigem Rot, in der Sonne mitunter auch zu Rosarot. Die intensiv duftenden Blüten stehen zwischen üppigem, dunkelgrünen Laub. Die Rose stellt keinerlei Standortansprüche und gedeiht sehr gut im Kübel, wenn ihr besondere Aufmerksamkeit zuteil wird. Im Laufe der Jahre ist mir aufgefallen, wie sehr es ihr gefällt, nach Belieben wachsen zu

'Jacques Cartier' (*links*) Zu den schönsten Portland-Rosen zählt ohne Zweifel die herausragende 'Jacques Cartier', die hier in dreifacher Vergrößerung zu sehen ist. Wer könnte einer solchen Rose widerstehen? Sie besitzt zudem gesundes Laub und bringt den ganzen Sommer über zahllose prächtige Blüten hervor.

'De Rescht'
Die kastanienbraunen, an Puderquasten erinnernden Blüten von 'De Rescht' bilden einen gelungenen Gegensatz zu den sie umgebenden Blüten: Holunder (*Sambucus*) im Hintergrund und Schmalblättrigem Weidenröschen (*Epilobium angustifolium* 'Album'). Die Rose fügt sich ganz ungezwungen in das Gesamtbild ein.

dürfen. Wenn man ihr diese Freiheit einräumt, sollte man sie alle drei bis vier Jahre kräftig zurückschneiden, sodass sie nicht allzu staksig wird.

Ähnliche Farbtöne wie jene der 'Rose de Rescht' finden sich bei 'Arthur de Sansal', die 1855 in den Handel gelangte und bis heute, trotz ihrer Anfälligkeit für Mehltau und Rost, überlebt hat, was unter anderem auf ihre sehr schönen karmesin-purpurroten, wunderbar duftenden Blüten zurückzuführen ist. Die großen Blütenrosetten entwickeln sich von Frühsommer bis Herbst. Man kultiviert sie am besten als Topfpflanze.

'Indigo' ist sogar noch älter als 'Arthur de Sansal', sie stammt aus dem Jahre 1830. Der Name beschreibt treffend die tief purpurfarbenen Töne ihrer Blüten, die mitunter einen äußerst feinen weißen Streifen aufweisen. Die dicht gefüllten Blüten geben völlig geöffnet den Blick auf ihre goldenen Staubgefäße frei. Die duftende, buschig wachsende, aufrechte Portland-Rose treibt ihre Blüten inmitten einer Fülle satt grünen Laubs.

'Pergolèse' gilt als ausgezeichnete Portland-Rose. Auch sie ist sehr alt und geht auf das Jahr 1860 zurück. Sie ist kräftig karmesin-purpurrot, gelegentlich verblasst sie zu Lila. Ihre dicht gefüllten Blüten erscheinen von Sommer bis Herbst in Büscheln und duften intensiv. Das dunkelgrüne Laub zeigt den Einfluss des Gallica-Erbes.

'Marbrée' wächst zu einem guten Strauch heran, der etwas höher (etwa 1,2 m) und aufrechter ist als die meisten dieser Gruppe. Die schalenförmigen, gefüllten Blüten besitzen etwas weniger Blütenblätter als die meisten Portland-Rosen. Purpurrot und Rosa vermischen sich zu marmoriertem Erscheinen. Sie duften wenig bis gar nicht.

Zum Schluss kehre ich zur ursprünglichen Portland-Rose, 'Duchess of Portland' zurück. Historisch betrachtet, verdient sie nicht nur als Erste ihrer Gruppe Aufmerksamkeit, sondern ist auch eine sehr wertvolle Gartenpflanze. Vom späten Frühjahr bis in den Herbst öffnen sich ihre duftenden Blüten in großer Zahl. Sie besitzen etwa ein Dutzend kirschrote Blütenblätter und zeigen, völlig aufgeblüht, goldene Staubgefäße, das Laub ist dunkelgrün. Sie benötigt wenig Aufmerksamkeit, toleriert auch leicht schattige Standorte und sieht in größeren Gruppenpflanzungen hervorragend aus.

'Arthur de Sansal'
Diese wunderschöne Rose aus dem Jahr 1855 zählt zu den am üppigsten blühenden Portland-Rosen. Zudem verströmt sie einen angenehmen Duft und zeigt einen regelmäßigen Wuchs. Im Laufe der Jahre hat sie aber, im Gegensatz zu anderen ihrer Gruppe, eine gelegentliche Neigung zu Befall mit Sternrußtau und Mehltau entwickelt. Wenn ich jedoch auch nur eine ihrer zauberhaften Blüten aus der Nähe betrachten darf, verzeihe ich diese kleinen Schwächen sofort.

Bourbon-Rosen

'Zéphirine Drouhin'
Dauerhaft blühend, stark duftend und gänzlich unbewehrt zählt 'Zéphirine Drouhin' zu den beliebtesten Bourbon-Rosen. Hier wächst sie ohne Stütze als Strauch, ebenso lässt sie sich an einer Mauer ziehen. Mit der Pfirsichblättrigen Glockenblume (*Campanula persicifolia*) und der weißen Floribunda-Rose 'Schneewittchen' befindet sie sich in angenehmer Gesellschaft.

Bourbon, die französische Insel im Indischen Ozean, die heute La Réunion heißt, gilt als Geburtsort der ersten Bourbon-Rose. Aber eine Minderheit von Experten ist der Auffassung, sie sei im indischen Kalkutta entstanden, doch soll dieses Buch nicht das Forum für derlei Diskussionen sein. Einigkeit herrscht dafür über die Frage nach der ersten Bourbon-Rose überhaupt: Es war 'Rose Édouard'. Und auch die Abstammung lässt keine Fragen offen: Die Eltern sind die China-Rose 'Old Blush' und die Damaszener-Rose 'Quatre Saisons'.

Als 'Rose Édouard' um 1818 nach Frankreich gelangte, erkannten die Züchter bald ihr Potenzial: Ihre gerundeten, dicht gefüllten, tiefrosa Blüten erschienen mehrmals, was sie nicht nur zu einer gut vermarktbaren Rose machte, sondern ihr darüber hinaus hervorragende Zuchteigenschaften verlieh. Abgesehen von den China-Rosen selbst und ein oder zwei Portland-Rosen waren öfterblühende Rosen zu jener Zeit noch sehr selten. Es waren gute Zeiten für Rosen, sie erfreuten sich ständig wachsender Beliebtheit und waren immer häufiger in den Gärten der Wohlhabenden jener Tage anzutreffen. Diese Beliebtheit war auch auf die Schirmherrschaft der europäischen Rosenschulen durch

Kaiserin Josephine zurückzuführen. Kurz vor der Einführung der ersten Bourbon-Rose hatte sie in den Gärten ihres Schlosses Malmaison bei Paris eine Vielzahl an Rosen pflanzen lassen und war vorausschauend genug gewesen, einen Künstler anzustellen, der dies für die Nachwelt festhielt. Es war Pierre Joseph Redouté und er sollte später für seine botanischen Rosenzeichnungen berühmt werden.

Nach der Einführung der 'Rose Édouard' begannen Rosenzüchter bald, diese neue Linie zu nutzen. Vor allem in Frankreich wurden die neuen Rosen mit Leidenschaft gekreuzt und gezüchtet. Das ganze 19. Jahrhundert hindurch wurden Hunderte von Bourbon-Rosen einem Publikum präsentiert, das sie mit nicht nachlassendem Interesse aufnahm. Nur wenige waren aber gut genug, ihre Beliebtheit aufrecht zu erhalten, und zu Beginn des 20. Jahrhunderts waren die meisten aus den kommerziellen Katalogen verschwunden. Die überlebt haben, sind nützliche Sträucher und kleine Kletterpflanzen.

Bourbon-Rosen im Garten

Die meisten Fachgärtnereien für Alte Rosen führen heute etwa 40 verschiedene Bourbon-Rosen, einige weitere, eher seltene Sorten finden sich in privaten und öffentlichen Sammlungen. Die im Handel erhältlichen sind unterschiedlicher Art, einige sind niedrig und buschig, andere hoch und eher staksig. Die Farbpalette reicht von Reinweiß bis Tiefrot, die meisten erscheinen in verschiedenen Rosa-Schattierungen; gelbe Sorten fehlen. Einige blühen nur einmal im Jahr. Auf 20 von ihnen möchte ich hier näher eingehen. Einige werden oft von Sternrußtau geplagt, aber ich kann ganz gut damit leben. Natürlich hilft die Bekämpfung mit geeigneten Pilzmitteln, die Krankheit einzudämmen, doch ich beschränke mich lieber auf natürlichere Mittel. Krankheiten beugt man am besten durch gute Pflege und regelmäßige Nährstoff- sowie Wassergaben vor. Das Krankheitsrisiko wird auch verringert, indem man Rosen zwischen andere Pflanzenarten setzt, denn dann können Krankheiten weniger schnell von einer Rose auf die andere übertragen werden. Zudem lassen sich die öfterblühenden Bourbon-Rosen hervorragend mit vielen anderen Pflanzen kombinieren und ergänzen jede Rabatte oder Gehölzpflanzung mit Farbe und Duft. Einige kletternde Bourbon-Rosen und größere Strauchrosen sind für Mauern und Spaliere geeignet.

Die zwei beliebtesten Bourbon-Rosen heißen 'Mme Isaac Pereire' und 'Zéphirine Drouhin', beide in tiefrosa Schattierungen, einem purpurartigen Rosa. Beide können als Strauch oder als Kletterrosen gezogen werden, beide blühen den Sommer hindurch und duften stark. Hier hören ihre Gemeinsamkeiten jedoch auf. 'Mme Isaac', wie sie meist genannt wird, besitzt eine Vielzahl von Stacheln an kräftigen, unbiegsamen Trieben, während die dünnen Triebe der 'Zéphirine' glatter sind und gänzlich frei von Stacheln. Vollkommen sind beide nicht, denn bei zu unregelmäßigen Dünger- und Wassergaben sind sie leicht für Sternrußtau anfällig.

Diese Bourbon-Rosen stammen aus der Zeit Königin Viktorias und bei beiden entstanden einige Spielarten. Eine blassere rosa Form der 'Mme Isaac' namens 'Mme Ernst Calvat' erschien kurz nach der Einführung von 'Mme Isaac', und die ebenfalls blassrosa

'Kathleen Harrop', ein Sport von 'Zéphirine', wurde etwa 50 Jahre später in den Handel gebracht. Beide Spielarten verhalten sich im Großen und Ganzen wie ihre Elternsorten, doch 'Kathleen Harrop' ist etwas weniger wuchsfreudig als 'Zéphirine Drouhin'.

Die nächste sehr beliebte Bourbon-Rose ist 'Souvenir de la Malmaison'. Die schöne, dicht gefüllte, rosig überhauchte Sorte ist nicht besonders wuchsfreudig, doch kann ihre dichte buschige Form durch einen jährlichen Rückschnitt erhalten werden. Besonders liebenswert ist sie durch ihren starken süßen Duft. Diese Rose, die selten höher als knapp 1 m wird, wird besser mit anderen Pflanzenarten kombiniert. Ihre sanfte Farbe passt besonders gut zu Lavendel- und Blautönen. Die 1843 gezüchtete Sorte ist keineswegs die älteste Bourbon-Rose, doch sie erinnert wunderbar an die Arbeit Josephines in Malmaison. 1893 wurde ein kletternder Sport dieser Rose in England entdeckt, der sich inzwischen als hervorragende Mauerpflanze etabliert hat. Leider verkleben die Blüten beider Sorten bei nassem Wetter leicht und öffnen sich nicht richtig.

Auch wenn sie nicht so verbreitet ist wie 'Souvenir de la Malmaison', ist ihr halbgefüllter, blassrosa Sport 'Souvenir de St Anne's' eine wahre Wonne. Die 1950 von dem verstorbenen Graham Stuart Thomas entdeckte Rose besitzt sämtliche Raffinessen der Elternsorten, doch ist sie etwas gesünder und reagiert weniger empfindlich auf Nässe.

Nahezu genauso großer Beliebtheit wie 'Souvenir de la Malmaison' erfreut sich 'Louise Odier'. Seit ihrem Geburtsjahr 1851 hatte sie reichlich Zeit, sich als verlässlich nachblühende, hellrosa, duftende Rose, die nie zu groß wird oder aus der Form gerät, zu empfehlen. Sie zählt zu den wenigen Bourbon-Rosen, die ich auch für flächige Anpflanzungen verwenden würde. Ebenso passt sie in Gruppen von drei bis vier immer gut zwischen Stauden oder Sträucher mit grauem Laub.

Auf der Beliebtheitsskala folgen zwei äußerst anmutige öfterblühende Sorten: 'La Reine Victoria' in sattem Lilarosa und ihr rosa schimmernder Sport 'Mme Pierre Oger'. Beide bringen Sommer für Sommer eine verschwenderische Pracht schwer duftender Blüten mit seidenen Blütenblätter hervor, die bei gutem Boden bis zum Herbst erscheinen. Ich werde in meinem Garten immer einen Platz für diese beide Rosen finden, insbesondere in Kübeln, da sie dort besonders gut zur Geltung kommen.

Es folgen die gestreiften Bourbon-Rosen. Die bekannteste ist 'Honorine de Brabant', ein hoher, eher locker wachsender und nur leicht bewehrter Strauch, der sich auch gut als kleinere Kletterrose eignet. Sie trägt zart duftende, zunächst rundliche, später locker geformte Blüten in hellem Elfenbein mit lila bis rosa-purpurroten Streifen, die den ganzen Sommer erscheinen, jedoch teils vom graugrünen Laub verdeckt sind.

'Commandant Beaurepaire' ist ein weiterer dicht belaubter Strauch, der bis 1,2 m hoch wird. Er besitzt zahllose stark gefüllte, duftende, karmesinrote Blüten mit purpurroten und weißen Streifen und Einsprengseln. Die Rose passt besonders gut in eine gemischte Rabatte. Die Dritte der gestreiften Bourbon-Rosen ist 'Variegata di Bologna', die mit Abstand stacheligste und auch blühwilligste unter ihnen. Sie wird selten höher als 1,5 m, meist aber nur knapp 1 m. Ihre stark duftenden, kohlförmigen Blüten besitzen unregelmäßige purpurrote Streifen auf cremefarbenem Grund.

Auch wenn die Kletterrose 'Blairii No. 2' nur einmalblühend ist, lohnt es sich trotzdem, sie an einem Rankgerüst zu ziehen, denn in voller Blüte ist sie einfach unvergesslich. Die sich flach öffnenden, stark duftenden, dicht gefüllten Blüten bestehen aus zahlreichen tiefrosa Blütenblättern, die kurz vor dem Verblühen am Rand zart aufhellen. Nach der Blüte bekommt sie Mehltau, aber das ist für mich nur ein geringer Nachteil.

Eine Rose, die ich schon seit langem bewundere, ist die 1920 von Peter Lambert eingeführte 'Adam Messerich'. Es war überaus mutig, sie damals einzuführen, denn zu jener Zeit kamen eher die Teehybriden in Mode. Auch diese öfterblühende Strauchrose lässt sich leicht als Kletterrose ziehen und ich habe sie schon in einem alten Apfelbaum hochklettern sehen. Sie ist nur leicht bewehrt und besitzt gutes Laub. Ihre reichlichen duftenden, rötlich rosa Blüten öffnen sich locker gefüllt.

Auch die rote Bourbon-Rose 'Zigeunerknabe' ('Gipsy Boy') wurde zu Beginn des 20. Jahrhunderts von Peter Lambert vorgestellt und kann sich ebenfalls nicht zwischen einer Existenz als Strauch und jener als Kletterer entscheiden. Ich bevorzuge sie als Kletterer. Ihr Laub und ihre sehr stacheligen Triebe sind eher grob strukturiert. Sie blüht nur einmal im Jahr, die Blüten sind prall gefüllt, lassen aber die goldgelben Staubgefäße erkennen. Ihre Farbe ist meist dunkel- oder fast purpurrot, bei heißem, sonnigem Wetter verblasst sie jedoch zu einem eher schlammfarbenen Rosa. Doch all diese Mängel sind vergessen, sobald sie Gelegenheit hat, uns mit ihrem Duft zu betören.

'Louise Odier'
Die 1851 eingeführte klassische Bourbon-Rose hat bis heute nichts von ihrer Beliebtheit eingebüßt. Leider enthält uns das Foto ihren einnehmenden Duft vor, der immer wieder dazu verführt, nochmals die Nase in die Blüten zu versenken, die hier wunderbar von Hornveilchen (*Viola cornuta*) umrahmt sind.

'Honorine de Brabant'
(*rechts*)
Die Blüten dieser angenehmen Bourbon-Rose, die mich an Himbeeren mit Sahne erinnern, verstecken sich fast schüchtern zwischen dem reichen Laub. Die hohe, üppig blühende und nicht zu stark bewehrte 'Honorine de Brabant' lässt sich sowohl als Strauch als auch als kleiner Mauerkletterer ziehen.

'Blairii No. 2' mit *R. filipes* 'Kiftsgate'
(*unten*)
Die beiden Rosen bilden ein ungleiches Paar, auch wenn sie farblich durchaus harmonieren. Anders verhält es sich bei ihrer jeweiligen Größe: So robust und wuchsfreudig 'Blairii No. 2' auch ist, so ist es doch höchst unwahrscheinlich, dass sie jemals mit der unzähmbaren 'Kiftsgate' mithalten kann. Beide Rosen duften, und im Herbst folgen auf die kleinen, einfachen, weißen Blüten von 'Kiftsgate' leuchtend rote Hagebutten.

Zu 'Bourbon Queen', einer weiteren Rose, die sich zwischen dem Strauch- und Kletterrosendasein nicht entscheiden kann, empfinde ich große persönliche Verbundenheit. Auf halber Höhe am Hügel von Pembroke Castle in West Wales fand ich 1958 zwischen Brombeeren ein verirrtes Exemplar dieser Rose. Damals ging ich mit meiner zukünftigen Frau spazieren, und ihre Mutter Freda, damals etwa Mitte 50, erzählte uns später, dass sie sich daran erinnern konnte, diese Rose an genau jenem Ort bereits als Kind gesehen zu haben. Diese Alte Rose hat somit eine bei weitem stärkere Konstitution als die meisten, die ich kenne. Ihr Laub erscheint an langen, kräftigen, stacheligen Trieben, es ist sehr gesund und graugrün. Ihre duftenden Blüten zeigen sich kugelförmig, bis sie völlig geöffnet sind und sich ihre seidigen pink-rosa Blütenblätter um die zartgelben Staubgefäße entfalten. Leider blüht sie jeden Sommer nur einmal.

In Farbe, Form und Duft erinnert 'Mme Lauriol de Barny' sehr an 'Bourbon Queen'. Sie ist ebenfalls sehr gesund und kräftig und blüht den ganzen Sommer. Ich mag diese Rose und verwende sie an vielen Standorten, nicht zuletzt an halbschattigen, wo sie zuverlässig Jahr für Jahr blüht. Diese Rose erfordert weniger Aufmerksamkeit als die meisten ihrer Art und ist nicht sonderlich wählerisch, was den Boden anbelangt. Sie macht sich auch hervorragend an Pfeilern. Hat sie sich gut entwickelt, empfehle ich eine Unterpflanzung mit Wicken, da ihre Düfte zusammen besonders reizvoll wirken.

Eine weitere Bourbon-Rose in ähnlichem Rosa, mitunter eine Nuance blasser, ist die becherförmige 'Coupe d'Hébé'. Sie wird jedoch höher und benötigt eine Stütze, wenn sie sich nicht über benachbarte Sträucher ausbreiten soll. Ich pflanze diese Rose gern an einem Ort, an dem sie allein wegen ihres Duftes zur Geltung kommt.

'Prince Charles' ist eine Bourbon-Rose unbekannten Ursprungs. Sie wird zuerst 1918 aufgeführt und ist eine eher wuchsfreudige, dicht gefüllte rote Sorte von gesunder Natur. Leider blüht sie nur einmal, sonst würde sie wohl häufiger kultiviert. Dennoch sollte man ihr genug Raum lassen, damit sie sich zu ihrer vollen Höhe von 1,5 m entwickeln kann.

Meine Auswahl an Bourbon-Rosen muss ich mit 'Boule de Neige' abrunden, einer weißen Rose mit wenigen Stacheln, aufrechtem Wuchs und mittelgrünem Laub. Jede Knospe ist ein kleiner Ball, der sich zu einer duftenden, reinweißen Kugel öffnet. Setzen Sie die Rose an einen Ort, an dem sie eigenständig walten kann. Lassen Sie sie nicht von anderen Pflanzen überwuchern und geben Sie ihr regelmäßig Dünger und Wasser: Sie wird Sie reich belohnen.

Remontant-Rosen

Das Erscheinen der Remontant-Rosen kann man bereits kurz nach den Portland-Rosen und in etwa zeitgleich mit den Bourbon-Rosen datieren. Die wesentlichen Unterschiede liegen darin, dass die meisten Remontant-Rosen schlanke Knospen besitzen und meist nicht so hoch werden wie die Bourbon-Rosen, aber deutlich niedriger sind als Portland-Rosen. Die englische Bezeichnung der Gruppe, »Hybrid Perpetuals« (»dauerhaft blühende Hybriden«) erscheint mir etwas zu hoch gegriffen: Ihre übliche Blütezeit erstreckt sich vom Frühsommer bis zum Herbst, doch blühen in dieser Periode nur wenige ohne Unterbrechung. Somit fände ich im Englischen die Bezeichnung »Hybrid Repeats« (»wiederholt blühende Hybriden«) zutreffender.

Zu Beginn ihres langsamen Aufstiegs zum Erfolg galten die Remontant-Rosen nicht als eigene Gruppe, doch wurden im Viktorianischen Zeitalter, als Blumenschauen sich zunehmender Beliebtheit erfreuten, bereits zahlreiche Remontant-Rosen gezüchtet, wenn auch eher wegen der Größe ihrer Blüten für die Gartengestaltung. Zu jener Zeit gewann auch der Handel mit Schnittblumen an Bedeutung und einige Remontant-Rosen wurden besonders dafür gezüchtet. Wie bei den Bourbon-Rosen auch erschienen in den damaligen Katalogen Hunderte von Sorten. Zu jener Zeit übernahm Großbritannien allmählich die weltweite Führung auf dem Gebiet der Rosenzüchtung, und Remontant-Rosen wurden von so berühmten englischen Züchtern wie Henry Bennett und William Paul hervorgebracht. Aber wie bei den Bourbon-Rosen schafften auch hier nur wenige den Durchbruch, und wenige Jahre nach ihrer Einführung waren bereits viele von ihnen verschwunden. Heutzutage sind Hunderte von Remontant-Rosen nur noch Namen in alten Katalogen und Büchern. Für die Kultivierung sind sie verloren gegangen.

Remontant-Rosen im Garten

Einige der höheren Remontant-Rosen lassen sich ausgezeichnet als Blütensträucher verwenden. Allerdings sind regelmäßige Schnittmaßnahmen und Düngergaben nötig, um die Pflanzen zu kräftigen. Auch Verblühtes sollte man entfernen, um einen späteren Flor zu begünstigen. Die kürzeren Sorten werden am besten wie Teehybriden behandelt und jedes Frühjahr relativ kräftig zurückgeschnitten (siehe Seite 121). Sicherlich erfordern Remontant-Rosen, bis auf ein oder zwei rühmliche Ausnahmen, ein wenig zusätzliche Aufmerksamkeit, um sie in Bestform zu halten, und es lohnt sich, sie regelmäßig mit Nährstoffen und Wasser zu versorgen und Pflanzenschutzmittel zu geben.

In der Vergangenheit war die Technik des »Niederhakens« bei der Kultivierung von Remontant-Rosen weit verbreitet. Hierbei wurden die langen Triebe größerer Sorten

im Boden niedergehakt, wobei sie möglichst gleichmäßig um die Pflanze herum verteilt wurden. Auf diese Weise wurde der Austrieb von Seitentrieben gefördert. Wie bei Obstbäumen wurden sie nach der Blüte wieder gelöst. Auf diese Weise blühte jeder Haupttrieb mehrere Jahre, bevor er herausgeschnitten und durch einen anderen ersetzt wurde. Aufgrund der Arbeitsintensität ist das Niederhaken heute eher aus der Mode geraten, dennoch bleibt es eine wertvolle Technik für Gärtner, da eine Pflanze dazu gebracht werden kann, eine verhältnismäßig große Fläche zu bedecken und obendrein eine Fülle an Blüten hervorzubringen.

Heute sind etwa 70 Remontant-Rosen weltweit im Handel. Wesentlich mehr finden sich in den großen Rosensammlungen wie etwa in Sangerhausen, in der Roseraie de L'Haÿ-les-Roses in Frankreich, in Cavriglia in Italien, in Ruston's Rose Garden, Australien, und in Mottisfont Abbey, England. Ich habe hier 17 Sorten ausgewählt, die in alphabetischer Reihenfolge aufgeführt sind.

Die 1868 eingeführte 'Baroness Rothschild' ist im heimischen Frankreich als 'Baronne Adolphe de Rothschild' bekannt. Sie ist eine Spielart einer heute verloren ge-

'Baronne Prévost'
Die herrlich altmodische, gefüllte und betörend duftende 'Baronne Prévost' zählt zu den allerersten Remontant-Rosen. Ihr erster Flor im Sommer ist üppig, der zweite im Herbst etwas weniger reichlich. Ein relativ kräftiger Rückschnitt gibt der bewehrten und eher locker wachsenden Rose einen regelmäßigen Habitus.

gangenen Sorte, und dass sie als Sport so lange überlebt hat, ist bereits Empfehlung genug. Die doppelt gefüllten, zartrosa bis rosaroten Blüten besitzen eine seidige Textur und stehen an starken, aufrechten Trieben. Der angeblich fehlende Duft dieser Rose bietet immer wieder Gesprächsstoff: Ich selbst kann durchaus einen ausmachen, anderen gelingt dies nicht. Der Wuchs der Rose, die selten höher als knapp 1 m wird, ist stämmig und aufrecht. Das gräulich grüne, dichte Laub fühlt sich frisch und fest an und erscheint an bewehrten Trieben.

'Baron Girod de l'Ain' ist eine äußerst interessante Rose. Ihre stark duftenden Blüten bestehen aus zahllosen karmesinroten Petalen mit deutlich weißem, gekräuseltem Rand. Sie erinnern mich an Nelken. Das mittelgrüne Laub ist anfällig für Mehltau. In gutem Boden wird sie etwa 1,2 m hoch.

Die Blüten der 'Baronne Prévost', die 1842 entstand, sind dicht mit tief rosaroten Blütenblättern besetzt und erinnern eher an eine Zentifolie. Sie duften köstlich und erscheinen zunächst reichlich, später nur noch vereinzelt. Die Rose zeigt einen eher ungehobelten Wuchs mit kräftigen stacheligen Trieben, an denen dichtes, aber derbes Laub erscheint. Der Strauch lässt sich gut mit anderen Pflanzen kombinieren.

Eine weitere reizvolle Remontant-Rose ist die leuchtend kirschrote 'Dupuy Jamain'. Auf dem Höhepunkt ihrer Beliebtheit haben ihre großen Blüten ihr bei Ausstellungen gewiss manch einen Preis gesichert. Die duftende, üppig blühende Rose besitzt gesundes, graugrünes Laub an kräftigen Trieben mit einigen Stacheln. Die Sorte, die höchstens 1,2 m hoch wird, eignet sich für gemischte Strauchpflanzungen und Rabatten.

Trotz ihrer empfindlichen Natur und leichten Anfälligkeit für Krankheiten zählt 'Éclair' zu meinen Lieblingen. Sie entfaltet wundervoll duftende, dunkelrote, nahezu schwarze und zunächst herrlich becherförmige Blüten, die sich später schalenförmig und geviertelt öffnen. Diese Schönheit wurde in den späten 1980er-Jahren von der mittlerweile verstorbenen Mrs Margaret Wray aus Langport in Somerset vor dem Vergessen bewahrt und mir zugeschickt – eine wahrhaft wertvolle Wiederentdeckung.

Die duftende 'Empereur du Maroc' ist 'Éclair' in ihrer Farbgebung sehr ähnlich, außer dass ihre voll geöffneten Blüten ein wenig mehr Karmesinrot aufweisen. Auch ist ihr Wuchs etwas unregelmäßiger und ihr tief dunkelgrünes Laub bei trockner, warmer Witterung anfällig für Rosenrost. Mein Geheimtipp: Halten Sie die Wurzeln der Pflanze immer sehr feucht. Am besten zieht man sie an einer Stütze.

Die wunderschön geformten Blüten von 'Enfant de France' sind mir jeden Sommer, wenn die Pflanze ihre ersten Blüten öffnet, eine Freude. Sie sind verhältnismäßig groß, duftend, mittel- bis zart rosa und erinnern in ihrer Beschaffenheit an Satin. Die Rose wird selten höher als knapp 1 m, wächst aufrecht und besitzt schönes Laub.

Bei gestreiften Rosen handelt es sich wohl um eine anerzogene Vorliebe, doch zählt 'Ferdinand Pichard' zu jenen, die sich fortwährender Beliebtheit erfreuen. Neben ihrer einzigartigen Färbung aus Karmesinrot, Blassrosa und Grauweiß duftet sie reizvoll. Die großen, doppelt gefüllten Blüten stehen stolz über gesundem, grünlich grauem Laub und erscheinen, nach einer kurzen Pause im Spätsommer, erneut im Herbst. Die

'Ferdinand Pichard' *(links)*
Die 1921 vorgestellte 'Ferdinand Pichard' war eine der letzten Remontant-Züchtungen. Ein Leben lang musste sie sich gegen die Konkurrenz der Teehybriden durchsetzen, ihr Überleben verdankt sie wohl letztlich ihren herrlich kuriosen, rosa und grau gestreiften Blüten. Darüber hinaus ist sie nach wie vor eine erstklassige Rose. In dieser Pflanzung wurde sie mit Muskatellersalbei (*Salvia sclarea turkestanica*) kombiniert.

'Prince Camille de Rohan'
Im Viktorianischen Zeitalter wäre jeder besonders dunkelroten Remontant-Rose ein sofortiger Erfolg sicher gewesen, so auch dieser Rose. Auch wenn sie später von roten Teehybriden verdrängt wurde, hat sie doch wegen der feineren Textur ihrer Blütenblätter und ihres intensiveren Dufts überlebt.

Pflanze wird zumeist 1,2 m hoch und etwa ebenso breit. Ihre späte Einführung im Jahre 1921 lässt sie zu den jüngsten Remontant-Rosen zählen.

Die 1901 vorgestellte 'Frau Karl Druschki' ist wahrscheinlich die reinweißeste unter allen Rosen. Ihre schlanken Knospen öffnen sich zu großen, locker zerzausten Blüten, die leider nicht duften und auch recht empfindlich auf Regen reagieren.

Die klare, leuchtend rote Remontant-Rose 'Général Jacqueminot' galt bei ihrer Einführung im Jahre 1853 als Sensation, da ihre Farbe das leuchtendste Rot war, das man je bei einer Rose gesehen hatte. Bei Freunden Alter Rosen ist die Sorte bis heute beliebt. Die spitzen Knospen öffnen sich zu duftenden, lockeren, gekräuselten Blüten. Die Pflanze wird bis zu 1,2 m hoch und gerät mitunter etwas aus der Form. Das mittelgrüne Laub fühlt sich eher derb an, ist manchmal anfällig für Mehltau und Rost und sitzt an verhältnismäßig stark bewehrten Trieben.

Eine der größten Remontant-Rosen ist die äußerst reizvolle, duftende, kräftig dunkelrote 'Hugh Dickson' – eine Züchtung aus dem Jahre 1905. Im Freien wird sie bis zu 2,5 m hoch, als Kletterpflanze verwendet erreicht sie durchaus eine Höhe von 4 m. Sie besitzt gesundes, kastanienbraun überhauchtes, dunkelgrünes Laub.

Eine ideale Alte Rose für Beetbepflanzungen ist 'Mrs John Laing'. Sie bleibt zuverlässig bei einer Höhe von knapp 1 m, bei regelmäßigem Rückschnitt auch darunter. Ihre duftenden Blüten sind dicht gefüllt und wohlgeformt in nicht verblassendem Zart- bis Mittelrosa und erscheinen zwischen üppigem, mittel gräulich grünem Laub.

Wer besonders große Blüten schätzt, ist mit 'Paul Neyron' gut beraten. In völlig geöffnetem Zustand können die kugelförmigen Blüten bis zu 15 cm Durchmesser erreichen und zählen somit zu den größten überhaupt. Sie duften intensiv und der Flor in leuchtend warmem Rosa mit tieferen und blasseren Nuancen erscheint an kräftigen, verhältnismäßig unbewehrten Trieben mit ledrigem, dunkel gräulich grünem Laub. Als Strauch begnügt sich 'Paul Neyron' mit einer Höhe von knapp 1 m.

Die zartrosa, kugelförmigen, dicht gefüllten Blüten von 'Paul's Early Blush' verströmen einen schweren Duft und erscheinen zwischen gesundem, dunkel gräulich grünem Laub. Der knapp 1 m hoch werdende Strauch besitzt kräftige Triebe mit vielen Stacheln.

'Prince Camille de Rohan' treibt herrliche Blüten, die sich zu schalenförmigen Kissen öffnen. Gelegentlich zeigt sie die größte Vollkommenheit, die eine Rose nur erreichen kann, doch genauso kann sie sehr enttäuschend sein, vor allem, weil sie sehr anfällig ist für Mehltau. Abgesehen von diesen Schwächen lohnt sie sich allein wegen ihres Farbtons, der an schwarze Johannisbeerkonfitüre erinnert. Die Blüten sind stark duftend. Die Pflanze kann 1,2 m hoch werden, meist wird sie aber nur 60 cm hoch.

Ohne jeden Zweifel wird 'Reine des Violettes' immer unter meinen zehn Lieblingsrosen zu finden sein. Mitunter erfordert sie etwas zusätzliche Aufmerksamkeit. Die unbedeutenden Knospen öffnen sich zu großen schalenförmigen Blüten in einer Mischung aus Violett, Lila, Silber und Grau, mit kleinen Anflügen von Rosa. Je nach Licht kann sie auch purpurrot aussehen. Sie besitzt üppiges, gräulich grünes Laub, das sich leicht flaumig anfühlt. In fruchtbarem Boden wird sie bis zu 1,5 m hoch.

Zum Schluss möchte ich eine weitere wunderschöne, dunkelrote Sorte erwähnen, eine Kletterrose aus dem Jahre 1865. Es ist 'Souvenir du Docteur Jamain', eine fast ganz gefüllte, duftende Rose, deren Farbe dem eines guten Bordeaux-Weines gleicht. An einer warmen Mauer wächst sie auf 4 m Höhe empor und treibt jeden Sommer reichlich Blüten. Heiße, sonnige Standorten verträgt sie nicht, da ihre Blüten dort verbrennen. Ihr dunkelgrünes Blattwerk erscheint an kaum bewehrten Trieben.

'Reine des Violettes'
Dies ist eine der sehr wenigen besonderen Rosen, denen ich immer einen Platz in meinem Garten einräumen werde. Zu ihren zahlreichen herausragenden Wesenszügen zählen Duft, reichliches graugrünes Laub und ein regelmäßiger, aufrechter Wuchs – von ihrem besonderen Reiz als Schnittblume ganz zu schweigen. Sollte sie einen Makel besitzen, dann jenen, dass sich ihre Blüten zu rasch öffnen und vom Wind in Mitleidenschaft gezogen werden.

Rubiginosa-Hybriden

Die Gruppe kräftiger Strauchrosen geht auf die ursprünglich aus Europa stammende Apfel- oder Weinrose, *R. rubiginosa* – früher *R. eglanteria* –, zurück. Von dieser Wildrose, die ich allerdings nur ein einziges Mal in freier Natur gefunden habe, haben die heutigen Züchtungen ihr charakteristisches, nach Äpfeln duftendes Laub geerbt. Die natürliche Form der *R. rubiginosa* bildet einen dichten Strauch mit zahlreichen spitzen Stacheln. Sie entwickelt im Frühsommer einen üppigen ersten Flor. Im Herbst folgt eine Fülle an ovalen, orangeroten Hagebutten, denen die büschelartigen Kelchblätter der Knospen noch wie kleine Backenbärte anhaften. Es ist mir ein Rätsel, warum kein einziger aufgeklärter junger Rosenzüchter sich bis jetzt mit Rubiginosa-Hybriden befasst hat, da sie gesund sind und in meinen Augen nur darauf warten, in größerer Vielfalt vorgestellt zu werden. Dieser Gedanke ist nicht neu: Graham Stuart Thomas hat die Frage schon in seinem 1955 erschienenen Klassiker *The Old Shrub Roses* aufgeworfen.

Die Mehrzahl aller Rubiginosa-Hybriden stammen von einem einzigen Züchter, Lord Penzance, der sie im letzten Jahrzehnt des 19. Jahrhunderts einführte. Er kreuzte die gewöhnliche Apfelrose mit verschiedenen Hybriden, wodurch eine faszinierende Rosengruppe entstand, die relativ hoch wird und sich durch eine gesunde Natur sowie durch dekorative Blüten und Früchte auszeichnet. Ich habe mich lange gefragt, wie Lord Penzance auf die Namen seiner Rosen kam, bis ich darauf hingewiesen wurde, dass sie allesamt Namen von Romanfiguren von Sir Walter Scott tragen.

Rubiginosa-Hybriden im Garten

Die Nachfahren der Apfelrose sind ideale Strauchrosen für naturnahe Gärten. Sie besitzen aromatisches Laub und blühen etwa drei Wochen lang zu Beginn des Sommers. Bei den meisten Sorten entwickelt sich dann eine stattliche Zahl leuchtend roter Hagebutten. Wenn die Pflanze sich bis auf die gewünschte Höhe entwickelt hat, empfiehlt sich ein jährlicher Rückschnitt, sobald die Hagebutten verschwunden sind. So fördert man einen neuen Austrieb, denn die jungen Triebe duften am intensivsten. Rubiginosa-Hybriden sind von Natur aus kräftig und machen sich gut an einem Pfeiler, Dreifuß oder Spalier. Sie eignen sich nahezu alle für Hecken. Heute umfasst die vollständige Gruppe der Rubiginosa-Hybriden etwa 17 Sorten, unter denen ich acht ausgewählt habe.

Die 1894 vorgestellte 'Amy Robsart' bietet in voller Blüte einen großartigen Anblick. Die wuchsfreudige Rose kann bis zu 3 m hoch werden. Es empfiehlt sich jedoch, sie jährlich im Frühjahr auf etwa 1,5 m zurückzuschneiden. Auf dieser Höhe bleibt ihr Wuchs dicht und buschig. Ihre großen einfachen Blüten öffnen sich in Tiefrosa, das

durch ihre Krone gelber Staubgefäße noch verstärkt wird. Sie verströmen einen zarten Apfelduft. Nach der Blüte entwickeln sich ovale, leicht behaarte, orange Hagebutten. Die Sorte 'Anne of Geierstein' ist 'Amy Robsart' ähnlich, nur bringt sie einfache, leuchtend karmesinrote Blüten hervor.

'Flora McIvor' stammt ebenfalls aus dem Jahr 1894. Ihre einfachen, weißen Blüten sind zu den Rändern hin Rosa überlaufen. Unter allen Rubiginosa-Hybriden mag ich 'Flora McIvor' am liebsten. Sie wird etwas weniger hoch als die beiden vorhergehenden und ich meine, bei ihr einen etwas intensiveren Apfelduft am Laub wahrzunehmen.

Die im Jahr 1892 vorgestellte 'Janet's Pride' ist vermutlich wesentlich älter. Die weniger hoch werdende Rose ist auch unter dem Namen 'Clementine' bekannt. Es soll das duftende Laub dieser Sorte gewesen sein, dass Lord Penzance dazu geführt hat, mit der Rosenzucht zu beginnen. Ihre cremefarbenen, an den Rändern rosa überlaufenen Blüten sind kleiner als die der anderen Rubiginosa-Hybriden.

'Amy Robsart'
Dieses herrliche ländliche Idyll zeigt, wie Alte Strauchrosen sich harmonisch in eine natürliche Umgebung einfügen. Hier verbinden sich die fast einfach blühende Rubiginosa-Hybride 'Amy Robsart', der Multiflora-Rambler 'Russelliana' sowie eine nicht näher bestimmte Gallica-Rose, vermutlich 'Charles de Mills', in der Nähe einer alten Eiche zu einem blühenden Gesamtkunstwerk.

'Lady Penzance'
(*rechts*)
Fast alle Rubiginosa-Hybriden wurden von dem englischen Richter Lord Penzance zu Beginn der 1890er-Jahre gezüchtet und eingeführt. Viele von ihnen sind unbekannter Abstammung. Von 'Lady Penzance' weiß man jedoch, dass sie aus *R. rubiginosa* und *R. foetida* 'Bicolor' hervorgegangen ist, wie auch an den Blüten deutlich zu erkennen ist. Das Laub aller Rosen dieser Gruppe duftet nach Äpfeln, am deutlichsten ist der Duft bei dieser Sorte wahrzunehmen.

'Magnifica'
(*ganz rechts*)
Diese herausragende Rubiginosa-Hybride wurde 1916 in Deutschland gezüchtet. Sie passt ausgezeichnet zu vielen anderen Rosen wie auch zu Sträuchern. Hier wächst sie unter einer Eberesche (*Sorbus aucuparia*), in die die etwas wilde Moderne Strauchrose 'Cerise Bouquet' hinaufgerankt und im Schatten zu erkennen ist. Wenn ich genau hinschaue, entdecke ich auch eine Distel und einen Wildtrieb, aber das Foto stammt ja auch aus meinem eigenen Garten!

Eine Rose, die bereits lange Zeit in meinem Garten wächst und relativ selten zu sein scheint, ist 'La Belle Distinguée', auch unter den Namen 'La Petite Duchesse' und 'Scarlet Sweet Briar' bekannt. Ihre Blätter erinnern an Zentifolien und duften zart nach Äpfeln. Die scharlachroten Blüten sind gänzlich gefüllt. Diese interessante Rose bildet einen nützlichen, dichten Strauch, der zumeist nur knapp 1 m hoch wird.

'Lord Penzance' und 'Lady Penzance' wurden beide 1894 eingeführt und sind sich sehr ähnlich: Beide besitzen zartgrünes Laub, leicht getöntes grünes Holz sowie angenehm duftende Blätter und Blüten. Nur die Wildrose *R. rubiginosa* duftet ebenso intensiv wie diese beiden. Die Blüten von 'Lady Penzance' öffnen sich lachsrosa, kupfergelb überhaucht, jene von 'Lord Penzance' braungelb mit einem rosa Schimmer.

Das üppige dunkelgrüne Laub von 'Magnifica', einer Züchtung aus dem Jahre 1916, ist weniger aromatisch als das der übrigen Rosen dieser Gruppe. Sie wird bis zu 1,2 m hoch und trägt halbgefüllte Blüten in tiefem Rosa mit einem Hauch von Purpurrot.

'Manning's Blush' unterscheidet sich deutlich von anderen Rubiginosa-Hybriden: Den Sommer hindurch entwickelt sie dicht gefüllte, zartrosa Blüten mit intensivem Duft, die zwischen dunkelgrünem aromatischem Laub stehen. Diese Rose eignet sich hervorragend für kleinere Gärten, da sie sich mit knapp 1m Höhe zufrieden gibt. Die Sorte ist zudem älter als alle anderen; erste Belege stammen aus dem Jahr 1800.

Mit der äußerst wuchsfreudigen 'Meg Merrilies' möchte ich meinen Rundgang durch die Nachfahrenschaft der Apfelrose beenden. Ihre fast einfachen, leuchtend roten Blüten besitzen ein unaufdringliches weißes Auge und verströmen wie die Blätter einen angenehmen Duft. An einer Mauer kann sie 2,5 m oder mehr hoch werden.

Rugosa-Rosen

Die aus Japan und anderen Teilen Ostasiens stammende *R. rugosa* wurde dort vermutlich bereits wesentlich länger als Zierstrauch verwendet als in anderen Erdteilen. In Europa stammen die ersten Belege für *R. rugosa typica* aus dem Jahr 1796, doch sollte es noch lange Zeit dauern, bis sie große Bekanntheit erlangte. Genau genommen war ihre weitere Verbreitung auch weniger auf ihre dekorativen Vorzüge als auf ihre hervorragende Eignung als Veredlungsunterlage zurückzuführen, insbesondere bei der Entwicklung der Standardrosen. So verbrachte *R. rugosa* nahezu ein ganzes Jahrhundert in relativer Vergessenheit, bis es den Rosenzüchtern jener Tage dämmerte, dass sich hier eine öfterblühende Art mit großem Zuchtpotenzial anbot. Zwischen 1890 und 1915 wurden mehrere erstklassige Rugosa-Rosen vorgestellt, so etwa 'Roseraie de l'Haÿ' aus Frankreich 1901, 'Hansa' aus den Niederlanden 1905 und 'Fru Dagmar Hastrup' aus Dänemark 1914. Danach wurden nur noch wenige entwickelt. Von diesen werden einige im Kapitel zu den Modernen Strauchrosen besprochen.

R. rugosa 'Alba'
Die Hagebutten der reizenden, einfachblühenden, weißen *R. rugosa* 'Alba', die hier zu einem wesentlich tieferen Rot heranreifen, zählen zu den größten Rosenfrüchten überhaupt. Die meisten Rugosa-Rosen bilden Hagebutten in dieser Form aus. Sie bleiben bis zur völligen Reife am Strauch und sind eine verlockende Nahrung für Vögel, Feldmäuse und im Winter sogar für Eichhörnchen.

Das fehlende Interesse vonseiten der Züchter muss erstaunen, da Rugosa-Rosen als krankheitsresistente, pflegeleichte Sträucher, die im Sommer und mitunter auch später mehrmals Blüten treiben, überaus empfehlenswerte Gartenpflanzen sind. Nur heißere Klimate mögen sie nicht besonders, vor allem nicht, wenn ihnen im Winter eine Ruhepause verwehrt bleibt. Dagegen bereitet ihnen ein gemäßigtes Küstenklima keine Probleme; genau genommen scheint ein Standort am Meer jenen Kreuzungen, die am wenigsten von der Wildform entfernt sind, sehr zuzusagen. Leichter sandiger Boden macht ihnen nichts aus, während sie in kalkhaltigem oder lehmigem Boden etwas weniger gut gedeihen.

Rugosa-Rosen im Garten

Bei so zahlreichen Tugenden und entsprechend wenigen Schwächen versteht es sich von selbst, dass Rugosa-Rosen fast jeder Aufgabe im Garten gewachsen sind. Zumeist werden sie als Hecken verwendet und tatsächlich übernimmt keine andere Rosenart diese Rolle so hervorragend; dabei bieten sich die niedrigeren Sorten für

formale Hecken an, die höheren Sorten für Pflanzungen im weniger formalen Stil. Darüber hinaus eignen sie sich wegen ihrer langen Blütezeit, ihren so reizvollen Hagebutten und ihrer Laubfärbung ausgezeichnet als Solitärpflanzen auf Rasen und freien Flächen. In Gruppen passen sie gut zu Strauchpflanzungen, auch werden sie zunehmend für Flächengestaltungen in Parks verwendet und sind als Sichtschutz sehr wirkungsvoll. Die folgenden 15 Rugosa-Rosen sind in der Reihenfolge ihrer Beliebtheit aufgeführt.

Zu den nützlichsten zählt die weiße Form der Wildrose, *R. rugosa* 'Alba'. Mir will tatsächlich keine Rolle einfallen, die diese Rose nicht bereitwillig übernehmen könnte. Ihre wundervoll duftenden, einfachen Blüten sind von seidener Textur, ihre schlichte reine Natur wird von ihren goldgelben Staubgefäßen noch betont. Die Blüten entwickeln sich von Sommer bis Herbst an dicken stacheligen Trieben. Der letzte Flor erscheint dann bereits zusammen mit großen, runden, roten Hagebutten zwischen makellosem, dunkelgrünem Laub. *R. rugosa* 'Alba' wird bis zu 1,8 m hoch, bildet herrliche Hecken und harmoniert in gemischten Strauchpflanzungen gut mit anderen Pflanzen.

'Belle Poitevine', eine Rugosa-Rose mit beträchtlichem Charisma, hatte ihren ersten Auftritt im Jahre 1894. Sie wird bis zu 1,8 m hoch und verwöhnt mit einem üppigen Flor, der den Sommer über anhält. Die großen, nahezu gefüllten Blüten öffnen sich etwas zerzaust in leuchtendem Rosa, das zart magentarot überhaucht ist. In der Mitte der intensiv duftenden Blüten zeigt sich eine Krone cremegelber Staubgefäße.

'Pink Grootendorst'
Die individuellen Blüten dieser süß duftenden Rugosa-Hybride besitzen gefranste Petalen, die an Nelken (*Dianthus*) erinnern. Bei allen vier Grootendorst-Sorten stehen sie in dichten Büscheln. Die Blüten der anderen Grootendorst-Sorten öffnen sich in Rot, Karmesinrot und Weiß.

'Belle Poitevine' trägt ihre stattliche Zahl an Hagebutten weit in den Winter hinein, ihr gekräuseltes, hellgrünes Laub ist herrlich gesund.

Eine der schönsten Rugosa-Rosen, 'Blanc Double de Coubert', wurde zwei Jahre vor 'Belle Poitevine' vorgestellt, hat jedoch im Laufe der Jahre eine größere Bekanntheit erworben. Die Kreuzung zwischen *R. rugosa* und der Teerose 'Sombreuil' entwickelt den Sommer hindurch gefüllte, reinweiße Blüten, die intensiv duften. Das üppige Laub zeigt sich zunächst mittelgrün und wechselt im Herbst zu goldenen Bernsteintönen. Den Blüten folgen nur selten Hagebutten. Die 1,5 m hohe Pflanze eignet sich für Hecken und lässt sich gut mit ihresgleichen und mit anderen Sträuchern kombinieren.

'F. J. Grootendorst'
(rechts)
Dies ist die ursprünglich rote Form, aus der die anderen Grootendorst-Sorten als Spielarten entstanden sind. Sie prahlt mit ihrer üppigen Blüte und dem reichen Laub. Ihre gefährlichen Stacheln sind nicht zu erkennen. Hinter der Rose wächst Schwarzer Holunder (*Sambucus nigra* 'Black Beauty').

'Mrs Anthony Waterer'
(unten)
Bei etwas zusätzlicher Aufmerksamkeit gibt diese intensiv duftende Rugosa ihr Bestes. Die stark bewehrte Pflanze bildet eine dichte Hecke, die selbst besonders hartnäckige Nachbarkatzen abschreckt.

Aus Deutschland stammt die äußerst wuchsfreudige 'Dr Eckener'. Ihre großen, halbgefüllten, duftenden, zartgelben Blüten sind kräftig bronzefarben und rosa überlaufen und bedecken den Strauch vom Sommer bis zum Herbst. Die ausladende Pflanze besitzt derbe dunkelgrüne Blätter, ihre langen Triebe sind mit zahlreichen scharfen Stacheln versehen. Sie erreicht gern eine Höhe von 3 m und wird etwa genauso breit.

Die 1891 eingeführte 'Fimbriata', deren einer Elternteil die Noisette-Rose 'Mme Alfred Carrière' ist, ist auch unter den Namen 'Phoebe's Frilled Pink' und 'Dianthiflora' bekannt, wobei der letztere Name auf ihre kleinen, halbgefüllten nelkenartigen Blüten hinweist. Sie öffnen sich zu weiß verblassendem Zartrosa und stehen in kleinen Büscheln an aufrechten hellgrünen Trieben. Die Rose eignet sich gut als Strauch in einer gemischten Gehölzpflanzung, wird niemals zu hoch und verweilt selbst ohne Schnitt bei knapp 1 m Höhe. Gelegentliche Schnitte sind trotzdem nötig, um die Rose in Form zu halten.

Ähnlich der 'Fimbriata' entwickeln auch die folgenden vier Rugosa-Rosen Blüten, die an Nelken erinnern, doch besitzen sie mehr Blütenblätter. Die tiefrote 'F. J. Grootendorst' wurde 1918 eingeführt. Das Quartett besteht im Weiteren aus der zartrosa 'Pink Grootendorst', 'White Grootendorst', die eher elfenbeinfarben als weiß ist, und der karmesinroten 'Grootendorst Supreme'. Sie duften alle. Gelegentlich schlagen diese Rosen zurück, und es ist nicht ungewöhnlich, Blüten in allen vier Farben an einem Büschel zu sehen. Der Wuchs ist bei allen relativ derb, die Triebe sind eher stachelig. Zur Verjüngung muss man sie regelmäßig schneiden.

Eine der beliebtesten Rugosas in der heutigen Landschaftsplanung ist die reizvolle, einfache, silbrig rosa blühende 'Fru Dagmar Hastrup', die sich besonders als Bodendecker verdient

'Roseraie de l'Haÿ'
Die reizvolle und nützliche Rugosa-Rose 'Roseraie de l'Haÿ' hat einen so dichten Wuchs, dass sie sich gut als Hecke eignet. Die Knospen, die sich zwischen dem reichlichen Laub zeigen, sowie die geöffneten Blüten weisen auf die fortwährende Blütezeit dieser Rose hin. Ein besonderer Wesenszug ist ihr Duft, der an Gewürznelken erinnert.

macht, da ihr Wuchs angenehm dicht ist und die Pflanze so breit wie hoch wird, nämlich knapp 1 m. Bis zum Ende des Sommers bringt sie Hunderte von Blüten hervor, denen jeweils leuchtend rote gerundete Hagebutte folgen. Ihre zahlreichen Blätter sind tief dunkelgrün. Ihre Verwendung ist vielfältig, und selbst wenn man sie heute überall sehen kann, mag ich diese besondere kleine Rugosa noch immer sehr gern.

Wenn ich mir nur eine Rugosa für den Garten auswählen dürfte, so wäre es 'Hansa', eine regelmäßig wachsende, buschige Strauchrose, die auch ohne größere Aufmerksamkeit so bleibt. Ihre duftenden Blüten öffnen sich gänzlich gefüllt in rötlichem Purpurrot und werden von den größten aller Hagebutten unter den Rugosa-Rosen gefolgt. Ein besonderes Merkmal bildet ihr festes, dunkelgrünes Laub. Von der Heckenpflanze bis zum Solitär ist 'Hansa' für viele Rollen im Garten geeignet. Anders als die meisten Rugosa-Rosen ist diese Sorte auch eine gute Kübelpflanze.

Die bodendeckende 'Max Graf' wird etwa 60 cm hoch und viermal so breit. Sie besitzt üppiges, dunkelgrünes Laub und trägt zahlreiche einfache Blüten in tief silbrigem Rosa, denen jedoch nur selten Hagebutten folgen.

Die halbgefüllten Blüten der 'Mrs Anthony Waterer' öffnen sich in Tiefrot bis Karmesin und duften intensiv. Sie wird mit maximal 1,2 m nicht besonders hoch, ihre stark bewehrten Triebe tragen tief dunkelgrünes Laub. Die Rose eignet sich gut für Hecken und Strauchpflanzungen. Sie ist anfällig für Mehltau und braucht etwas Aufmerksamkeit.

Landschaftsplaner und Gartenarchitekten verwenden heute oft 'Roseraie de l'Haÿ' und dies zu Recht, denn sie ist nicht nur eine attraktive und wundervoll duftende Rose, sondern auch eine nützliche. Die nahezu gefüllten, karmesin- bis purpurroten Blüten erscheinen von Sommer bis Herbst. Die Pflanze zeigt gutes dunkelgrünes Laub mit reizvoller Herbstfärbung. Leider trägt sie nur selten Hagebutten.

'Scabrosa' ist eine Findlingsrose, die älter ist als ihr offizielles Einführungsjahr 1950. Die auffallenden Staubgefäße setzen in den großen, einfachen, magenta- bis kirschfarbenen und üppig duftenden Blüten einen schönen Akzent. Später entwickeln sich Hagebutten, die kleinen Tomaten ähneln und somit größer sind als bei den meisten anderen Rosen dieser Gruppe. 'Scabrosa' besitzt festes, dichtes, mittelgrünes Laub und eignet sich gut für unterteilende Hecken wie auch als Grundstückseinfassung.

Schließlich möchte ich eine weitere weiße Rugosa aufnehmen, die 1912 vorgestellte 'Schneezwerg' oder 'Snow Dwarf'. Ihre halbgefüllten, weißen Blüten zeigen in voll geöffnetem Zustand eine überaus attraktive Krone gelber Staubgefäße. Der stachelige, robuste Strauch wird maximal 1,2 m hoch. Die Früchte sind leuchtend rot und rund und erscheinen später im Jahr häufig zusammen mit den letzten Blüten. Die Rose eignet sich gut für Hecken, fügt sich aber auch hervorragend in gemischte Rabatten ein.

'Scabrosa'
Deutlich zu erkennen sind hier die stark geaderten Blätter der 'Scabrosa', von denen sich die seidenartigen Blüten mit den herrlichen goldgelben Staubgefäßen reizvoll abheben. Diese herausragende Rose besitzt zudem einen schönen Duft und im Spätsommer beachtlich große, tomatenförmige Hagebutten. Wie alle Rugosa-Rosen eignet sie sich besonders gut als Hecke.

Moschata-Hybriden

Bei ihrer Einführung wurden Moschata-Hybriden zunächst wenig geschätzt, heute sind sie jedoch eine überaus bedeutende Gruppe unter den Strauchrosen. Auch wenn sie durchaus etwas Moschusrose in der Erbmasse haben, so zeigen sie doch eine größere Verwandtschaft mit *R. multiflora* als mit *R. moschata*. Die meisten entstanden zwischen 1913 und dem Beginn des 2. Weltkriegs und wurden fast alle von einem Geistlichen aus Essex, dem Reverend Joseph Pemberton, gezüchtet. Pemberton war seiner Zeit voraus: Die Vorliebe galt damals den eher formbetonten Teehybriden und Remontant-Rosen, und man wusste noch nicht genau, wie und an welchem Standort im Garten diese neuen, eher lockerer wachsenden Strauchrosen Verwendung finden sollten. Sie waren zunächst als Pemberton-Rosen bekannt, wurden aber schon bald in Moschata-Hybriden umbenannt. Einige Rosen, die Pemberton gezüchtet hatte, wurden erst nach dessen Tode von seinem Gärtner W. A. Bentall eingeführt. Dieser setzte die Zucht nach den gleichen Vorgaben fort und stellte einige sehr gute eigene Sorten vor.

Pemberton verwendete ausschließlich üppig blühende Rosen, insbesondere büschelblütige Sorten, und kreuzte sie mit den eher traditionellen Rosen jener Tage. So entstanden Strauchrosen mit größeren Blüten, die dichter gefüllt waren als bis dahin üblich. Als Grundlage sämtlicher seiner Moschata-Hybriden verwendete Pemberton 'Trier', einen Sämling einer Ramblerrose namens 'Aglaia', die wiederum aus einer Kreuzung von *R. multiflora* und der reizvollen Noisette-Rose 'Rêve d'Or' hervorgegangen war. Einer der ersten Sämlinge Pembertons war 'Danaë' aus dem Jahr 1913. Anschließend stellte er Jahr für Jahr regelmäßig bis in die 1920er-Jahre Rosen vor.

Einige sind der Meinung, dass die relativ jungen Moschata-Hybriden zu den Modernen und nicht zu den Alten Rosen gezählt werden sollten, die meist jene Rosen umfassen, die vor der Entstehung der ersten Teehybride im Jahr 1867 kultiviert wurden. Meines Erachtens sollte die Trennung zwischen Alten und Modernen Rosen jedoch gelegentlich nach vorn verschoben werden. Nach diesem Prinzip habe ich hier die Trennlinie zwischen beiden Gruppen in das Jahr 1940 verlegt. So zählen zu den Alten Rosen auch Gruppen wie die Moschata-Hybriden oder die klassischen ersten Teehybriden.

Moschata-Hybriden im Garten

Den Moschata-Hybriden sind zahlreiche Eigenschaften gemeinsam, die bedeutendste ist ihre Fähigkeit, ausdauernd zu blühen. Darüber hinaus erreichen sie alle etwa die gleiche Höhe, sodass sie mannigfaltig eingesetzt werden können. Nahezu alle sind bis zu einem bestimmten Maße duftend und entwickeln ihre Blüten in großen Büscheln.

'Ballerina'
Diese faszinierende Nahaufnahme von einigen wenigen Blüten von 'Ballerina' hebt ihren Reiz wunderbar hervor. Tatsächlich ist die schiere Blütenfülle dieser Rose so überwältigend, dass die Schönheit und die Schlichtheit der einzelnen Blüten fast übersehen wird.

Die wenigsten unter ihnen besitzen ernst zu nehmende Stacheln. Bis auf wenige Sorten, die anfällig für Mehltau sind, sind sie allesamt sehr gesund.

Im Laufe der Jahre wurden einige der besten Eigenschaften der Moschata-Hybriden auf Moderne Strauchrosen übertragen, sodass sich die Grenze zwischen beiden Gruppen nun etwas verschwommen darstellt. Bis auf die Modernen Strauchrosen ist keine Rosengruppe so vielseitig in ihren Verwendungsmöglichkeiten wie diese. Sie eignen sich vorzüglich für gemischte Gehölzpflanzungen, wieder andere entwickeln sich in Einzelstellung prächtig. Insgesamt sind sie alle gesellige Pflanzen, die mit einer großen Bandbreite an anderen Gewächsen gut harmonieren. Darüber hinaus ist ihre Anpassungsfähigkeit so groß, dass die meisten überaus gute Hecken bilden, vor allem frei wachsende. Als wäre dies noch nicht genug, lassen sie sich außerdem auch sehr gern in Töpfen und anderen Gefäßen kultivieren. An die allgemeine Pflege stellen sie keine besonderen Ansprüche, doch gedeihen sie, wie alle Rosen, umso besser, je fruchtbarer der Boden ist. Schnittregeln können bei Moschata-Hybriden nicht erteilt werden; es kommt darauf an, wo sie gepflanzt wurden und zu welchem Zweck. Hecken aus Moschata-Hybriden können mit der Heckenschere gestutzt werden, Rosen in Einzelstellung werden gelegentlich etwas in Form geschnitten, und jene, die mit anderen Pflanzen zusammengesetzt wurden, werden je nach Bedarf zurückgeschnitten.

Es gibt heute etwa 25 verschiedene Moschata-Hybriden, zehn unter ihnen sind weit verbreitet. Mir liegen diese Rosen alle sehr am Herzen und es fiel mir entsprechend schwer, mich auf 15 zu beschränken.

Ich beginne mit 'Ballerina', die 1937 vorgestellt wurde und heute zu den beliebtesten Rosen zählt. Niemals sieht man sie im Sommer ohne Blüten, die klein, zartrosa, einfach und als Teil eines großen Büschels an einem Stiel mit zum Teil über 100 Blüten erscheinen. Bei ihrer Einführung hielt man sie für etwas nüchtern, doch seit den 1960er-Jahren hat sie eine größere Anhängerschaft gefunden. In gutem Boden wird 'Ballerina' knapp 1 m hoch, man sollte sie regelmäßig schneiden und Verblühtes entfernen. Ebenfalls mag ich 'Belinda', die ein Jahr vor 'Ballerina' eingeführt wurde. Ihre Blüten sind tiefer rosa und dichter gefüllt, ansonsten sind sich beide sehr ähnlich.

Auch 'Buff Beauty' gehört dazu, sie ist ein wunderschönes Beispiel einer Moschata-Hybride. Ihre gefüllten, in der Form etwas zerzausten Blüten erscheinen mitunter einzeln, doch häufiger sieht man sie in großen Büscheln. Ihre Farbe ist ein strahlendes, bräunlich überhauchtes Gelb, das bei Sonne zu Cremetönen verblasst. Sie duftet intensiv. Das Laub schimmert beim Austrieb bronzefarben, wechselt dann aber zu Dunkelgrün. Die Pflanze wird nicht höher als 1,2 m, könnte aber durchaus breiter werden. Gelegentlich kann das Gewicht der Blüten zusammen mit der Neigung zum überhängenden Wuchs den Strauch, falls er nicht geschnitten wird, sehr breit werden lassen.

Die 1925 vorgestellte 'Cornelia' zeigt einen ähnlich überhängenden Wuchs wie 'Buff Beauty'. Auch sie entwickelt einen großzügigen Flor und trägt ihre halbgefüllten, garnelenrosa Blüten in großen Büscheln. Sie wird 1,5 m hoch und treibt bronzefarbenes Laub, das zu tiefem Dunkelgrün wechselt. Die Glanzzeit dieser Rose ist der Herbst, da ihre Blüten dann farbintensiver sind und die Pflanze deutlich präsenter ist als zuvor.

Ebenfalls in Büscheln, wenn auch nicht so großen, erscheinen die halbgefüllten Blüten der 'Danaë', die zunächst senfgelb sind, bei heißem Wetter aber zu Cremegelb verblassen. Sie war die erste Moschata-Hybride aus der Zucht Pembertons. Von regelmäßigem Wuchs, zeigt sie beim Austrieb schokoladenfarbenes Laub, das allmählich zu Mittelgrün wechselt. In gutem Boden wird sie 1,2 m hoch.

Die tiefgelben Knospen von 'Daybreak', einer weiteren Pemberton-Rose aus dem Jahr 1918, öffnen sich zu zartem Blassgelb. Die duftenden, halbgefüllten Blüten stehen in großen Büscheln. Der Strauch besitzt dunkelgrünes Laub und Triebe, die beim Austrieb rötlich braun sind. In normalem Boden wird sie knapp 1 m hoch.

Müsste ich mich für eine entscheiden, würde ich die duftende 'Felicia' zu meiner Lieblingsrose unter den Mo-

'Buff Beauty' *(links)*
Auf diesem Foto ist 'Buff Beauty' in sämtlichen Blütenstadien zu sehen, von der Knospe bis zum Verblühen. Es zeigt zudem einen kleinen Makel dieser Sorte: Die Blüten neigen bei heißem Wetter dazu, rasch zu verblassen. Doch verfügt die Rose über so viele herrliche Wesenszüge, dass ich diese Schwäche gern übersehe. Auch öffnet sich der Herbstflor in dunklerer Farbe und verblasst deutlich weniger. Hier meistert die Rose souverän das Zusammenleben mit weißem Storchschnabel.

'Felicia' *(unten)*
Wenn ich unter den Moschata-Hybriden nur eine einzige auswählen dürfte, wäre es 'Felicia'. Die Rose zeigt einen angenehmen Wuchs und trägt ihre duftenden Blüten in großen Büscheln vor bläulich grünem Laub. Die vielseitig verwendbare Rose kommt als Heckenrose besonders gut zur Geltung.

'Penelope' (*rechts*)
Eine relativ kleine Blütengruppe der 'Penelope' zeigt sich hier umspielt von *Euphorbia griffithii*. Die reizvolle Moschata-Hybride bildet meist wesentlich größere Blütenbüschel. Sie entwickelt einen lockeren Wuchs und reichlich Blätter. Leider ist sie leicht anfällig für Mehltau.

'Francesca' (*unten*)
Mit einer Höhe von bis zu 1,2 m und ähnlicher Breite lässt sich die zauberhafte Moschata-Hybride hervorragend als locker wachsende Hecke ziehen. Wenngleich die großen Blütenrispen im Laufe der Zeit leicht verblassen, bestehen sie aus Blüten in verschiedenen Stadien, sodass mit etwas Abstand ein leuchtend gelber Farbeindruck entsteht.

schata-Hybriden wählen. Ihre Blüten sind größer und aus mehr Blütenblättern zusammengesetzt als jene aller bereits erwähnten. Sie erscheinen in Büscheln, die weniger dicht bestanden sind als die der oben genannten Moschata-Hybriden. Der 1,2 m hohe Strauch besitzt beim Austrieb kupfergetöntes Laub, das allmählich bläulich grün wird.

'Francesca' ist eine überhängende Moschata-Hybride mit leicht duftenden, halbgefüllten Blüten, die in gelblichem Apricot in sehr großen Büscheln erscheinen. Ihre Stiele in purpurrot getöntem Grün besitzen reichlich glänzendes dunkles Laub und kaum Stacheln. Die Rose erreicht eine Höhe von 1,2 m.

Die duftenden, zart zitronenfarbenen bis weißen Blüten der 'Moonlight' bestehen aus einer doppelten Schicht Blütenblätter, die völlig geöffnet eine Krone goldener Staubgefäße zeigen. Sie entstehen in gut verteilten Büscheln. Als Strauch wird die Rose etwa 1,5 m hoch.

Zu den wenigen roten Moschata-Hybriden zählt 'Nur Mahal'. Ihre relativ großen, duftenden Blüten sind etwas mehr als einfach. Sie besitzt mittel- bis dunkelgrünes Laub. Ich denke, die 1923 vorgestellte Rose genießt nicht die Bekanntheit, die ihr gebührt.

Die größte unter den Moschata-Hybriden ist 'Pax': Ihre Blüten sind bis zu 10 cm groß und sie kann bis zu 1,8 m hoch werden. Ihre locker geformten Blüten öffnen sich duftend und cremig weiß. Sie stehen an eher dunkelgrünen, verhältnismäßig unbewehrten Stielen.

Eine weitere wirklich gute Rose dieser Gruppe ist die 1919 gezüchtete 'Prosperity'. Sie entwickelt große Büschel dicht gefüllter Blüten, die je nach Wetter in den mittleren Petalen jeder Blüte einen Hauch von Rosa erkennen lassen. Die Blätter sind dunkel und glänzend.

Auch die herrliche, halbgefüllte, rosa überlaufene, cremefarbene 'Penelope' trägt ihre duftenden Blüten in Büscheln. Das Laub ist grünlich purpurrot, die Triebe sind ziemlich unbewehrt. Leider hat diese Rose eine gewisse Neigung zu Mehltau.

Die 1927 entstandene 'Robin Hood' ist eine Moschata-Hybride, die ich im Laufe der Jahre zutiefst schätzen gelernt habe. Mit etwa knapp 1 m ist sie nicht übermäßig groß, besitzt eine Fülle guten Laubs und trägt große

Dolden mit kleinen halbgefüllten, rosa überhauchten scharlachroten Blüten, die unauffällig weiß gesprenkelt sind. Ich verwende diese Rose zunehmend im vorderen Teil von Beeten als gedämpften scharlachroten Farbtupfer.

Abgerundet wird meine Auswahl an Moschata-Hybriden durch 'Vanity', eine etwas schwierige Pflanze, die jedoch überaus schöne Blüten hervorbringt. Diese zeigen sich groß und meist einfach und in einem grellen Rosa. Ich verstehe selbst nicht genau, warum ich diese etwas streitsüchtige Moschata-Hybride mag, doch hängt es bestimmt damit zusammen, dass sie doch etwas mehr als den üblichen Charme besitzt.

Teerosen

'Archiduc Joseph'
Die herausragende Teerose erfreut sich wie die meisten ihrer Art einer prächtigen Gesundheit und entwickelt an relativ unbewehrten Trieben graugrünes Laub. Sie wird zumeist als Strauch kultiviert, lässt sich aber auch gut als Kletterrose an einer Mauer ziehen. Am besten räumt man ihr einen Platz ein, an dem ihr herrlicher Duft gut zur Geltung gelangt.

Die Teerosen, oder »teeduftenden« Rosen, wie sie früher auch genannt wurden, stammen mehrheitlich von *R. gigantea* ab, einer – wie der Name bereits sagt – großen Wildrose, die in ihrer langen Blütezeit einen üppigen Flor entwickelt. Es ist denkbar, dass ein oder mehrere Züchter in China vor langer Zeit den Gartenwert von *R. gigantea* erkannten und diese mit einer Form von *R. chinensis* kreuzten, woraus zwei der Original-Elternrosen – 'Hume's Blush', die auch unter dem Namen 'Odorata' geläufig ist, und 'Parks' Yellow' (siehe Seite 72) – entstanden sein könnten. Aber es ist wahrscheinlicher, dass diese durch eine zufällige Befruchtung entstanden sind. Beide Rosen gelangten, zusammen mit weiteren chinesischen Kreuzungen, zu Beginn des 19. Jahrhunderts nach Europa, wo nach weiteren Züchtungen schließlich die Teerosen entstanden.

Bei Teerosen gibt es kein eindeutiges Merkmal, an dem die Vertreterinnen dieser Gruppe auf einen Blick zu erkennen wären. Im Allgemeinen zeichnen sich die meisten durch schlanke Knospen mit zahlreichen Petalen aus. Ihre Farbpalette umfasst das gesamte Spektrum und sie duften fast alle. Ihre Blüten entwickeln sie von Sommer bis Herbst, die Triebe sind nicht immer bewehrt, und die meisten besitzen glänzendes Laub.

In der Literatur wird meist erwähnt, dass die Teerosen ihren Namen aufgrund ihres charakteristischen Dufts erhielten, doch erinnert mich rein gar nichts im Parfum dieser Rosen an Tee. Natürlich ist nicht auszuschließen, dass der Duft von Tee sich im Laufe der Zeit geändert hat, aber wäre es nicht einfach denkbar, dass sie ihren Namen von den alten Teeklippern erhielten, jenen Schiffen, auf denen die frühesten der Teerosen von China nach Europa gelangten?

'Clementina Carbonieri'
Hier lassen sich die verschiedenen Orange-, Gelb- und Rosatöne sehr gut erkennen, die in den Blüten von 'Clementina Carbonieri' zusammenfinden. In Nordeuropa wird die Rose selten höher als 60 cm und eignet sich hervorragend als pflegeleichte Topfpflanze. Auch wenn ihre Farben für meinen Geschmack etwas zu sehr leuchten, finde ich trotzdem immer Gefallen an dieser temperamentvollen kleinen Rose.

Die Teerosen erfreuten sich schon rasch, sowohl als Gartenpflanzen wie auch – in kälteren Gegenden – als Gewächshauspflanzen, großer Beliebtheit. Ihre Glanzzeit erstreckte sich über mehrere Jahrzehnte, bis dann – zu Beginn des 20. Jahrhunderts – die Teehybriden in stetig wachsender Zahl auf den Markt drängten. Bis heute besitzen Teerosen, besonders in den wärmeren Erdteilen, wo kein Winterschutz erforderlich ist, noch eine große Anhängerschaft – und dies zu Recht, denn sie zählen zu den herrlichsten Pflanzen, mit denen man sich im Garten umgeben kann.

Teerosen im Garten

Es hat wohl seine Richtigkeit, Gärtnern jenseits des 60. nördlichen Breitengrades zu raten, auf das Ziehen von Teerosen im Freien zu verzichten. Nördlich dieser Linie gibt es Fröste und kalte Winde, die zu einem beträchtlichen Zurückfrieren der Pflanzen führen können. Dennoch sind Teerosen so schön, dass es sich schon lohnt, sie allein wegen des wundervollen Anblicks zu kultivieren. In gemäßigten Klimaten gedeihen Teerosen zufriedenstellend im Freien, wenn sie zusätzliche Pflege in Form von Kalidünger nach der Blüte erhalten, sodass sie vor dem Winter abgehärtet sind.

Norfolk ist eine der kältesten Grafschaften der Britischen Inseln, dennoch ziehe ich in meinem Garten am 52. nördlichen Breitengrad Teerosen ohne Winterschutz. Ich kultiviere sie auch unter Glas, wo ihre makellose Schönheit sich voll entfalten kann. Wenn man die rote Spinne in Schach hält, können es Teerosen im Gewächshaus gar nicht warm genug haben. Am besten werden sie drinnen in Kübeln überwintert und ins Freie gebracht, sobald die Frostgefahr vorüber ist. Schnittmaßnahmen sollten bei Teerosen auf ein Minimum begrenzt bleiben: Bei Bedarf wird älteres Holz entfernt und werden Seitentriebe zurückgeschnitten. Bei Teerosen zahlt sich gute Pflege über Gebühr aus. Die meisten Teerosen zählen zu den Strauchrosen, doch haben einige wegen ihrer *R.-gigantea*-Gene gelegentlich kletternde Spielarten entwickelt. Die alten kletternden Teerosen stehen den Noisette-Rosen sehr nahe, und ich werde mich mit beiden Gruppen später befassen (siehe Seite 152–157).

'Général Schablikine'
In den wunderschönen Gärten von Ninfa, etwas südlich von Rom, haben sich mehrere Pflanzen der Teerose 'Général Schablikine' angesiedelt. In kühleren Gegenden erreichen sie – außer an warmen, sonnigen Mauern – nur etwa die Hälfte der hier abgebildeten Höhe.

In den wärmeren Teilen dieser Welt bieten Züchter etwa 75 Sorten Teerosen an. Ich selbst habe etwa 50 im Angebot, von denen ich hier wiederum neun ausgewählt habe. In wärmeren Klimaten werden sie etwa doppelt so groß wie hier angegeben.

Die Erste ist 'Archiduc Joseph' aus dem Jahr 1872. Diese relativ wuchsfreudige Rose wird bis zu 1,5 m hoch, besitzt reichlich dunkel gräulich grünes Laub und relativ wenig ernst zu nehmende Stacheln. Den ganzen Sommer hindurch entwickelt sie zahllose, gänzlich gefüllte, duftende Blüten, in einer Mischung aus Rosa, Purpurrot, Orange und Rosttönen mit einem zarten Hauch Gold in der Mitte. Die Farbe ist ein rosa durchwirktes Karmesinrot. Die Rose eignet sich auch, besonders an Mauern, sehr gut als Kletterrose. In den USA wird 'Archiduc Joseph' manchmal auch mit 'Monsieur Tillier' (siehe Seite 115) verwechselt.

Meine nächste Wahl ist eine der farbenfreudigsten Teerosen, die ich kenne, 'Clementina Carbonieri', die erst im Jahr 1913 vorgestellt wurde. Ihre gänzlich gefüllten, orangen Blüten mit gelben und lachsrosa Akzenten erscheinen in kleinen Büscheln an eher langen Trieben und sind umgeben von üppigem, eher dunkelgrünem, matt glänzendem Laub. In kühlerem Klima wird sie selten höher als 1 m und empfiehlt sich als Kübelpflanze oder für das Gewächshaus.

Eine weitere relativ niedrige Rose ist in kühleren Gegenden 'Général Schablikine'. Auch sie erreicht in gutem Boden eine Höhe von knapp 1 m. Im Süden Australiens wie auch in Süditalien habe ich sie fast doppelt so hoch gesehen. Ihre zahllosen halbgefüllten Blüten öffnen sich in kupferartigem, rosa überhauchtem Kirschrot. Sie duften zart und erscheinen den ganzen Sommer. Die Rose stammt aus dem Jahre 1878.

Eine der winterfestesten Teerosen ist 'Homère'. Ihre becherförmigen, duftenden Blüten bestehen aus zahlreichen zartrosa bis cremefarbenen Petalen, die an den Rändern kräftig rosa umsäumt sind. 'Homère' wurde 1858 vorgestellt. Auch sie erreicht in wärmeren Gegenden leicht die doppelte Höhe, doch hier im kühlen Norfolk wird sie nur knapp 1 m hoch. Ihr Laub ist eher dunkelgrün, ihre Triebe besitzen, wie bei den meisten Teerosen, nur wenige Stacheln.

Die nicht verblassende, goldgelbe 'Lady Hillingdon' zählt bis heute zu den beliebtesten Teerosen. Die reich blühende, duftende Rose entwickelt viele Blüten, die denen der Teehybriden ähneln. Triebe und junges Laub sind pflaumenfarben.

'Monsieur Tillier' ist eine gute winterharte Teerose, die mehr Aufmerksamkeit verdient hätte. Sie entwickelt einen üppigen Flor nahezu gänzlich gefüllter, duftender Blüten in einem ausgeprägten tiefen Rot mit einem ins Violette spielenden Schimmer. Die wuchsfreudige Sorte bildet einen offenen Strauch, der bis zu 1,2 m hoch wird. Das reichlich vorhandene Laub zeigt sich üppig und dunkelgrün.

Eine weitere vielfarbige Teerose, die erst 1922 eingeführt wurde, ist die wohlgeformte, nahezu gefüllte und duftende 'Rosette Delizy'. Sie verbindet Rosa, mattgelbes Apricot mit Gelb auf der Innenseite der Blütenblätter und Orange an der Außenseite. Sie ist gut als Kübelpflanze geeignet und wird selten höher als 1,1 m. Ihre ledrigen Blätter sind mittel- bis bläulich grün.

Die am eindeutigsten gelbe unter den Teerosen, 'Safrano', wurde 1839 eingeführt. Ihre spitzen Knospen öffnen sich zu schalenförmigen, duftenden, safrangelben Blüten, die den ganzen Sommer hindurch erscheinen und von halbgefüllt bis dicht gefüllt variieren können. Der Strauch besitzt eher dunkelgrünes, ledriges Laub und erreicht in kühleren Gegenden eine Höhe von knapp 1 m.

Zum Schluss möchte ich auch die Neueste unter den Teerosen vorstellen: 'Tipsy Imperial Concubine', die 1982 von Hazel le Rougetel in einem Garten in China entdeckt wurde. Sie wurde mir direkt aus China zugesandt und nach einigen Versuchen konnte ich 1989 mit großer Freude eine offensichtlich alte chinesische Teerose präsentieren. Ihr Name ist die wörtliche Übersetzung aus dem Chinesischen. Ich zähle sie zu den Alten Rosen, da sie seit vielen Jahren in chinesischen Gärten gezogen wird. Ihre Farbe ist eine subtile Mischung von Rosa, Rot und Zartgelb. Im eher kühlen Winter in Norfolk zeigte sie sich völlig winterhart. Sie erreicht hier eine Höhe von 60 cm und eignet sich somit hervorragend als Kübelpflanze.

'Tipsy Imperial Concubine'
Bei der jüngsten Teerose, 'Tipsy Imperial Concubine', handelt es sich genau genommen wohl um eine alte chinesische Sorte. Sie wurde 1982 von Hazel Le Rougetel in China entdeckt und 1989 nach siebenjähriger Versuchszeit von meiner Rosenschule eingeführt. Die Rose wie auch ihren Namen finde ich wunderbar. Sie wird etwa 60 cm hoch und eignet sich besonders gut als Topfpflanze.

Die älteren Teehybriden

In einem früheren Kapitel (siehe Seite 106) habe ich vorgeschlagen, das Enddatum für Alte Rosen von 1867, dem Jahr, in dem die erste Teehybride eingeführt wurde, auf 1940 zu verlegen. Daher scheint es mir angebracht, hier einige der älteren Teehybriden, die zwischen diesen beiden Jahren eingeführt wurden, aufgrund ihrer historischen Bedeutung zu erwähnen. Die Geschichte der Teehybriden und ihre Gartentauglichkeit werde ich später erläutern (siehe Seite 120).

Die älteste aller Teehybriden ist die 1867 vorgestellte 'La France'. Diese Rose wäre wohl, wenn sie nicht historisch so bedeutsam wäre, ausgestorben. Ihre für Teehybriden typischen schlanken Knospen öffnen sich zu duftenden, zartsilbrig rosa Blüten, die wiederholt erscheinen. Das graugrüne Laub neigt leider zu Mehltau.

15 Jahre später wurde 'Lady Mary Fitzwilliam' von dem englischen Züchter Henry Bennett vorgestellt. Die Rose mit den duftenden rosa Blüten wurde 1975 von Keith Money wieder entdeckt, nachdem man sie lange für verloren gegangen gehalten hatte. Die 75 cm hohe Pflanze besitzt reichlich Laub und ist weniger anfällig für Mehltau.

Chronologisch folgt dann 'Soleil d'Or'. Sie zählt zu den ersten wirklich gelben Teehybriden, wenngleich sie auch einige Nuancen Orange erkennen lässt. Sie wurde 1900 von Joseph Pernet-Ducher in Frankreich gezüchtet und gehört mit einigen weiteren gelben Teehybriden zur Gruppe der Pernettiana-Rosen. Wie die meisten dieser Gruppe ist auch 'Soleil d'Or' äußerst anfällig für Sternrußtau. Die Pflanze hat tief grünes, leicht glänzendes Laub und wird knapp 1 m hoch.

Im Jahre 1912 nutzte der englische Züchter William Paul die steigende Nachfrage nach Rosen als Schnittblumen, indem er 'Ophelia' einführte, eine der am intensivsten duftenden Rosen, die jemals gezüchtet wurde: Tausende von Pflanzen wurden verkauft und Rosen dieser Art füllten jeden Winkel der Blumengeschäfte. 'Ophelia' ist zartrosa mit zitronengelber Mitte. Bereits zu ihrer Zeit entstanden zwei Spielarten: 'Mme Butterfly' ist etwas dunkler als die Elternrose, 'Lady Sylvia' erscheint in deutlich tieferem Rosa.

Die sehr reizvolle, einfache, goldgelbe Teehybride 'Mrs Oakley Fischer' wurde 1921 eingeführt. Mit ihren auffallenden Staubgefäßen ist sie ein wahrer Blickfang und harmoniert gut mit leuchtenden, krautigen Pflanzen und niedrigeren Sträuchern. Ihre Blüten erscheinen in großen Büscheln, die mir jeden Sommer große Freude bereiten.

Eine weitere schöne einfache Rose, 'Dainty Bess', wurde etwa vier Jahre nach 'Mrs Oakley Fischer' vorgestellt. Sie besitzt zartrosa Blüten, deren zu den Rändern hin reizvoll wuschelige Petalen sich um dunkle Staubgefäße gruppieren. Ich habe sie nie höher als 60 cm gesehen, somit lässt sie sich gut mit vielen Pflanzen kombinieren.

Die 1926 eingeführte 'Dame Edith Helen' zählt zu den gefülltesten Teehybriden. Den ganzen Sommer hindurch bringt die etwa 60 cm hohe Pflanze zahlreiche stark duftende, leuchtende, rosa Blüten hervor, die an Zentifolien erinnern. Auch 'Dame Edith Helen' wurde aus der Sammlung von Keith Money 1975 wieder eingeführt.

Unter den roten Teehybriden gehört 'Crimson Glory' zu den Besten. Der Duft dieser 1935 vorgestellten Rose zählt zu den intensivsten, den ich je an einer Rose entdeckt habe. Der einzige wirkliche Makel an dieser etwa 60 cm hohen Pflanze ist ihr eindeutig schwacher Hals, der die großartig geformten Blüten leider herabhängen lässt. Mit der Rose verbinde ich übrigens angenehme Erinnerungen: So lernte ich – bei der Chelsea-Blumenschau im Jahr 1954 – mit dieser Rose mein allererstes Blumengesteck zu arrangieren.

'La France'
Die zart seidenrosa 'La France' ist die allererste Teehybride. Wenngleich sie bereits 1867 eingeführt wurde, sollte es noch bis zu Beginn des 20. Jhs. dauern, bis 'La France' als erste Rose einer deutlich neuen Gruppe ernst genommen wurde. Seitdem sind Teehybriden aus der Rosenwelt nicht wegzudenken.

MODERNE ROSEN

Teehybriden

'Alexander'
(*vorhergehende Seite*)
Zu den leuchtendsten zinnoberroten Rosen zählt 'Alexander', die sich mit ihren typischen langen Trieben über viele andere Rosen erhebt. In ihrer Nähe ist die reizvolle, wohlgeformte, intensiv duftende rote Teehybride 'Mr Lincoln' zu erkennen.

'Peace' (*unten*)
Die berühmteste aller Rosen wurde Ende der 1930er-Jahre gezogen und zunächst 'Mme A. Meilland' genannt. Im 2. Weltkrieg wurde Zuchtmaterial dieser Rose aus dem besetzten Frankreich in die USA geschmuggelt. 1945 wurde sie als 'Peace' wieder eingeführt. Ihr Name verhalf ihr zu Verkaufszahlen in Millionenhöhe.

Die erste Teehybride, bekannt unter dem Namen 'La France', entstand 1867 – angeblich aus einer geheimen Liaison zwischen einer verführerischen Remontant-Rose und einer nicht abgeneigten Teerose. Der französische Züchter, Jean-Baptiste Guillot, der sie damals einführte, sah sofort, dass diese Findlingsrose etwas Besonderes war, vor allem in der Blütenform, doch sollte es weitere zwei Jahrzehnte dauern, bevor sie offiziell als die erste Rose einer neuen Gruppe anerkannt wurde. Anschließend wuchs ihre Beliebtheit so rasch, dass die Teehybriden um 1920 die einzigen Rosen waren, die für Beetpflanzungen wie auch für Ausstellungen verwendet wurden. Die Züchter reagierten auf die steigende Nachfrage, indem sie Hunderte neuer Sorten mit immer größeren und wohlgeformteren Blüten auf den Markt brachten.

Zwischen den Teehybriden und den Remontant-Rosen, deren Nachfolge sie schließlich antraten, gibt es mehrere Unterschiede. Am deutlichsten ist wohl die Blütenform. Die Blüten der Teehybriden entwickeln zunächst eine schlanke Knospe und öffnen sich dann zu meist dicht gefüllten Blüten mit nach außen gebogenen Petalen. Auch im Wuchs zeigen sich Unterschiede, Teehybriden wachsen aufrechter als Remontant-Rosen, die meisten sind zudem relativ niedrig und werden selten höher als knapp 1 m. Zahlreiche Teehybriden haben den Duft ihrer Elternsorten übernommen, und die meisten, wenn nicht alle, blühen den ganzen Sommer bis zu den ersten Herbstfrösten.

Teehybriden im Garten

In den letzten 20 Jahren haben die Teehybriden ihren Ruf als beliebteste Rosen aller Zeiten eingebüßt. Dies ist jedoch eher auf die sich ändernden Gartenvorlieben zurückzuführen als auf eine reduzierte Tauglichkeit als Gartenpflanze. Teehybriden sind bis heute hervorragende Beetpflanzen und machen sich besonders in größeren Gruppen ausgezeichnet. Viele von ihnen fühlen sich auch zwischen anderen Sträuchern und Stauden wohl, und die meisten gedeihen gut in Töpfen, Kübeln und ande-

ren Gefäßen. Sie liefern allesamt wunderschöne Schnittblumen. Um ihr Bestes geben zu können, brauchen die meisten Teehybriden im Frühjahr einen kräftigen Rückschnitt.

Die meisten guten Rosenzüchter haben heute zwischen 70 und 100 Teehybriden im Angebot, die auch als großblumige Rosen vertrieben werden. Ich habe hier etwa 15 meiner Lieblingsrosen ausgewählt und möchte sie nach Farben darstellen.

'Peace', zweifellos die berühmteste Rose aller Zeiten, wurde ursprünglich in Frankreich von der Familie Meilland unter dem Namen 'Mme A. Meilland' eingeführt, der später zu 'Gloria Dei' umgewandelt wurde. Erst am Ende des 2. Weltkriegs wurde diese außergewöhnliche Rose in 'Peace' umbenannt – von ihr wurden weltweit Millionen verkauft. Ihre süß duftenden Blüten in zartem, rot überhauchtem Gelb erscheinen zwischen dichtem, glänzendem, dunkelgrünem Laub. Mit 1,2 m eignet sie sich hervorragend als Strauchrose. Ihr einziger Makel ist ihre Scheu bei der Entwicklung der Blüten.

Eine weitere erstrangige gelbe Teehybride ist 'Elina', die ursprünglich 'Peaudouce' hieß. Sie wurde von Dickson gezüchtet und zählt zu den Klassikern unter den Moder-

'Elina'
'Elina' zählt zu den klassischen Teehybriden: Sie verströmt einen herrlichen Duft und entwickelt eine üppige Blütenfülle. Wenngleich ihre Blüten etwa die Größe von Ausstellungsrosen besitzen, wächst die Rose, wenn man sie nach Belieben wachsen lässt, zu einem nützlichen, frei stehenden Strauch heran.

nen Rosen. Ihre duftenden, gänzlich gefüllten Blüten öffnen sich zunächst zitronengelb und verblassen dann allmählich zu Elfenbeintönen. Sie entwickeln sich an einer herrlich produktiven Pflanze mit gesundem, glänzendem, dunkelgrünem Laub. Hat sie genug Platz, wird sie zu einem prächtigen Strauch.

'Grandpa Dickson' – in den USA auch als 'Irish Gold' bekannt – ist eine weitere Züchtung aus dem Hause Dickson. Die hervorragende Beetpflanze treibt große, typische Ausstellungsblüten in zartem Gelb, die in großer Zahl zwischen glänzendem, mittelgrünem Laub stehen. Wenn sie sich frei entfalten kann, bildet sie wie 'Elina' einen ausgewogenen, aufrechten Strauch.

'Pinta'
Zu den ersten Rosen, die ich eingeführt habe, zählt 'Pinta', eine hervorragende Beetrose mit dem betörenden Duft einer Apfelrose. Zwar zähle ich sie hier zu den Teehybriden, man könnte sie wegen ihrer Blütenfülle aber auch zu den Floribunda-Rosen rechnen.

Unter den cremefarbenen Schattierungen möchte ich mit 'Pinta', einer meiner eigenen Sorten (siehe auch Einführung Seite 10) beginnen. In ihrer einzigartigen Mischung aus Weiß und Cremetönen öffnen sich die zusammengerollten Knospen zu nicht sonderlich großen, halbgefüllten Blüten mit typischem Apfelrosen-Duft. Sie wird etwa 60 cm hoch und hat dunkelgrünes Laub.

Eine weiße Rose, die ich besonders mag, ist Tantaus 'Polarstern' oder 'Polar Star'. Sie wurde 1985 in Großbritannien zur Rose des Jahres gewählt. Ihre duftenden Blüten öffnen sich im typischen Ausstellungsstil und zeigen sich dem reinen Weiß so nahe wie nur möglich mit nur einem Hauch Creme am Blütengrund. Die Blätter sind dunkelgrün und gesund. Ab 1 m Höhe wird sie etwas staksig, wenn man sie nicht zurückschneidet.

Bei der von Louis Lens in Belgien vorgestellten 'Pascali' handelt es sich um eine weitere herausragende cremefarbene Rose. Die wohlgeformten, schlanken Blüten entstehen an äußerst kräftigen Trieben zwischen dunkelgrünen Blättern. Die ebenfalls etwa knapp 1 m hohe Rose wird gern in Beet-und Gruppenpflanzungen verwendet.

Ich möchte mich nun den Orangetönen der Farbpalette zuwenden. Die Erste besitzt wundervolle Teehybridenblüten, ist jedoch mit 1,2 m fast hoch genug, um als Strauchrose (oder »Grandiflora« in den USA) bezeichnet zu werden. Es handelt sich um 'Alexander', eine Harkness-Rose. Ihre Blütenfarbe wird wohl am besten mit leuchtendem Zinnoberrot beschrieben. Der leicht duftende Flor entsteht allein oder in kleinen Büscheln an sehr langen Stielen. Das Laub ist mittel- bis dunkelgrün.

'Just Joey' wurde von Cant im gleichen Jahr wie 'Alexander' vorgestellt, die Blütenfarbe liegt zwischen kupferartigem Gelb und goldenen Bernsteintönen. Die wohlgeformten, duftenden Blüten entstehen an einer relativ kantig wachsenden Pflanze, die bis zu 60 cm hoch wird. An ihren ziemlich bewehrten Trieben entwickelt sich dunkel olivgrünes Laub.

In tiefen Kupfertönen gemischt mit Gelb zeigen sich die Blüten von 'Remember Me', die von Cockers in Aberdeen eingeführt wurde. Ihre schlanken Knospen öffnen sich zu becherförmigen, gänzlich gefüllten Blüten, die in herrlicher Fülle über dunkelgrünem Laub stehen. Eine ideale Rose für Beete und eine vorzügliche Schnittblume.

Eine der besten roten Teehybriden, 'Alec's Red', stammt ebenfalls aus der Rosenschule von Cockers. Sie duftet unglaublich intensiv, zeigt sich rundlich und von dunklem Samtrot. Die bewehrten Triebe tragen dunkelgrünes Laub.

Was mich betrifft, sollten rote Rosen immer auch duften, und Tantaus 'Sommerduft' (auch 'Summer Fragrance') erfüllt diese Anforderung mit Sicherheit. Sie entwickelt schlanke, tiefrote Blüten, die in großer Zahl zwischen dunkelgrünen Blättern stehen.

Als dritte Rote wähle ich die Kordes-Rose 'Royal William' aus, die 1987 in Großbritannien zur »Rose des Jahres« gewählt wurde. Diese wunderschön geformte, duftende Teehybride zeigt sich in tiefem Samtrot an kräftigen, stacheligen Trieben mit reichlich, ins Purpurrote spielendem grünem Laub. Sie wird 1 bis 1,2 m hoch.

Auch bei den Rosatönen habe ich die Qual der Wahl, doch sollte eine auf jeden Fall erwähnt werden: 'Silver Jubilee', die ihren Namen 1978 anlässlich des 25-jährigen Thronjubiläums von Königin Elizabeth erhielt. In großer Fülle bringt sie ihre wohlge-

'Just Joey'
Rosenzüchter sind stets auf der Suche nach herausragenden orangefarbenen Sorten jeder Art. Handelt es sich zudem um eine Teehybride, ist das Glück besonders groß. Auch wenn diese Farben, wie ich bereits an anderer Stelle angedeutet habe, nicht ganz meinen Geschmack treffen, sieht 'Just Joey' doch so hinreißend aus, dass ich eine Ausnahme mache und sie sogar überaus gern mag.

formten, stark duftenden Blüten hervor, die sich silbrig rosa bis apricot- und honigfarben öffnen und den ganzen Sommer in großer Zahl erscheinen. Das Laub ist glänzend und mittelgrün. 'Silver Jubilee' empfiehlt sich für Gruppen- und Beetpflanzungen.

Die Harkness-Rose 'Savoy Hotel' zählt zu den besten Rosen in Rosatönen der letzten 20 Jahre. Die blühfreudige Teehybride entwickelt große, gefüllte, duftende Blüten in Mittel- bis Zartrosa. Sie hat reichlich grünes Laub und wird knapp 1 m hoch.

Im Laufe der Jahre sind nicht wenige mehr- oder zweifarbige Teehybriden entstanden. Zu jenen, die mir aus den ersten Jahren meiner Laufbahn in Erinnerung blieben, zählt die von McGredy im Jahre 1960 eingeführte 'Piccadilly'. Die bewehrte, aufrecht wachsende Rose ist in Großbritannien nach wie vor beliebt. Ihre duftenden Blüten zeigen sich in einer Mischung aus kräftig leuchtendem Gelb und Rot.

Zu den beliebtesten Teehybriden der letzten 25 Jahre zählt 'Double Delight'. Die duftende, reich blühende Rose entwickelt gefüllte, schlanke Blüten in Cremegelb mit rosaroten Flecken am Blütenrand und wird knapp 1 m hoch. Sie wurde von der amerikanischen Armstrong-Rosenschule vorgestellt und errang viele Auszeichnungen.

'Silver Jubilee' (*links*)
Die 1978 zur Feier des 25-jährigen Thronjubiläums von Königin Elizabeth II. von Cocker in Aberdeen eingeführte Rose zählt zu den beliebtesten unseres Unternehmens – nicht ohne Grund, denn 'Silver Jubilee' hat sich im Laufe der Zeit als herausragende Rose erwiesen.

'Double Delight' (*unten*)
Zwei- und mehrfarbige Rosen stehen auf der Beliebtheitsskala nach den orangefarbenen Rosen heute an zweiter Stelle, treffen aber nicht jeden Geschmack. Nur 'Double Delight' scheint fast alle anzusprechen, vielleicht, weil ihre Farben etwas weniger grell sind als die der meisten anderen.

Floribunda-Rosen

'Lilli Marleen' (*rechts*)
Diese herrliche, dunkelrote Rose ragt zwischen vielfältigen Stauden wie bronzeblättrigem Blumenrohr (*Canna*), Montbretien (*Crocosmia*) und Präriemalven (*Sidalcea* 'Croftway Red') hervor. Im Hintergrund gesellt sich in Heckennähe eine zweite rote Rose hinzu, die einfach, aber dauerhaft blühende, Moderne Kletterrose 'Altissimo'.

'Sexy Rexy' (*unten*)
Ein besonderer Wesenszug dieser Rose mit dem amüsanten Namen ist die nahezu perfekte Anordnung der zahlreichen Blütenblätter. Zu ihren weiteren bedeutenden Merkmalen zählt der regelmäßige, buschige Wuchs und eine üppige Blütenfülle.

In gewisser Weise kann man Floribunda-Rosen als natürliche Weiterentwicklung der Teehybriden betrachten: eine unausweichliche Folge der Neugierde der Rosenzüchter, die sie mit den büschelblütigen Kultivaren, die aus *R. multiflora* entstanden waren, zusammenführten. Die ersten Ergebnisse dieser Versuche gab es zu Beginn des 20. Jahrhunderts in Form einer Gruppe namens Polypompon-Rosen. Diesen folgten in den 1920er-Jahren kompakte, mehrblütige Rosen, die als Zwergpolyanthas bekannt waren. Sie wurden mit Teehybriden gekreuzt, womit die Grundlage für die als Polyantha-Hybriden bekannte Gruppe entstand, die um 1950 den Namen Floribunda-Rosen erhielt.

Floribunda-Rosen im Garten

Wie die Teehybriden wachsen Floribunda-Rosen aufrecht und regelmäßig. Sie werden selten höher als knapp 1 m. Ihre Blüten erscheinen vom Sommer bis zum Herbst in großen Büscheln (daher auch der Name büschelblütige Rosen). Die idealen Beetrosen harmonieren sehr gut mit anderen Sträuchern und krautigen Stauden. Zahlreiche unter ihnen lassen sich bestens als Hecke verwenden, die Kleineren machen sich hervorragend als Kübelpflanzen. Beim Schnitt muss man mit gesundem Menschenverstand vorgehen: In Beeten sollte man sie etwa auf gleicher Höhe halten, zwischen anderen Sträuchern kann der Rückschnitt weniger stark sein, sodass ihre Höhe jener der umgebenden Pflanzen angepasst ist.

Ich unterscheide zwischen drei Größen: niedrig – unter 45 cm; mittelhoch – 45–90 cm; hoch – 90 cm und höher. Jene unter 45 cm sind auch als Patiorosen bekannt (siehe Seite 210–213), Rosen über 1,2 m gelten als Strauchrosen (siehe Seite 132–143).

Kleine Floribunda-Rosen

Eine schöne niedrigere Rose ist die zarte hellrosa 'English Miss', die wir Cant in England verdanken. An großen Büscheln entwickelt sie gänzlich gefüllte, duftende Blüten sowie dunkelgrünes Laub – eine vorzügliche Beetrose.

'Lilac Charm'
Dies ist eine herrliche, einfachblühende Rose aus den 1960er-Jahren, der Glanzzeit der Floribunda-Rosen. Die niedrige, buschige Rose passt hervorragend zu Stauden jeglicher Art, insbesondere zu Blüten in Pastelltönen. Von allen ungewöhnlich gefärbten Floribundas, die Edward LeGrice, der »Floribunda-König« der 1950er- und 1960er-Jahre hervorgebracht hat, besitzt 'Lilac Charm' für mich das größte Charisma.

Eine weitere reizvolle, gänzlich gefüllte Floribunda in zart bis lachsrosa Tönen ist 'Sexy Rexy'. Sie stammt von einem der weltberühmtesten Züchter, Sam McGredy, vormals Irland, heute Neuseeland. Die dauerhaft blühende, duftende Sorte eignet sich mit ihrem regelmäßigen Wuchs und dem hellgrünen Laub hervorragend für Beete.

Die Kordes-Züchtung 'Lilli Marleen' entwickelt dunkel samtrote Blüten, die eine Krone goldener Staubgefäße erblicken lassen. Sie zeigen sich überaus farbecht und erscheinen in großen Büscheln. In gutem Boden wird diese Rose etwas höher als 45 cm.

Für mich zählt 'Lilac Charm' zu den schönsten Rosen, die Edward LeGrice je gezüchtet hat: Ihre duftenden, einfachen Blüten öffnen sich in zarten Pastell-Malventönen und zeigen eine wundervolle Krone dunkel honigfarbener Staubgefäße.

Ich habe bereits erwähnt, dass die Zeitspanne für Alte Rosen von 1867 auf 1940 verlängert werden sollte. Doch einige Rosen müssen als vollkommen zeitlos gelten. Zwei seien erwähnt: 'Gruß an Aachen' und ihre Spielart 'Pink Gruß an Aachen'. Die wundervolle, 1909 eingeführte 'Gruß an Aachen' zählt zu den besten büschelblütigen Rosen, die je gezüchtet wurden. Sie öffnet sich in dezentem Zartrosa, um dann cremefarben zu verblassen. Die duftende, reichlich blühende Floribunda wächst regelmäßig und eignet sich bestens für Beet- und Gruppenpflanzungen. 'Pink Gruß an Aachen' zeigt sich in deutlich prägnanterem Rosa, verhält sich aber in allen anderen Wesenszügen wie 'Gruß an Aachen' und ist ebenso reizvoll. Ich muss gestehen, dass ich zu einer Gruppe von Rosenzüchtern zähle, die die rosa Form bis vor kurzem fälschlicherweise als 'Irène Watts' vertrieben haben – ein Versehen, das ich bedaure und das nun korrigiert wurde.

Mittelhohe Floribunda-Rosen

Bei den mittelhohen Floribundas – 45–90 cm – möchte ich mit der vermutlich berühmtesten beginnen, der reinweißen 'Schneewittchen' (oder auch 'Iceberg'). Seit ihrer Einführung durch Kordes im Jahre 1958 müssen Millionen von ihr gepflanzt worden sein. Ihre zahlreichen Blüten erscheinen in beachtlich großen Büscheln an relativ unbewehrten Trieben mit hellgrünem Laub. Die hervorragende Rose für Beete und Hecken ist ein zeitloser Klassiker und wird dies auch immer bleiben.

Die von Harkness in Großbritannien eingeführte, stark duftende 'Margaret Merril' besitzt weiße Blüten mit einem Hauch Zartrosa. Die hervorragende, vielseitig einsetzbare Sorte wächst etwas aufrechter als 'Schneewittchen' und hat dunklere Blätter.

Zu den schönsten gelben Rosen, die jemals gezüchtet wurden, zählt die unter den drei Namen 'Korresia', 'Friesia' und 'Sunsprite' bekannte Rose von Kordes. Ihre duftenden Blüten öffnen sich fast gänzlich gefüllt und erscheinen den ganzen Sommer vor einem Hintergrund aus gesundem, dunkelgrünem Laub. Die exzellente Rose für Beet- und Gruppenpflanzungen fühlt sich zwischen farbenfrohen Stauden besonders wohl.

Ein etwas tieferes Orangegelb zeigt die duftende, reich blühende 'Amber Queen', eine buschig wachsende Rose, die gut mit Stauden harmoniert, aber ebenso oft als Beetpflanze Verwendung findet. Diese hervorragende Sorte wurde von Harkness eingeführt.

'Margaret Merril'
Hier übernimmt 'Margaret Merril' in einer flächigen Anpflanzung eine ihrer nützlichsten Rollen. Die überaus gewinnende Rose wächst ausgesprochen regelmäßig, blüht in herrlicher Fülle und verströmt einen wundervollen Duft. Obgleich sie zu den Modernen Rosen zählt, mag ich im Garten nicht ohne sie auskommen, und wenn auch nur, um sie als Schnittrose mit ins Haus zu nehmen.

Unter den mittelhohen Floribundas bietet sich eine große Auswahl an rosafarbenen. Meine Vorliebe gilt 'Pink Parfait' von Herbert Swim aus den USA. Ihre Blüten öffnet sie in rosa Schattierungen mit deutlicher gelber Mitte am Blütenrand. Ein besonderes Merkmal sind die eingerollten, schlanken Knospen.

Die gelben Blüten der von Bees eingeführten 'Amanda' besitzen einen zarten orangeroten Schimmer. Sie blüht bis weit in den Herbst, und wenn sie gelegentlich etwas höher wird als knapp 1 m, lässt sie sich durch einen Rückschnitt bändigen. Ihr mittelgrünes Laub ist mattglänzend.

Hohe Floribunda-Rosen

Ich möchte meine Auswahl der höheren Floribundas mit einer meiner eigenen beginnen, 'Norwich Castle'. Sie erscheint in goldenem Honiggelb zwischen dunkelgrünem Laub, wird knapp über 1 m hoch und eignet sich auch vorzüglich als Hecke und für Rabatten.

'Norwich Castle' (*oben*)
Dies ist eine Rose aus den 1970er-Jahren und trotzdem immer noch eine der beliebtesten Rosen meiner Rosenschule. Der Wehrturm der normannischen Burg und der hohe Kirchturm der Kathedrale aus dem 11. Jh. erheben sich über der Stadt Norwich, der Hauptstadt von Norfolk. Im Laufe der Jahre habe ich Rosen nach diesen beiden historischen Gebäuden benannt.

'Beautiful Britain' (*rechts*)
Diese hohe Floribunda mit zahlreichen, tomatenroten Blüten ist eine nützliche Beetrose für Rosenfreunde, die kräftige Farben lieben. Sie wurde 1983 in Großbritannien zur »Rose des Jahres« gewählt. Die Ehrung scheint anzudeuten, dass die leuchtenderen Farben die größeren Preise erhalten – was wiederum ein interessantes Indiz für den heutigen Geschmack ist.

Etwas höher als 'Norwich Castle' wird die dicht gefüllte gelbe 'Chinatown' von Poulsen in Dänemark. Ihre Blüten erscheinen in großen Büscheln und lassen an den Rändern eine Spur Orange durchschimmern. Die aufrechte Pflanze besitzt reichlich Blätter in sattem Limettengrün. Eine exzellente Rose für Hecken innerhalb des Gartens.

Im Zusammenhang mit Hecken darf natürlich auch die allgegenwärtige 'Queen Elizabeth', die 1954 von Lammerts in den USA eingeführt wurde, nicht unerwähnt bleiben. Ihre nahezu duftlosen, silbrig rosa Blüten stehen an langen Trieben mit reichlich gräulich grünem Laub. Wenngleich diese sehr hohe Sorte heute leicht veraltet wirkt, zählt sie doch immer noch zu den besten Rosen, die je vorgestellt wurden.

Zu den höchsten roten Floribundas zählt Dicksons 'Beautiful Britain', die 1983 in Großbritannien zur »Rose des Jahres« gewählt wurde. Ihre leuchtend tomatenroten Blüten erscheinen in großen Büscheln zwischen üppigen Mengen dunkelgrüner Blätter.

'Crazy for You' wurde von Weeks in den USA eingeführt, wo sie als 'Fourth of July' bekannt ist. Mit ihrer unvergleichlichen Mischung aus Gelb, Orange und Rot zählt sie zu den farbenreichsten Rosen. Wer leuchtende Farben mag, sollte es mit dieser Rose versuchen.

Abschließen möchte ich mit 'Escapade' von Harkness, einer hohen magentaroten bis lila Rose mit duftenden, halbgefüllten Blüten und mittelgrünem Laub. Die herausragende Rose für Hecken und Gruppen harmoniert am besten mit ruhigeren Farben.

Moderne Strauchrosen

Die ersten Rosen, die als Strauchrosen gelten konnten, entstanden zu Beginn des 20. Jahrhunderts. Es waren die von Reverend Pemberton gezüchteten Moschata-Hybriden, die ihrer Zeit weit voraus waren (siehe Seite 106–111). Als eigene Gruppe etablierten sie sich jedoch erst nach dem 2. Weltkrieg, wobei die Züchter auf Pembertons Arbeit aufbauten, indem sie Gene verschiedener Rosenarten verwendeten. Während es sich bei einigen um Kreuzungen verschiedener Wildrosen handelt, so sind die Strauchrosen im Großen und Ganzen doch nichts anderes als besonders üppig gedeihende Teehybriden und Floribundas. Das einzige zuverlässige Erkennungsmerkmal ist ihre Größe: Sie werden höher als Teehybriden oder Floribundas – aber auch da gibt es Ausnahmen –, aber nicht so hoch, dass sie eine Stütze benötigen würden.

Moderne Strauchrosen im Garten

Neben ihren zahlreichen unterschiedlichen Wesenszügen umfassen Strauchrosen auch das gesamte Farbspektrum. Sie lassen sich hervorragend mit anderen Pflanzen kombinieren und fügen sich, sowohl in Einzelstellung wie auch in Hecken, in naturnahen und in eher formalen Gärten gleichermaßen ein. Einige entwickeln Hagebutten, andere eine reizvolle Herbstfärbung. Zusätzlich können einige der höheren Sorten als kleinere Kletterpflanzen verwendet werden. Die Schnittmaßnahmen sollten bei Modernen Strauchrosen hauptsächlich der Anpassung an die jeweilige Umgebung dienen. Bei einmalblühenden Sorten geschieht dies nach der Blüte, bei öfterblühenden im Frühjahr.

Im Folgenden habe ich etwa 35 meiner bevorzugten Strauchrosen zusammengestellt, zu denen zwangsläufig einige meiner eigenen Rosen und einige aus der Züchtung meiner Tochter zählen. Sie sind nach Blütenformen geordnet: einfach, halbgefüllt und dicht gefüllt. Die Kanadischen Strauchrosen werden in einem eigenen Abschnitt aufgeführt.

Moderne Strauchrosen mit einfachen oder nahezu einfachen Blüten

Wildrosen sind nicht die einzigen Rosen, die einfache Blüten tragen. Es gibt auch einige einfachblühende Moderne Strauchrosen in unterschiedlichen Größen, deren Wuchs von flächig wachsend und ausladend bis aufrecht buschig variieren kann. Für diese Sorten hege ich eine besondere Zuneigung, da sie eine Schlichtheit und Aufrichtigkeit besitzen, die in den komplexeren gefüllten Sorten nicht immer zum Ausdruck gelangt.

Die duftende, zart goldgelbe 'Golden Wings', die den ganzen Sommer über Blüten hervorbringt, liebe ich besonders. Entfernt man Verblühtes, erhöht dies die Nachblüte. Lässt man es stehen, entstehen im Herbst große, runde, orange-gelbe Hagebutten.

Eine deutlich höhere, zart cremegelbe, fast einfachblühende Strauchrose ist 'Frühlingsgold'. Ihre Hagebutten sind zwar nicht wirklich dekorativ, trotzdem wird sie wegen ihres Duftes, ihrer Winterfestigkeit und ihrer geselligen Art immer hoch oben auf der Liste meiner gelben Lieblingsrosen zu finden sein. Zwar blüht sie nur einmal, doch ihr Flor folgt dem Frühling auf dem Fuß. 'Frühlingsgold' wird leicht 2,5 m hoch, lässt sich jedoch durch regelmäßigen Rückschnitt nach der Blüte auch kürzer halten.

Die hübschen Blüten der 'Frühlingsmorgen' besitzen nur fünf Blütenblätter, in deren Mitte reizvolle goldene Staubgefäße leuchten. Jedes Blütenblatt erscheint in zartem Gelb und ist zu den Rändern hin rosa überzogen. Wie ihre Schwester 'Frühlingsgold' kann auch diese 2,5 m hohe Pflanze durch einen Schnitt nach der Blüte in Zaum gehalten werden. Die duftende Strauchrose blüht sehr früh, meist gegen Ende des Frühjahrs.

Eine weitere einfache gelbe Strauchrose, die noch früher blüht als die vorigen zwei, ist 'Canary Bird'. Es ist mir immer eine große Freude, die ersten Blüten dieser Rose gegen Mitte des Frühlings zu entdecken. An einem sonnigen Standort in gutem Boden entwickelt sie den Sommer hindurch und bis in den Herbst noch vereinzelte Nachblüten. Mit ihren purpurroten Trieben und dem farnartigen Laub ist 'Canary Bird' eine hervorragende überhängende Strauchrose und lässt sich auch als Hochstammrose ziehen.

Etwa zur selben Zeit wie 'Canary Bird' blühen noch weitere hervorragende Strauchrosen, die, auf ihre Weise, auch ähnlich charismatisch wirken. 'Cantabrigiensis' (auch

'Golden Wings'
Für mich geht von Rosen mit einfachen oder fast einfachen Blüten eine besondere Ausstrahlung aus, und die wunderschöne 'Golden Wings' ist sicher keine Ausnahme. Ihre großzügige Blüte und das angenehm proportionierte Laub lassen sie zu einer der schönsten gelben Rosen ihrer Art werden. Hier erhebt sie sich über einem Teppich aus Katzenminze (*Nepeta*).

'Canary Bird'
Zu den ersten Rosenblüten des Jahres zählen die Blüten von 'Canary Bird'. Als schön gewachsener Strauch wirkt diese reizvolle, einfache Rose zauberhaft. Ihre Blüten, hier in doppelter Vergrößerung, duften zart und stehen an der gut proportionierten Pflanze zwischen farnartigem Laub.

'The Cambridge Rose') zeigt sich blasser und wird mit bis zu 3 m auch höher als die meisten einfachblühenden gelben Sorten. 'Golden Chersonese' ist ein aufrechter, mittelgroßer Strauch mit Blüten in Butterblumengelb. In Farbe und Form ähneln die Blüten der aufrecht wachsenden 'Hidcote Gold' jenen von 'Canary Bird'. 'Helen Knight' bringt im späten Frühjahr einen üppigen Flor aus kleinen, schalenförmigen Blüten in reinem tiefem Gelb hervor. Die meisten dieser Rosen sind besonders nützlich in naturnahen Pflanzungen, wo ihre Blütenfarbe sich gut von dem dunklen Laub abhebt.

Eine weitere klassische, einfachblühende Rose ist 'Dortmund'. Ihre Blüten öffnen sich rot mit cremeweißer Mitte und stehen in zahlreichen Dolden an einer gesunden, gut belaubten Pflanze. Wann immer eine große Rose benötigt wird, die auch in schwierigem Boden oder an einem wenig begünstigten Standort ihr Bestes gibt, sollte die Wahl auf 'Dortmund' fallen. Ich habe sie überall auf der Welt blühen und gedeihen sehen.

Im Sommer 2000 stöberte ich in Oregon, in den USA, durch die Beete mit Sämlingen bei Heirloom Roses, als einer der Eigentümer, John Clements, meinte, es gäbe auf der anderen Seite des Beetes eine Strauchrose, die ich mir vielleicht näher ansehen wolle. Nachdem ich die Rose einige Minuten lang bewundert hatte, fragte John, ob es mir gefallen würde, wenn sie nach mir benannt würde. Wer könnte so etwas ablehnen? Sie besitzt intensiv leuchtend rote, einfache Blüten mit kräftig goldgelben Staubgefäßen und duftet leicht. Mit üppig gesundem, dunkelgrünem Laub blüht sie den ganzen Sommer und wird buschig, aber mit 1,2 m nicht übermäßig hoch.

Ebenfalls intensiv leuchtend rot und einfachblühend ist 'Scharlachglut', eine Gallica-Kreuzung von Kordes, die auch als 'Scarlet Fire' im Handel ist. In ihrem Namen spiegelt sich bereits die ganze Leuchtkraft ihrer großen einfachen Blüten, die durch eine Krone goldgelber Staubgefäße noch reizvoller wirken. Der Strauch lässt sich durch regelmäßige Schnittmaßnahmen gut bändigen, doch meines Erachtens wirkt er am besten, wenn er sich frei entfalten und in Bäume und Hecken klettern darf.

'James Mason' ist eine reizvolle duftende Gallica-Hybride, die dem Anschein nach einfachblühend ist, genau genommen aber aus etwa zwei Lagen dunkel samtroter Peta-

'Dortmund'
Diese Rose kann tatsächlich als Weltbürger gelten; auf meinen Reisen fand ich sie in nahezu jedem Garten und dies immer mit prachtvollem Flor. Sie bringt den ganzen Sommer hindurch Blüten hervor und lässt sich sowohl als Strauch wie auch als kleine Kletterrose ziehen.

'Nevada' *(oben)*
Diese hohe, dicht wachsende Strauchrose trägt vermutlich einige *R.-moyesii*-Gene. Sie wurde 1927 von Pedro Dot in Spanien gezogen und ist vielseitig verwendbar. Besonders gut kommt sie einzeln auf einer Rasenfläche zur Geltung. 'Marguerite Hilling', eine Spielart von 1959, verhält sich wie die Elternrose, entwickelt jedoch zartrosa Blüten.

'Peter Beales' *(rechts)*
Die Rose ist als Topfpflanze hervorragend. Sie harmoniert aber auch gut mit anderen Pflanzen und lässt sich sogar als niedrige Hecke verwenden.

len und goldenen Staubbeuteln besteht. Sie wird etwa 1,5 m hoch. Auf Wunsch der Ehefrau des britischen Schauspielers James Mason, Clarissa, habe ich die Rose nach ihm benannt. Er durfte ihre ersten Blüten kurz vor seinem Tode im Jahr 1984 noch erleben.

Eine äußerst reizvolle und anspruchslose Rose ist 'Hazel le Rougetel', eine Kreuzung zwischen *R. rugosa* und R. *nitida*, die nach ihrem Züchter benannt wurde. Ursprünglich lautete ihr Name 'Corylus'. Auf ihre einfachen, mittelrosa Blüten, die mehrmals im Laufe des Sommers entstehen, folgen vom Herbst an ovale, rote Hagebutten. Diese Rose hat lebhaft gefärbtes Herbstlaub und eignet sich gut für Gruppenpflanzungen und als Bodendecker. Sie wird selten höher als knapp 1 m und etwa ebenso breit.

Moderne Strauchrosen mit halbgefüllten Blüten

Unter den Strauchrosen mit halbgefüllten Blüten zählt 'Nevada' zu den bekanntesten. Die wuchsfreudige Rose mit reichlich Laub erreicht in gutem Boden eine Höhe von bis zu 2,5 m. Sie entwickelt große Blüten mit einem Durchmesser von 13 cm oder mehr und etwa zwei Lagen elfenbeinfarbene Blütenblätter. Wie auch ihre rosa Spielart 'Marguerite Hilling' fügt sie sich harmonisch in Gehölzpflanzungen ein. Beide Sorten ergänzen sich auch wunderbar in Einzelstellung auf freien Flächen. Sie blühen beide im Frühsommer und treiben auch später noch eine vereinzelte Blüte nach.

Die reizvollen Blüten der 'Jacqueline du Pré', einer Harkness-Züchtung, erinnern in Farbe und Form an 'Nevada', zeigen aber äußerst auffällige bernsteinfarbene Staubgefäße. Der Strauch wächst selten über 1,2 m und treibt zart limettengrüne Blätter.

'Jacqueline du Pré'
Die reizende, halbgefüllte Rose blüht den ganzen Sommer ohne Unterbrechung. Hier genießt sie das Leben umgeben von Katzenminze (*Nepeta*). Ihr zu Füßen wächst die Flächenrose 'The Fairy'. Die Rose unmittelbar hinter ihr ist vermutlich die Floribunda-Rose 'Pink Gruß an Aachen'.

'Westerland' ist eine leuchtend orange, halbgefüllte Strauchrose aus dem Hause Kordes. Äußerst gesund und robust, trägt sie an kräftigen Trieben zahlreiche duftende Blüten in beachtlich großen Büscheln. Aus ihr entwickelte sich die reizvolle goldgelbe Spielart 'Autumn Sunset', die von Mike Lowe aus Nashua, New Hampshire in den USA entdeckt wurde. Letztere ist mittlerweile selbst zu einer beliebten Strauchrose geworden. Wie die Elternrose wird auch sie mittelhoch, also nicht größer als 1,2 m.

Die von Meilland in Frankreich entwickelte 'Bonica '82' lässt sich nicht wirklich einordnen: Ist sie eine Strauchrose, eine Floribunda-Rose oder eine Flächenrose? Da ich sie als Strauchrose am liebsten mag, kommt sie in diesem Kapitel vor. Ihr Flor dauert

vom Frühsommer bis zum Spätherbst an und sie zählt ohne Zweifel zu den besten Rosen, die jemals gezüchtet wurden. Ihre duftenden Blüten öffnen sich in großen Büscheln in einem leuchtenden, fast fluoreszierenden Rosa. Sie wird als Beet- und Heckenpflanze und in Rabatten verwendet.

Die *R.-rubiginosa*-Hybride von Kordes, 'Herbstfeuer' (auch 'Autumn Fire'), ist eine herrliche, halbgefüllte, rote Strauchrose. Sie trägt ihre üppige Blüte von Beginn bis zur Mitte des Sommers mit vereinzelter Nachblüte im Herbst. Die Pracht ihrer oval bis länglichen, roten Hagebutten ist überwältigend. Im Laufe der Jahre habe ich diese Apfelrosen-Hybride, die 1,5 m hoch wird, zutiefst schätzen gelernt.

'Sadler's Wells' wurde von mir nach dem Ballettensemble gleichen Namens benannt. Diese sehr gute Rose zählt sicher zu den besten, die ich je gezogen habe. Ihre halbgefüllten Blüten öffnen sich silbrig rosa mit kirschrotem Rand und gewinnen zum Herbst hin noch an Tiefe. Sie zeigen sich von widriger Witterung unbeeindruckt und halten sich auch in der Vase wunderbar. Als aufrechter Strauch mit üppigen, großen, dunkelgrünen Blättern eignet sich 'Sadler's Wells' hervorragend für Hecken und Gruppenpflanzungen.

'Jacqueline du Pré'
Auch Hybriden können im Winter dekorativen Charakter besitzen. Diese Hagebutten etwa werden erst im späten Winter entfernt. 'Jacqueline du Pré' zählt zu den Rosen, deren Blütenkelche erhalten bleiben, bis die Frucht herabfällt. Bei einigen anderen Hagebutten bildenden Rosen werden die Blütenkelche abgeworfen, lange bevor die Früchte reif sind.

Groß, halbgefüllt und goldgelb: So sind die Blüten von 'Goldbusch', einer hochwachsenden Strauchrose von Kordes. Sie ist mit der Apfelrose verwandt, doch vermag ich an den Blättern kaum Apfelduft wahrzunehmen. Die Blüten verströmen jedoch ein starkes Parfum, in dem sich auch ein Hauch von Apfel ausmachen lässt. Sie erscheinen den ganzen Sommer an einem wüchsigen, lockeren Strauch, der mindestens 2,5 m erreicht. Die Rose lässt sich auch gut als niedrigere Kletterpflanze ziehen.

Eine relativ neue, kleine Strauchrose mit dem Namen 'Rhapsody in Blue' zählt zu den blauesten Rosen, die je eingeführt wurden. Die von dem englischen Hobbyzüchter Frank Cowlishaw gezogene Sorte wurde im Jahre 2003 in Großbritannien zur »Rose des Jahres« gewählt. Ihre zart duftenden, halbgefüllten, purpurrot überhauchten malvenfarbenen Blüten stehen in Büscheln. Das Laub ist gesund und dunkelgrün.

Dicht gefüllte Moderne Strauchrosen

Vielleicht hätte ich 'Agnes' unter den Rugosa-Rosen aufnehmen sollen, da sie neben *R. foetida* 'Persiana' auch von einem Rugosa-Elternteil abstammt. Trotz ihres Einführungsdatums 1922 zählt sie für mich zu den Modernen Strauchrosen, in erster Linie, weil ihr zartes Primelgelb unter den Rugosa-Rosen einzigartig ist. Nach einem frühen und üppigen Flor erscheinen den Sommer hindurch noch vereinzelte Blüten. Sie öffnen sich gänzlich gefüllt, duften intensiv und erinnern an zerknittertes Krepppapier. Als Strauch zeigt sich 'Agnes' eher stachelig mit dunkelgrünen, gerunzelten Blättern.

Im Jahre 1981 habe ich eine herrlich intensiv duftende Rose namens 'Anna Pavlova' vorgestellt (siehe auch Einführung Seite 12). Ich kann mich nicht entscheiden, ob ich sie zu den Teehybriden oder zu den Strauchrosen zählen soll. Da sie aber verhältnismäßig hoch wird, habe ich sie hier aufgenommen. Wenngleich sie eine der schönsten Rosen ist, zählt sie doch nicht zu den Zuverlässigsten und erfordert entsprechend viel Aufmerksamkeit, um sich von ihrer besten Seite zu zeigen. Ihre feinen, zartrosa Blüten öffnen sich gänzlich gefüllt und verströmen einen Duft, der stärker ist als bei jeder anderen mir bekannten Rose. Das dunkelgrüne Laub erscheint in reichlichen Mengen.

Eine sehr hoch wachsende Strauchrose, die ich sehr schätze, ist die Kordes-Rose 'Cerise Bouquet', die aus *R. multibracteata* hervorgegangen ist. Ihre Farbe verrät sie bereits in ihrem Namen. Ihre dicht gefüllten Blüten erscheinen in kleinen Büscheln an langen Trieben. Sie kann bis 4 m hoch und genauso breit werden. Die kleinen Blätter entwickeln sich an steifen, stark bewehrten Trieben. Sie bietet sich als nützlicher Solitär an, der auch Halbschatten toleriert, wächst aber als stark rankende Rose auch gern in Bäume empor.

'Bonica '82' (*rechts*)
Diese äußerst produktive Rose bringt von Beginn des Sommers bis zum ersten Winterfrost dauerhaft Blüten hervor. Sie wächst ausladend, duftet angenehm und zählt meines Erachtens zu den besten vielseitigen Strauchrosen, die jemals vorgestellt wurden. Hier gedeiht sie inmitten einer Unterpflanzung von *Knautia macedonica*.

'Anna Pavlova' (*unten*)
Die feinen, zartrosa Blüten der 'Anna Pavlova' duften intensiver als jede andere Rose, die ich kenne. In kühleren Gegenden entwickelt sie etwas weniger Blüten, doch ist sie meines Wissens in wärmeren Regionen durchaus großzügiger. Jede ihrer Blüten steht aufrecht an einem kräftigen Stiel.

Die englischen Macmillan Krankenschwestern sind in der Pflege von Sterbenden engagiert, und deshalb schlug seine Königliche Hoheit Prinz Charles mir 1997 vor, eine Rose nach ihnen zu benennen. Im folgenden Jahr führten wir die von meiner Tochter Amanda gezogene Sorte 'Macmillan Nurse' ein. Die herrlich dicht gefüllten Blüten mit zahlreichen Petalen öffnen sich schalenförmig in nahezu reinem Weiß und lassen einen zarten Hauch Pfirsich am Blütengrund erkennen. Sie duften leicht und stehen an kräftigen Stielen in großen Büscheln. Die Pflanze hat gesundes, glänzend dunkelgrünes Laub und ist mit knapp 1 m Höhe niedrig und kompakt.

'Louise Clements'
Die intensiv leuchtende Strauchrose begegnete mir zuerst bei einem Besuch der Rosenschule von John und Louise Clements im amerikanischen Oregon. Der dichte, buschige Strauch entwickelt eine schöne Blütenfülle. Liebhaber orangefarbener Rosen werden viel Freude an ihr haben, umso mehr, weil sie auch herrlich duftet.

Im Jahre 1999 bat mich mein damaliger Verleger, Christopher MacLehose, ob wir dem verstorbenen amerikanischen Autor Raymond Carver eine Rose widmen könnten. Carvers Lieblingsfarbe war Gelb, und da wir zu jener Zeit keinen Sämling dieses Farbtons besaßen, half uns der bekannte Hobbyzüchter Colin Horner aus mit einer dicht gefüllten, kupfergelben, duftenden Strauchrose, die den Namen des Schriftstellers tragen konnte. 'Raymond Carver' wird 1,2 m hoch und trägt duftende Blüten. Das Laub ist dunkel kupferartig-grün. Sie eignet sich für Hecken und Gruppenpflanzungen.

Bei meinem Besuch der Heirloom Rosenschule im Jahr 2000 fand ich eine herrlich orangefarbene Strauchrose namens 'Louise Clements'. Sie ist nach einer der Besitzerinnen der Rosenschule benannt und entwickelt intensiv duftende, dicht gefüllte Blüten. Die reichlich blühende Rose treibt bronzegrünes, leicht glänzendes Laub, eignet sich gut als Hecke und kommt auch zwischen farbenfrohen Stauden prachtvoll zur Geltung.

In den frühen 1990er-Jahren wurden in Bishopsgate in der Londoner Innenstadt sämtliche Gebäude durch ein Bombenattentat zerstört, darunter auch die Kirche St. Ethelburga. Doch sie wurde wieder aufgebaut, und im Jahr 2003 wurde ich gebeten, mit der Taufe einer Rose der Wiedereröffnung des Gotteshauses als »Ort der Versöhnung und des Friedens« zu gedenken. Ich wählte eine dicht gefüllte, dauerhaft blühende, intensiv duftende, zartrosa Züchtung von Amanda aus. 'St Ethelburga' hat gesundes, dunkelgrünes Laub, wird 1,2 m hoch und lohnt sich im Garten schon wegen des Duftes.

Zum 85. Geburtstag meiner Mutter habe ich eine meiner eigenen Züchtungen nach ihr auf den Namen 'Evelyn May' getauft. Der aufrechte Strauch mit großen, dunkelgrünen Blättern an äußerst stacheligen Trieben bringt den ganzen Sommer dicht gefüllte, leuchtend lachsorange Blüten mit herrlichem Duft hervor.

Zum Schluss noch die cremeweiße 'Countess of Wessex' aus dem Jahr 2004. Ihre duftenden Blüten sind dicht gefüllt und stehen in Büscheln an einem etwa 1,2 m hohen Strauch. Die sehr gesunde Rose trägt hellgrünes Laub und blüht den ganzen Sommer. Sie ist eine weitere Züchtung von Amanda, und ich meine, sie wird sich lange halten.

Kanadische Strauchrosen

In Kanada ist in den letzten drei Jahrzehnten eine neue Rosengruppe entstanden, die in England unter dem Namen »Explorer Series« bekannt ist und aus der Nachfrage nach winterharten Rosen für kältere Gegenden hervorging. Als Zuchtmaterial wurden winterharte Wildrosen verwendet und mit einigen der frosthärtesten modernen Hybriden gekreuzt. Diese Arbeit, die vom Horticultural Research and Development Centre in Saint-Jean-Sur-Richelieu (Quebec) durchgeführt wurde, befindet sich bereits in einem fortgeschrittenen Stadium. Aus ihr gingen bis jetzt etwa 30 winterharte wertvolle Gartenrosen hervor. Ich habe mit mehreren unter ihnen Versuche unternommen oder sie selbst gezogen und beschlossen, in Zukunft noch weitere zu ziehen. Sechs von ihnen habe ich hier ausgewählt, da ich sie bereits gut genug kenne, um sie beschreiben zu können.

'Jens Munk' ist eine hervorragende Strauchrose, die sich gut für Hecken und Gruppenpflanzungen eignet. Zwischen reichlichem, gekräuseltem Laub bringt sie lila bis malvenrosa, halbgefüllte bis dicht gefüllte, duftende Blüten hervor.

'John Cabot' ist ebenfalls voll frosthart. Ihre halbgefüllten Blüten von beachtlicher Größe erscheinen im Frühsommer in großer Zahl, später blüht sie eher vereinzelt nach. Die zart duftende Rose öffnet sich in rötlichen Tönen. Sie wird sehr hoch und ließe sich auch als Kletterrose ziehen. Ihr eher raues Laub ist graugrün.

'Henry Kelsey' ist eine hervorragende, leuchtend rote, halbgefüllte Sorte. Ich zögere etwas, unter diesen Rosen einer einzigen den Vorzug zu geben, doch ist sie sicher eine gute Sorte. Sie wird 1,5 m hoch und ich habe sie erfolgreich als Hecke verwendet.

Die rötlich rosa, halbgefüllte 'William Baffin' ist äußerst empfehlenswert. Die reichlich mit graugrünen Blättern bestandene Rose wird fast 2,5 m hoch, duftet wenig bis gar nicht, doch dies wird durch ihre herrliche Blütenfülle ausgeglichen. Die Sorte ist nicht für Sternrußtau oder Mehltau anfällig. Wie die übrigen Rosen dieser Gruppe ist sie voll frosthart und kommt einzeln auf freien Flächen wunderbar zur Geltung.

'George Vancouver' ist eine niedrig wachsende Strauchrose. Ihre großen, halbgefüllten Blüten öffnen sich in intensiv leuchtendem Rot, das später zartrosa verblasst. Sie stehen in großen Büscheln an kräftigen Trieben, das Laub ist dunkelgrün.

Die 1968 eingeführte 'Martin Frobisher' war die erste der kanadischen Strauchrosen. Sie ist eng mit den Rugosa-Rosen verwandt, zeigt jedoch wenig Gemeinsamkeiten mit ihnen. Der aufrechte Strauch entwickelt schwach bewehrte Triebe in dunklen Brauntönen. Ihre gefüllten, mittelgroßen Blüten öffnen sich zartrosa und duften. Eine erstklassige Rose, aber etwas zu spärlich belaubt, um ein Klassiker zu werden.

'Henry Kelsey'
Dies ist eine der leuchtendsten Rosen der »Explorer«-Rosen, einer hervorragenden Gruppe winterharter Rosen aus Kanada. Wie die meisten anderen dieser Reihe lässt sie sich ausgezeichnet als Strauchrose kultivieren, ist aber ebenso eine gute, anpassungsfähige, dauerblühende Kletterrose. Ihr verhaltener Duft verleiht ihr einen zusätzlichen Reiz.

Englische Rosen

'Gertrude Jekyll' (*rechts*) Diese 1986 eingeführte Strauchrose besticht durch üppige Blütenfülle und intensiven Duft. Für mich ist sie eine der besten Austin-Rosen in tiefrosa Tönen.

'Constance Spry' (unten) Die hohe, einmalblühende Rose hat einen starken Duft, der an Myrrhe erinnert und lässt sich auch gut als Kletterrose verwenden. Sie ist der Vorläufer der zahlreichen Rosen David Austins.

In den vergangenen 30 Jahren ist eine faszinierende neue Rosengruppe entstanden. Die so genannten Englischen Rosen sind, bis auf einige wenige Ausnahmen, das Werk eines einzigen Züchters, David Austin. Die erste war die wuchsfreudige, intensiv duftende, leuchtend rosa 'Constance Spry', die 1960 eingeführt wurde, gefolgt von der tief purpurroten 'Chianti' im Jahr 1967. Da beide nur im Sommer blühten, kam dem Merkmal des Öfterblühens im Zuchtprogramm von Austin große Bedeutung zu. Im Vergleich zu anderen Modernen Rosen bringen fast alle seine Rosen Blüten mit vielen Petalen hervor, die sich becher- oder schalenförmig zu großen, duftenden, kissenartigen Blüten öffnen. Bis auf die Tatsache, dass sie moderne Farben tragen und ausdauernd blühen, sind sie größtenteils Reproduktionen alter europäischer Gartenrosen.

Auch wenn ich sie nicht alle selbst ziehe, sind viele unter ihnen doch außerordentlich schön und überaus wertvolle Gartenpflanzen. Die meisten sind pflegeleicht und

'Graham Thomas' *(oben)* Die reizende gelbe Rose gilt als die beste Austin-Rose und ist nach Graham Stuart Thomas benannt, dem wohl einflussreichsten Rosenzüchter des 20. Jh. Sie lässt sich als dichter Strauch oder als kleine Kletterrose ziehen und harmoniert gut mit vielen anderen Pflanzen. In dieser Rabatte genießt sie die Gesellschaft der Riesen-Dolden-Glockenblume *Campanula lactiflora* 'Prichard's Variety'.

'Jayne Austin' *(rechts)* Diese altmodische, mittelhohe Rose in moderner Farbgebung – hier mit der Klematis 'Lasurstern' und Muskatellersalbei (*Salvia sclarea*) – blüht den ganzen Sommer hindurch. Von ihrem Züchter erfuhren wir, dass sie nahe mit den Noisette-Rosen verwandt ist.

lassen sich harmonisch mit unterschiedlichen Pflanzen kombinieren. Leider zeigen sich einige der früheren Züchtungen nicht sonderlich krankheitsresistent, doch die jüngeren Sorten sind deutlich gesünder. Ich mag die Bezeichnung »Englische Rosen« nicht sonderlich, da schließlich auch andere Engländer, mich selbst eingeschlossen, neue Sorten einführen. Der Name »Austin-Rosen« ist meines Erachtens viel treffender.

Englische Rosen im Garten

Von den etwa 100 Sorten, die bis heute eingeführt wurden, habe ich meine zehn Lieblingsrosen ausgewählt, die hier in alphabetischer Reihenfolge erscheinen. In wärmeren Gegenden werden viele etwa doppelt so hoch wie hier angegeben.

'Abraham Darby' verströmt einen üppigen fruchtigen Duft und blüht den ganzen Sommer mit großen, gänzlich gefüllten, becherförmigen, aprikosenfarbenen und gelben Blüten. Der leicht überhängende Strauch mit dunkelgrünem Laub wird 1,5 m hoch.

'Geoff Hamilton' ist eine außergewöhnliche Rose zum Andenken an einen berühmten britischen Gärtner, der viel zu jung verstorben ist. Der äußerst gesunde Strauch blüht den ganzen Sommer, duftet angenehm und ist zartrosa mit verblassendem Blütenrand. Sie wird mindestens 1,5 m hoch und hat gesundes, eher dunkelgrünes Laub. Ebenfalls rosa, wenn auch etwas intensiver, zeigen sich die Blüten der reizvollen,

gänzlich gefüllten 'Gertrude Jekyll'. Die Sorte treibt fortwährend Blüten und duftet betörend. Mit reichlich graugrünem Laub wächst sie verhältnismäßig kompakt zu 1,2 m Höhe heran. Sie eignet sich für Rabatten und Hecken.

'Glamis Castle' – benannt nach dem Schloss, in dem die verstorbene Königinmutter aufwuchs, und nach dem Handlungsort von Shakespeares Macbeth – ist eine vorzügliche weiße Rose. Als typische Austin-Rose öffnet sie sich becherförmig und präsentiert sich wie ein schalenförmiges Kissen. Sie duftet und treibt den ganzen Sommer Blüten. Ihr Laub ist mittelgrün, ihre Höhe bleibt bei knapp 1 m.

'Graham Thomas' ist die beste Rose von David Austin. Sie trägt den Namen eines der einflussreichsten Gartenschriftsteller. Ihre dicht gefüllten, becherförmigen Blüten in sattem Goldgelb erscheinen den ganzen Sommer, das Laub ist mittelgrün. Im nördlichen Europa wird sie 1,2 m hoch, in wärmeren Gegenden ist sie eine gute Kletterpflanze.

Die Blüten von 'Heritage' öffnen sich dicht gefüllt und becherförmig in seidenem Zartrosa und duften sehr intensiv. Unter den Austin-Rosen rangiert sie für mich nach 'Graham Thomas' an zweiter Stelle. Sie wird bis 1,2 m hoch und hat mittelgrünes Laub.

Die großen, duftenden Blüten der 'Jayne Austin' lassen sich am besten als rosettenförmig beschreiben. Sie öffnen sich gänzlich gefüllt in zartem Gelb mit apricotfarbener Untermalung. Der regelmäßig wachsende Strauch wird etwa 1,1 m hoch und trägt zart graugrünes Laub. Die Sorte passt wunderbar in Rabatten und Gehölzpflanzungen.

Unter allen roten und karmesinroten Sorten dieser Gruppe ist 'L.D. Braithwaite' am beeindruckendsten. Ihre leuchtend karmesinroten, gänzlich gefüllten, becherförmigen Blüten duften köstlich. Sie wird selten höher als 1,1 m.

1983 erhielt 'Mary Rose' ihren Namen anlässlich der Bergung des Flagschiffs Heinrichs VIII. vom Meeresgrund, auf dem es über 400 Jahre geruht hatte. In großer Fülle bringt die 1,2 m hohe Pflanze reizvolle, mittelrosa, nicht ganz dicht gefüllte Blüten hervor, die süß duften. Sie werden ergänzt durch reichlich gesundes Laub.

Zum Schluss noch 'William Shakespeare', die duftende, ganz gefüllte, schalenförmige, tief karmesinrote Blüten besitzt, die später purpurfarben werden. In guten Böden wird sie 1,1 m hoch. Ihr Laub ist dunkelgrün und sie passt gut in Rabatten.

'William Shakespeare' (*oben*)
'William Shakespeare' ist eine der dunkelrotesten Austin-Rosen. Meist zeigt sie sich wohlgeformt, besonders jedoch in voller Blüte. Ihr dunkelgrünes Laub ist ein hervorragender Hintergrund für die Blüten. Vor kurzem wurde ein hochwertiger Klon namens 'William Shakespeare 2000' entwickelt.

'Mary Rose' (*rechts*)
Auf diesem Foto wird ersichtlich, was unter einer üppig blühenden Strauchrose zu verstehen ist. Zusammen mit dem Duft und dem regelmäßigen Wuchs ergeben sich so die herausragenden Qualitäten von 'Mary Rose'. Seit ihrer Einführung zählt sie zu den am häufigsten kultivierten Austin-Rosen.

KLETTERROSEN

Noisette-Rosen und kletternde Teerosen

Die erste Noisette-Rose entstand 1802 aus einer Kreuzung der China-Rose 'Old Blush' und *R. moschata*. Diese Kreuzung, die sehr bedeutsam und einflussreich werden sollte, ging auf John Champneys aus Charleston, South Carolina, USA, zurück, und wurde von Louis Noisette, der dort eine Rosenschule besaß, zur Einführung nach Frankreich geschickt. Die Rose wurde auf den Namen 'Champneys' Pink Cluster' getauft, zu ihren ersten Sämlingen zählte 'Blush Noisette'. Beide erfreuten sich zunehmend großer Beliebtheit, weil sie dauerhaft blühten, einen regelmäßigen Wuchs zeigten und pflegeleicht waren. Es entstanden weitere Noisette-Rosen, die nahezu alle gute Kletterrosen sind.

Die kletternden Teerosen sind bis auf wenige Ausnahmen im Laufe des 19. Jahrhunderts entstanden. Einige entwickelten sich als Spielarten von Buschformen der Teerosen, andere entstanden durch Hybridisierung und sind eigenständige Sorten. Wie die Noisette-Rosen waren sie im Zeitalter Königin Viktorias insbesondere für Gewächshäuser und Wintergärten sehr beliebt. Bei der Auswahl von Noisette- und Teerosen ist Winterfestigkeit ein wichtiges Kriterium. Denn wie schön sie auch sein mögen: Die meisten unter ihnen sind den nordeuropäischen Wintern wenig zugetan. In wärmeren Gegenden bereitet es jedoch große Freude, sie anzupflanzen.

Wie alle Kletterrosen sind Noisette-Rosen und kletternde Teerosen überdurchschnittlich groß, geben dem Garten Höhe und Tiefe und sorgen für mehr Perspektive. Mauern und Zäune, Pergolen und Bögen können als Stütze und als Hintergrund dienen. Da sie am neuen Holz blühen, werden sie am besten im Frühjahr geschnitten. Auch sollten die Triebe so waagerecht wie möglich erzogen und nach Bedarf in alle erwünschten Richtungen gebogen werden, da dies die Entwicklung neue Blütentriebe fördert.

Insgesamt kenne ich etwa 30 Noisette- und kletternde Teerosen. Unter ihnen habe ich hier zehn ausgewählt, die ich in alphabetischer Reihenfolge vorstelle. Sie besitzen natürliche Schönheit und zeichnen sich durch eine gute Verträglichkeit unterschiedlichster klimatischer Bedingungen im Freien aus.

'Schneewittchen' *(vorhergehende Seite)* Die reinweiße Rose, die sich in dieser Komposition in weißen und zarten Tönen über den Bogen spannt, ist die kletternde Form der Floribunda-Rose 'Schneewittchen'. Da sie relativ unbewehrt ist, eignet sie sich gut für Bögen, die oft durchschritten werden. Das graue Laub im Vordergrund stammt vom Silber-Greiskraut *Senecio cineraria* 'Silver Dust'.

'Blush Noisette' *(rechts)* Die üppig blühende 'Blush Noisette' hat ein gefälliges Wesen. Sie bringt den ganzen Sommer Blüten hervor und scheint sich hier in der Gesellschaft des Geißblatts (*Lonicera*) sehr wohl zu fühlen.

Noisette-Rosen im Garten

Eine der Original-Noisette-Rosen, 'Blush Noisette', trägt kleine, halbgefüllte, zartrosa lila Blüten, die in zahlreichen Büscheln erscheinen. Die nahezu unbewehrte Pflanze schmückt sich mit reichlich zart graugrünem Laub, das sich weich anfühlt. In gutem Boden erreicht sie eine Höhe von 2,5 m, an Mauern wächst sie auch darüber hinaus.

Die auch als 'Golden Rambler' bekannte 'Alister Stella Gray' ist eine winterharte, wuchsfreudige Rose, die sich für Bögen, Spaliere und Mauern eignet. Bis zu einem gewissen Maß ist sie auch schattentauglich. Sie entwickelt kaskadenartig herabhängende Büschel mit eher zerzausten, zartgelben Blüten mit tiefgelber Mitte, die zart duften und den ganzen Sommer hindurch erscheinen. Die relativ unbewehrten Triebe tragen üppiges, dunkelgrünes Laub. Die Pflanze wird 5 m hoch, in Bäumen gern auch höher.

Eine der besten, schönsten und winterhärtesten Noisette-Rosen ist 'Mme Alfred Carrière'. Sie klettert 5 m hoch, egal, ob in einen Baum oder an einer schattigen, kalten Mauer. Ihre intensiv duftenden Blüten erscheinen den ganzen Sommer. Sie sind zunächst becherförmig und öffnen sich dann locker und gefüllt in Zartrosa bis Weiß. Die Pflanze entwickelt üppiges, leicht glänzendes, gräulich grünes Laub an relativ unbewehrten Trieben. In meiner Favoritenliste ist sie auf den ersten Plätzen zu finden.

Eine mit 2,5 m niedrige Noisette-Rose ist die zitronengelbe, gefüllte, dauerhaft blühende 'Céline Forestier' mit zart hellgrünem Laub und zahllosen Blüten. Bei ihrer Einführung im Jahre 1842, als es nur wenige gelbe Rosen gab, muss sie sehr begeistert haben.

'Crépuscule' ist eine dunkelgelbe bis orange, halbgefüllte Rose, die fortwährend Blüten treibt. Der duftende Flor wird in zahlreichen kleinen Büscheln getragen. Auf

'Alister Stella Gray' (*links*)
Öfterblühende, gelbe Kletterrosen wie 'Alister Stella Gray' besitzen Seltenheitswert und noch größere Freude bereiten duftende Sorten. Die Rose hier präsentiert sich in guter Verfassung. Auch zeigt sie, wie ihre Blüten allmählich zu Cremefarben verblassen. Unübersehbar ist die Fülle der Blütenbüschel.

'Mme Alfred Carrière' (*unten*)
Diese Noisette-Rose blüht auch an schattigen Standorten. Dies macht sie zu einer der vielseitigsten Rosen. Hier hängt 'Mme Alfred Carrière' in Girlanden von einer Mauer herab. Die Terrakotta-Kübel sind ein zusätzlicher Blickfang.

'Aimée Vibert'
Die klassische Noisette-Rose 'Aimée Vibert' aus dem Jahr 1828 öffnet ihre Blüten erst nach der Sommersonnenwende und zeigt hiermit ihre Nähe zur *R. moschata*. Ihre dichten Blütenbüschel erscheinen vom Sommer bis in den Herbst hinein an langen, überhängenden Trieben.

den Blütenblättern zeigt sich ein sehr reizvoller seidener Glanz, der beträchtlich zum Charme dieser Rose beiträgt. Hinzu gesellt sich satt grünes, üppiges Laub. Die Sorte erreicht eine Höhe von 3 m, ihre Triebe besitzen nur wenig ernst zu nehmende Stacheln. Durch ihren dichten Wuchs ist sie ideal für Pavillons geeignet.

Eine sehr alte, doch nützliche Noisette-Rose ist die reizvolle 'Aimée Vibert', die an langen, fast unbewehrten Trieben kleine Büschel mit gefüllten, duftenden, reinweißen Blüten entwickelt. Das *R.-moschata*-Erbe dieser Rose zeigt sich in ihrer etwas späteren Blütezeit, die aber bis in den Herbst anhält. Attraktiv ist ihr reiches, hellgrünes Laub.

Kletternde Teerosen im Garten

Zu den bekanntesten kletternden Teerosen zählt 'Gloire de Dijon', die in Großbritannien als Lieblingsrose des Rev. Dean Reynolds Hole, dem ersten Präsidenten der Royal National Rose Society, berühmt wurde. Ihre großen, stark duftenden, gänzlich gefüllten, schalenförmigen und geviertelten Blüten öffnen sich in einer Mischung aus Braungelb, Apricot, Pfirsich und Gelb. Nach dem ersten Flor blüht sie im Herbst vereinzelt nach. In England scheint die 1853 eingeführte Rose fast jedes Viktorianische Pfarrhaus zu zieren.

Die kletternde Form der 'Lady Hillingdon' wurde zuerst 1917 vorgestellt. Die vorzügliche Teerose macht sich hervorragend an einer warmen Mauer, wo sie über 5 m hoch werden kann. Ein besonderes Merkmal dieser Rose ist ihr nahezu unbewehrtes, purpurrotes Holz und das üppige pflaumenfarbene Laub. Die Blüten öffnen sich in sattem Gelb. Sie sind im Kapitel zu den Teerosen näher beschrieben (siehe Seite 112).

In wärmeren Gegenden ist 'Souvenir de Mme Léonie Viennot' einfach hinreißend und somit erweist sich auch die geringfügige zusätzliche Aufmerksamkeit, derer sie in kühleren Klimaten bedarf, als durchaus lohnend. Das schönste Exemplar, das ich je von dieser Rose gesehen habe, fand ich im italienischen Ninfa. Die Blüten dieser ausladenden Rose öffnen sich in einer Mischung aus Primelgelb und Gelb mit Kupfer- und Honignuancen. Die gesunde Pflanze zeichnet sich durch gutes Laub aus.

Wenn ich an kletternde Teerosen denke, kommt mir unweigerlich auch 'Sombreuil' in den Sinn. Sie zählt zu den allerschönsten Rosen, die je gezogen wurden. Ihre vollkommenen, kissenartigen, großen Blüten öffnen sich in nahezu reinem, zart pfirsich cremefarben überhauchtem Weiß und duften intensiv. Das dunkelgrüne Laub entsteht an Trieben, die etwas stacheliger sind als jene der meisten anderen Teerosen. Sie zieht warme Mauern einem Spalier vor, scheint jedoch hier im kühlen Norfolk völlig winterhart zu sein. 'Sombreuil' ist meines Erachtens mit 'Colonial White' identisch.

'Lady Hillingdon'
Die süß duftende, kletternde Teerose treibt ihren ersten Flor im Frühsommer und entwickelt eine weitere Blüte im zeitigen Herbst. Ihr matt glänzendes, pflaumenfarbenes Laub trägt sie an fast unbewehrten Trieben, die ebenfalls eher pflaumenfarben sind. Hier gedeiht sie in Gesellschaft eines Flieders (*Syringa* x *josiflexa* 'Bellicent').

Moderne Kletterrosen und Säulenrosen

'Aloha'
Auch wenn sie hier unter den Kletterrosen steht, lässt sich diese herrliche Rose aus den USA auch als robuster Strauch ziehen. Sie ist sehr gesund, blüht den ganzen Sommer und duftet berauschend. Ich liebe diese Rose, seit ich sie Ende der 1950er-Jahre zum ersten Mal sah.

Genau genommen sind Moderne Kletterrosen nichts anderes als üppig gedeihende, sehr große Strauchrosen. Kletterrosen im eigentlichen Sinne sind sie nicht. Anstelle von echten kletternden Trieben entwickeln sie hohe, lockere Stiele, die eine geeignete Stütze benötigen, wenn sie aufrecht wachsen sollen. Diese Rosen wachsen vorzüglich an Obelisken, Pfeilern und Mauern, lassen sich jedoch, bis auf wenige Ausnahmen, weniger gut an Bögen und Pergolen ziehen, da sich ihre Triebe nur schwer in eine gewünschte Richtung biegen lassen. Die meisten modernen Kletterrosen sind öfterblühend, was ihnen einen erheblichen Vorteil gegenüber zahlreichen älteren,

einmalblühenden Sorten einräumt und sie besonders für kleinere Gärten empfehlenswert macht. Wie die echten Kletterrosen werden auch diese am besten im Frühjahr geschnitten und ihre Triebe gebogen, gedreht und so waagerecht wie möglich gebunden, damit sie neue Blütentriebe entwickeln.

Seit der Einführung der ersten Modernen Kletterrosen in den 1950er-Jahren wurden weltweit nahezu 100 verschiedene Sorten vorgestellt. Etwa die Hälfte ist mir vertraut, und ich habe hier von jedem Farbton einige ausgewählt, insgesamt sind es 17.

Moderne Kletterrosen im Garten

Eine der besten und üppigsten unter den Modernen Kletterrosen in rosa Tönen und eigentlich eine der besten aller Kletterrosen ist 'Aloha'. Mit ihrem glänzenden Laub und den großen, gänzlich gefüllten, schlanken, tief rosaroten Blüten, die verschwenderisch duften, ist sie fast perfekt dafür geeignet, an einer hohen Säule gezogen zu werden. Die Sorte wurde von Gene Boerner in den USA gezüchtet, der als einen Elternteil die reizvolle 'New Dawn' verwendete, eine dauerhaft blühende Form von 'Dr W. Van Fleet', der eine bedeutende Rolle in der Entwicklung der modernen Kletterrosen zukommt. 'New Dawn' selbst wird unter den Wichuraiana-Ramblern (siehe Seite 182) beschrieben.

Die Harkness-Züchtung 'Penny Lane' ist eine rosa Moderne Kletterrose, deren Blüten sowohl in der Form wie auch im Duft an Alte Rosen erinnern. Sie öffnen sich zunächst in Zartrosa, wechseln jedoch rasch zu zarten Pfirsichtönen mit einem Hauch Honig in der Mitte. Die dauerhaft blühende Sorte eignet sich ausgezeichnet für hohe Säulen, wächst aber auch locker genug für Pergolen und Bögen. Sie wird 4 m hoch.

Die auch als 'Pierre de Ronsard' bekannte 'Eden Rose '88' ist eine wundervolle Sorte mit rundlichen Knospen, die sich zu großen, gänzlich gefüllten, becherförmigen Blüten öffnen. Sie sind Cremeweiß mit ausgeprägter rosaroter Zeichnung an den leicht unregelmäßigen Rändern der Blütenblätter. Die verhalten duftende Züchtung aus dem Hause Meilland treibt fortwährend neue Blüten. Für eine derart üppig gefüllte Rose ist

'Eden Rose '88'
Dies ist der englische Name einer Rose, die in anderen Teilen Europas als 'Pierre de Ronsard' bekannt ist. Ich hätte mir gewünscht, dass ihr Züchter, Meilland, ihr einen französischen Namen gegeben hätte, denn ich ziehe nach wie vor eine Teehybride aus den 1950er-Jahren namens 'Eden Rose', was zu einiger Verwirrung bei meinen Mitarbeitern und Kunden führt. Abgesehen davon ist 'Eden Rose '88' eine herausragende Kletterrose, die den ganzen Sommer große, herrlich gefüllte Blüten trägt.

'Bright Ideas'
Gestreifte Rosen, besonders Moderne in grellen Farbtönen, haben mich nie sonderlich begeistert. 'Bright Ideas' zeigt jedoch in keiner Weise schreiende Farben. Im Grunde erscheint sie mir sogar angenehm zurückhaltend und stilvoll.

sie erstaunlich unempfindlich gegen nasses Wetter. Sie entwickelt üppiges, dunkelgrünes Laub von ledriger Beschaffenheit und erreicht eine Höhe von 4 m.

Anlässlich des 100. Geburtstages der Königinmutter im Jahre 2000 tauften wir auf ihren Wunsch hin eine Rose nach ihrem Londoner Wohnsitz, 'Clarence House'. Die von meiner Tochter Amanda gezogene Sorte wurde der Königinmutter auf der Sandringham-Blumenschau jenes Jahres vorgestellt. Sie entwickelt den ganzen Sommer dicht gefüllte, cremefarbene Blüten. Ein besonderes Merkmal ist ihr intensiver Duft, den die Königinmutter selbst als Zitrus bezeichnet hat. Die wuchsfreudige Rose wird bis 4 m hoch und eignet sich für die Begrünung von Spalieren, Bögen und kleinen Lauben. Ihr glänzendes, dunkelgrünes Laub bietet den Blüten einen herrlichen Hintergrund.

'White Cockade' ist eine niedrigere, sehr üppig blühende, weiße Sorte aus der Cocker-Rosenschule. Ihre schlanken Blüten öffnen sich gefüllt und zart duftend. Die 2,5 m hohe Rose mit mittelgrünem Laub entwickelt sich am besten an Mauern oder Säulen.

Zu den jüngsten Züchtungen unter den zahlreichen gelben Modernen Kletterrosen zählt die Harkness-Rose 'Della Balfour'. Farblich bewegt sie sich zwischen Gelb und Orange, an den Rändern ihrer dicht gefüllten Blüten sind auch einige rote Akzente zu finden. Die üppig blühende, duftende Sorte treibt zahlreiche glänzende Blätter und wird etwa 2,5 m hoch.

Eine weitere orange Rose ist 'Breath of Life', ebenfalls von Harkness. Die Farbe ihrer gefüllten, duftenden, schlanken Blüten, die den ganzen Sommer in großer Zahl erscheinen, ist wohl am besten als sattes Apricot zu beschreiben. Die großen Blätter sind mittel- bis dunkelgrün. Die etwa 3 m hohe Sorte eignet sich vorzüglich als Säulenrose.

Die Kordes-Züchtung 'Maigold' treibt früher Blüten als die meisten anderen Kletterrosen, was vermutlich auf ihre *R.-pimpinellifolia*-Gene zurückzuführen ist. Die glühend orangen, gelb überhauchten Blüten öffnen sich halbgefüllt vor dem gesunden, hellgrünen, glänzenden Laub. Die Sorte wird selbst in kargem Boden 4 m hoch.

Die reizende, fast einfach blühende 'Meg', die gelegentlich als kletternde Teehybride geführt wird, wurde 1954 von einem Hobbyzüchter namens Gosset gezogen. Ihre großen, herrlich duftenden Blüten öffnen sich braungelb mit einem Hauch von Apricot und zeigen rostrote Staubgefäße. Die Sorte treibt dichtes, dunkelgrünes Laub, gedeiht vorzüglich an Säulen oder Mauern und wird problemlos 4 m hoch. Sie zählt zu meinen Lieblingen, benötigt jedoch etwas Zuwendung, um ihr Bestes zu geben.

Zu den Vorfahren von 'Phyllis Bide' zählen mehrere China-Rosen, sodass es nicht erstaunt, dass sie den ganzen Sommer Blüten treibt. Ihre eher kleinen, halbgefüllten, becherförmigen Blüten öffnen sich in einer Mischung aus Gelb, Cremetönen und Rosa,

'Dublin Bay'
Von roten Rosen wird erwartet, dass sie duften, und diese dauerhaft blühende, pflegeleichte Moderne Kletterrose enttäuscht diese Hoffnung nicht, wenngleich sich ihr Duft nicht besonders intensiv ausnimmt. Die ideale Säulenrose treibt üppiges, eher dunkelgrünes Laub.

die beim Erblühen noch an Intensität gewinnen. Sie erscheinen in kaskadenartig herabhängenden Büscheln an schlanken, biegsamen, fast unbewehrten Stielen. Dazu gesellen sich hellgrüne Blätter, die wie die Blüten klein und zahlreich sind. Die Sorte kann 4 m hoch werden und macht sich an Rankgerüsten wie auch an Mauern gut.

Eine Rose mit ungewohnter Farbe ist die neue Kletterrose 'Bright Ideas'. Sie wurde von dem Hobbyzüchter Colin Horner gezogen und 2003 von meiner Rosenschule eingeführt. Ihre halbgefüllten, duftenden Blüten sind tief kirschrosa mit weißen Streifen und Flecken. Sie erscheinen an einer aufrechten, buschigen Pflanze, die bis zu 2,5 m hoch wird und reichlich dunkelgrünes Laub besitzt.

Zu den besten Modernen Kletterrosen zählt 'Dublin Bay' von McGredy. Die fast dauerhaft blühende Sorte hat gefüllte, große, zart duftende Blüten in tiefem Samtrot und dunkelgrünes Laub. Sie lässt sich gut an Säulen ziehen und wird 2,5 m hoch.

Eine weitere dauerhaft blühende Rose ist die fast einfache, karmesinrote bis rote Kordes-Züchtung 'Parkdirektor Riggers'. Sie treibt viele dunkelgrüne Blätter und erreicht selbst in kargem Boden 5 m Höhe. Als Rankhilfe bevorzugt sie Spalier und Pergola.

Die halbgefüllten bis gefüllten Blüten von 'Leverkusen' öffnen sich in Zartgelb, das leicht zu Zitronentönen verblasst. Sie erscheinen in Büscheln an einer kerngesunden,

'Handel' (*links*)
Die reizvolle weiße Klematis 'Gillian Blades' ist hier gelungen mit 'Handel' kombiniert. Wenn ich ehrlich bin, muss ich gestehen, dass mir die Rose eine Nuance zu schön ist. Vielleicht bin ich aber allzu herzlos, schließlich ist 'Handel' eine gesunde Rose, die unter den meisten Bedingungen ihre Blüten treibt.

'Leverkusen' (*unten*)
Diese Moderne Kletterrose mit einer starken Persönlichkeit treibt den ganzen Sommer üppig Blüten und reichlich hellgrünes Laub. Die 1954 in Deutschland gezüchtete 'Leverkusen' zählt zu den verlässlichsten gelben Kletterrosen und hätte es durchaus verdient, bekannter zu sein.

'Karlsruhe' (*oben*)
'Karlsruhe' zählt zu den zahlreichen hervorragenden Sorten, die in den frühen 1950er-Jahren in Deutschland vorgestellt wurden. Vielleicht ist ihre Farbe schwer zu kombinieren, trotzdem verstehe ich nicht, dass eine so gute, gesunde und üppig blühende Rose wie 'Karlsruhe' nicht häufiger gezogen wird, nicht einmal in ihrem Herkunftsland.

'Golden Showers' (*rechts*)
Hier macht 'Golden Showers' ihrem Namen alle Ehre und zeigt, dass sie eine wertvolle Kletterrose ist, die einer roten Ziegelmauer Farbe und eine weitere Dimension verleihen kann.

dicht belaubten Pflanze, die in gutem Boden eine Höhe von 3 m erreicht. Diese weitere Rose von Kordes gedeiht besonders gern an einem Spalier oder an einer Mauer.

'Handel' ist eine hervorragende Kletterrose aus dem Hause McGredy. Ihre Farbe ist eine Mischung aus tief rosarot überhauchtem, silbrigem Weiß, das an den Rändern der Blütenblätter noch dunklere Töne zeigt. Die Blüten öffnen sich gefüllt und duften. Die dichte Pflanze hat glänzendes, dunkelgrünes Laub und wird mindestens 4 m hoch.

Die dicht gefüllten Blüten von 'Karlsruhe' entstehen den ganzen Sommer an der Pflanze, die 2,5 m hoch und breit wird. Ich konnte nie nachvollziehen, warum diese Rose nicht weiter verbreitet ist; vielleicht liegt es an ihrer Farbe: Die Blüten escheinen in grellem hellen Pink. Die Kordes-Züchtung besitzt viele glänzende, mittel- bis dunkelgrüne Blätter und zählt zu den gesündesten Rosen, die ich kenne.

Schließlich möchte ich 'Golden Showers' vorstellen, die als die beliebteste unter den gelben Kletterrosen gelten kann. Sie treibt den ganzen Sommer Hunderte von leicht wuscheligen, zart duftenden Blüten, die sich goldgelb öffnen, um dann kurz vor dem Verblühen zu Primelgelb zu verblassen. Die Pflanze wird mindestens 3 m hoch, ist nicht stark bewehrt, hat dunkelgrünes Laub und stammt von Lammers in den USA.

Kletternde Teehybriden und Floribunda-Rosen

Bei den meisten kletternden Teehybriden und Floribunda-Rosen handelt es sich um Sports, spontane Mutationen der Strauchformen gleichnamiger Rosen. Einige wenige sind eigenständige Sorten, die durch Hybridisierung entstanden. Im Wuchs sind sie sich alle relativ ähnlich, es sind meist äußerst wuchsfreudige Pflanzen mit festen, unbiegsamen Trieben, die sich nur ungern an Mauern oder Rankgerüsten erziehen lassen. Doch sie bringen eine herrlich üppige Blüte hervor und duften angenehm. Die meisten blühen nur einmal, manche entwickeln im Herbst eine vereinzelte Nachblüte.

Im Laufe der Entwicklung und Verbreitung der Strauchformen der Teehybriden und Floribundas sind bis heute von verschiedenen Züchtern Hunderte kletternde Spielarten eingeführt worden. Einige schlagen rasch zurück zur Strauchform, andere halten sich aus anderen Gründen nicht, meist, weil sie eher zaghaft Blüten entwickeln. Eine kletternde Form der 'Peace', die in den 1950er-Jahren eingeführt wurde, entwickelt zum Beispiel selten mehr als ein paar Blüten pro Jahr. In meinem Leben sind mir etwa 50 gute kletternde Teehybriden begegnet und etwa sieben gute kletternde Floribundas. Von den Ersten habe ich acht, von den Letzten zwei für dieses Kapitel ausgewählt.

Kletternde Teehybriden im Garten

'Crimson Glory' habe ich bereits als Strauchrose im Kapitel zu den älteren Teehybriden erwähnt. Trotz ihres Rufes, den Kopf hängen zu lassen, zählt sie zu den besten roten Kletterrosen, die je eingeführt wurden. Tatsächlich entwickeln sich die schwachen Stiele bei der kletternden Form zu ihrem Vorteil, da sie einen besseren Blick auf die samtig, dunkelroten Blüten ermöglichen. Der herrlich duftende Flor steht an steifen, stark bewehrten Trieben mit dunkelgrünem Laub. Am besten kommt die bis zu 5 m hohe Sorte zur Geltung, wenn man die Triebe biegt und in viele Richtungen erzieht.

'Cupid' ist eine wunderschöne, eigenständige Kletterrose. Ihre an Satin erinnernden, verhalten duftenden Blüten sind groß, einfachblühend und von zartem Pfirsichrosa. Meine eigene Pflanze bestätigt ihren Ruf, eher zaghaft zu blühen, doch macht ihr absolut herrliches Aussehen diese Schwäche wett. Die steife, etwas sperrige Pflanze wird 3 m hoch und entwickelt matt graugrüne Blätter.

Die kletternde Form der 'Ena Harkness' ist meines Erachtens der Strauchform überlegen. Von ihrem einen Elternteil, 'Crimson Glory', hat sie die schwachen Blütenstiele geerbt, doch sind ihre leuchtend samtroten, schlanken, duftenden Blüten so erlesen, dass ich diese Schwäche verzeihe. Ihre kräftigen, festen, aufrechten Triebe sind stark bewehrt und tragen dunkelgrünes Laub, dem es etwas an Glanz fehlt. Die hervorragende Sorte für Mauern wächst bis 5 m Höhe oder darüber hinaus.

Eine weitere eigenständige Kletterrose, mit anderen Worten kein Sport, ist die dunkel samtrote 'Guinée'. Sie wurde 1938 von Mallerin in Frankreich eingeführt. Die Sorte wird 4 m hoch, ist jedoch ein wenig launisch und häufig eher schwer zu ziehen. Doch soll diese Beschreibung keineswegs abschrecken, denn die Rose ist von großer Schönheit und duftet betörend. Nach dem großzügigen ersten Flor entwickelt sie im Herbst eine kleine Nachblüte. An stark bewehrten Trieben trägt sie dunkelgrünes Laub. Mit etwas zusätzlicher Aufmerksamkeit bereitet sie nachsichtigen Gärtnern tiefe Freude.

Die herrlich geformten, schlanken Knospen von 'Climbing Lady Sylvia' öffnen sich zu dicht gefüllten, gut proportionierten Blüten in leuchtendem Rosa, die am Blütengrund eine etwas dunklere rosa Schattierung mit einem Hauch Zitronengelb erahnen lassen. Ihr intensiver Duft ist einfach umwerfend. Die bis zu 5 m hohe Sorte entwickelt unbiegsame Triebe, die sich nur schlecht erziehen lassen, doch lohnt der Aufwand, denn

'Mme Grégoire Staechelin'
Diese zauberhafte, kletternde Teehybride aus Spanien zählt zu den ersten blühenden Rosen des Jahres und bietet in voller Blüte einen hinreißenden Anblick. Obgleich die Blüten relativ kurzlebig sind, bleiben sie mir doch immer im Gedächtnis, bis sie im Herbst zu orangeroten, birnenförmigen Hagebutten werden.

'Paul's Lemmon Pillar' Die Teehybride mit fast perfekter Form entstand 1915. Zwar gibt es heute mehrere Moderne Kletterrosen in Cremetönen, doch verfügen nur wenige über ein besseres Temperament als 'Paul's Lemmon Pillar'. Mitunter entwickelt sie sogar eine Nachblüte im Herbst, die von beachtlich großen, orangeroten Hagebutten begleitet wird.

die Pflanze trägt jeden Sommer einen überreichlichen Flor, dem im Herbst eine etwas weniger üppige Nachblüte folgt. Das ledrige Laub ist mittel- bis dunkelgrün.

'Mme Grégoire Staechelin' ist ebenfalls eine eigenständige Kletterrosensorte. Sie ist auch unter dem Namen 'Spanish Beauty' bekannt, und eine Schönheit ist sie in der Tat: Ihre großen, durchaus kurvenreichen Knospen öffnen sich zu riesigen, drallen Blüten mit bis zu 15 cm Durchmesser in einem kräftig geaderten, leuchtenden Rosa, das zu den Blütenrändern hin zart verblasst. Im Frühsommer trägt sie eine überaus üppige Blüte, der jedoch keine Nachblüte folgt. Dafür entwickelt sie zauberhafte, birnenförmige, orangerote Hagebutten, die die Pflanze bis in den Winter schmücken. Ihr Laub ist eher gräulich dunkelgrün und sie kann bis 5 m hoch werden.

Ein Elternteil von 'Paul's Lemon Pillar' ist die alte Remontant-Rose 'Frau Karl Druschki', die ihr die klassisch schlanken Blüten vererbt hat. Ihren herrlichen Duft hat sie hingegen von ihrem anderen Elternteil, 'Maréchal Niel'. Die großen, wohlgeformten Blüten zeigen sich als Knospe in Zitronengelb bis Gelb, verblassen jedoch kurz vor dem Verblühen zu nahezu reinem Weiß. 'Paul's Lemon Pillar' erreicht eine Höhe von

5 m und entwickelt große, verhältnismäßig dunkelgrüne Blätter an kräftigen, bewehrten Trieben. Im Spätsommer zeigt sie nur eine vereinzelte Nachblüte.

Sommer für Sommer freue ich mich auf die ersten Blüten von 'Climbing Shot Silk'. Von seidener Beschaffenheit öffnen sie sich stark duftend in zartem Kirschrosa und erscheinen in herrlicher Fülle. Ihr großes, mittelgrünes Laub steht an einer bis 5,5 m hohen Pflanze. Sie entstand 1931 und zählt zu den besten Kletterrosen, die ich kenne.

Kletternde Floribunda-Rosen im Garten

'Climbing Allgold' zählt mit Sicherheit zu den besten gelben Kletterrosen. Bis heute kann keine andere Kletterrose ein so beständiges Gelb aufweisen wie diese 1961 eingeführte Sorte. Ihre halbgefüllten, verhalten duftenden Blüten entstehen in kleinen bis mittelgroßen Büscheln. Die bis 4 m hohe Pflanze besitzt eher stachelige Triebe und dunkelgrünes, glänzendes Laub. Im Gegensatz zu den meisten kletternden Spielarten entwickelt 'Allgold' eine Nachblüte, die aber weniger üppig ausfällt als der erste Flor.

'Climbing Masquerade' stammt aus dem Jahr 1958. Zur Zeit ihrer Einführung galt sie als Sensation, weil sie die erste tatsächlich wertvolle Gartenrose war, die mit einer derartigen Farbpalette aufwarten konnte. Jede halbgefüllte Blüte öffnet sich in klarem Gelb und wechselt in völlig geöffnetem Zustand zunächst zu Rosa, dann zu Orange und schließlich zu Tiefrot. Sie wird 3 m hoch, ihr Laub ist eher dunkelgrün und gesund.

'Guinée'
Die wunderschöne, dunkelrote, kletternde Teehybride mit passendem Duft zieht es vor, nicht an einer schattigen, kühlen Mauer gedeihen zu müssen. Wenn ihr ein Standort zusagt, entwickelt sie zahlreiche herrliche samtige Blüten, gelegentlich sogar eine kleine Nachblüte. Gefällt ihr der Platz jedoch nicht, verweigert sie sich.

RAMBLER UND STARK RANKENDE ROSEN

Wie bereits an anderer Stelle erwähnt, ist Rambler die offizielle Bezeichnung für Rosen, die in der Lage sind, zu ranken. Den Begriff »stark rankende Rosen« verwende ich gern für noch wuchsfreudigere Sorten, die bereitwillig in Bäume emporranken oder auch rasch Unansehnlichkeiten wie etwa unschöne Gebäude bedecken. Es handelt sich hierbei jedoch nicht um eine offizielle Klassifizierung. Die Mehrzahl der Rambler und stark rankenden Rosen stammt von zwei Wildrosen ab, *R. multiflora* und *R. wichuraiana*, die zu Beginn der 1860er-Jahre aus Asien nach Europa gelangten. Beide besitzen weiße Blüten, die in Büscheln stehen. Als sie mit farbenfroheren anderen Sorten gekreuzt wurden, ging aus beiden Wildrosen je eine Gruppe von Hybriden hervor. Für die Zucht wurden weitere Rambler-Sorten aus verschiedenen Erdteilen verwendet. So entstand eine vielfältige Sammlung – alle wertvolle Gartenpflanzen.

Bis auf einige, die etwas anfällig sind für Mehltau, finden sich unter den heutigen Ramblern einige der gesündesten Rosen. Im Allgemeinen sind sie sehr farbenfroh, doch nur wenige duften stark. Von einigen Ausnahmen abgesehen, blühen Rambler nur einmal.

Rambler unterscheiden sich von Kletterrosen, indem sie nur am Holz des Vorjahres blühen. Sie sind auch flexibler, somit leichter zu erziehen und eignen sich besonders für Bögen und Pergolen, die äußerst wuchsfreudigen unter ihnen auch für das Beranken von Bäumen. Und sie gedeihen in größerer Harmonie mit anderen Pflanzen, etwa Klematis, Jasmin oder Glyzinen als die weniger biegsamen Kletterrosen.

Aufgrund ihres bevorzugten natürlichen Standortes und Wuchsverhaltens sind Rambler und stark rankende Rosen mitunter schwer zu schneiden. Doch stellt dies kein ernsthaftes Problem dar, da sie ungeachtet der Art der Pflege zu dichten Pflanzen heranwachsen. Falls Schnittmaßnahmen möglich sind, sollte man totes und altes Holz, meist im Sommer nach der Blüte, entfernen und die langen Jungtriebe in möglichst viele Richtungen biegen. Sorten, die Hagebutten tragen, schneidet man erst im Frühjahr.

'Mannington Mauve Rambler' und 'Rambling Rector' (*vorhergehende Seite*)
Die beiden Rambler haben zu einem schönen Miteinander gefunden. Ich denke, dass sie sich weiter ineinander schlingen und größer und größer werden, bis schließlich doch jemand radikal zur Gartenschere greift.

'Lauré Davoust' (*ganz rechts*)
Der reizvolle Rambler rankt sich dekorativ über einen Zaun. Die 1843 gezüchtete 'Lauré Davoust' zählt zu den ältesten Multiflora-Ramblern und ist am häufigsten in ihrem Herkunftsland Frankreich zu finden.

'Emily Gray' (*rechts*)
Der Wichuraiana-Rambler 'Emily Gray' bildet hier den Hintergrund für eine gemischte Pflanzung mit Sträuchern und Stauden, darunter Brandkraut (*Phlomis*) und Purpur-Zistrose (*Cistus* x *purpureus*). Die dekorativen Kübel geben dem Gesamtbild Struktur. 'Emily Gray' besitzt besonders glänzendes Laub und einen dichten Wuchs.

Wichuraiana-Rambler und stark rankende Rosen

'Albéric Barbier'
In zartem Zusammenspiel von Gelb- und Grüntönen ergänzen sich Gelber Jasmin (*Jasminum humile*) und 'Albéric Barbier', die mit Blüten in verschiedenen Stadien ihre gesamte Farbpalette aufbietet. Zu den besonderen Merkmalen dieses Ramblers zählt das üppige, glänzende, dunkelgrüne Laub.

Die Entdeckung der *R. wichuraiana* in Asien und ihre nachfolgende Ankunft in Europa um 1860 war ein großes Ereignis. Die Wildrose selbst blieb zwar knapp 40 Jahre fast unbemerkt, doch wurde sie zur Jahrhundertwende hin mit verschiedenen Hybriden gekreuzt, insbesondere mit Teerosen, China-Rosen und Noisette-Rosen, wobei sie den meisten ihrer Nachkommen ihre Neigung zum Ranken vererben konnte sowie leuchtendere Blütenfarben, die sie durch ihre Eltern erhalten hatte.

Wenngleich nur wenige Züchter diese Wildrose eingesetzt haben, so ist das Ergebnis ihrer Arbeit doch bis heute erhalten geblieben, und den Wichuraiana-Ramblern

kommt heute eine bedeutende Rolle in der modernen Gartenlandschaft zu. Zwar sind sie keine natürlichen Mauerpflanzen, doch gedeihen sie mit verhältnismäßig wenig Aufmerksamkeit – bis auf das Entfernen von altem Holz nach der Blüte – an einem Bogen, Obelisk oder Spalier. Im Laufe meines Lebens habe ich zahlreiche Wichuraiana-Rambler kennen und schätzen gelernt und möchte hier etwa 20 von ihnen vorstellen.

Wichuraiana-Rambler im Garten

Ich beginne mit einer Sorte, die ich zu den besten ihrer Art zähle. Die von Barbier in Frankreich im Jahr 1900 eingeführte 'Albéric Barbier' zählt zu jenen Wichuraiana-Ramblern, die zwischen dem Ende des 19. Jahrhunderts und den 1930er-Jahren eingeführt wurden. Ihre wohlgeformten, rundlichen Knospen öffnen sich zu schönen, dicht gefüllten Blüten in zitronengelb überhauchten Cremetönen, die wunderbar mit dem dunkelgrünen, kräftig glänzenden Laub harmonieren. Die Sorte mit leicht bewehrten Trieben wirkt besonders gut an Spalieren und Bögen, wo sie bis zu 6 m hoch wird.

Eine weitere Barbier-Rose, die 1921 vorgestellte 'Albertine', zählt weltweit zu den beliebtesten Rosen. Ihre glänzenden Blätter sind auffallend kupferrot gezeichnet und stehen an äußerst wuchsfreudigen und stacheligen Trieben mit ähnlicher Färbung. Die

'Albertine'
Seit ihrer Einführung im Jahr 1921 zählt 'Albertine' weltweit zu den beliebtesten Rambler-Rosen und dies trotz einer leichten Anfälligkeit für Mehltau nach der Blüte. Keine der mir bekannten Pflanzen hat jemals Anzeichen von Müdigkeit gezeigt, und so werden auch Sie es nicht müde werden, diesen herrlichen Rambler in Ihrem Garten zu ziehen.

duftenden Blüten öffnen sich aus prallen Knospen zu eher zerzausten Gebilden in Hummer-Rosa mit einer Idee Gelb am Blütengrund, deren Farbe beim Verblühen verblasst. Nach der Blüte ist 'Albertine' mehltauanfällig, doch schert sich diese Rose nicht darum, sondern wird Jahr für Jahr größer und besser und schließlich 5 m hoch.

'Alexandre Girault' wurde ebenfalls von Barbier eingeführt, und zwar 1909. Sie entwickelt nahezu gänzlich gefüllte Blüten mit gekräuselten Petalen, die mit ihren Schattierungen von Kirschrot, Gelb und Rosa einen Gesamteindruck von glühendem Orange entstehen lassen. Sie duftet überaus fruchtig. Die schlanke Pflanze mit dunkelgrünem, glänzendem Laub wird 4 m hoch und breit und lässt sich an Mauern, Pergolen und jedem Rankgitter erforderlicher Größe auch zu einer größeren Breite erziehen.

Die 1902 von Van Fleet in den USA gezogene 'American Pillar' zählt zu den stacheligsten unter den Ramblern. Von ihren *R.-setigera*-Genen hat sie vermutlich ihre Wuchsfreude und Üppigkeit. Im Hochsommer ist sie mit einfachen Blüten in leuchtendem Rosa mit weißem Auge übersät. Auf dem Höhepunkt der Blüte erscheinen sie so dicht, dass sie das reichliche, dunkelgrüne Laub fast verdecken. Nur selten entwickelt sie eine kleine Nachblüte. Mit herrlicher Wuchsfreude klimmt sie bis zu 5,5 m Höhe empor und nimmt in der Breite gern noch mehr Raum ein.

'American Pillar' (*rechts*)
Zu den wuchsfreudigsten und robustesten Wichuraiana-Ramblern zählt 'American Pillar', der jede Rolle, die Kletterfähigkeiten voraussetzt, wie das Kaschieren unansehnlicher Gebäude oder das Beranken von Bäumen, mühelos übernimmt. Der Rambler ist immer ein farbenfroher Blickfang, insbesondere vor einem grünen Hintergrund.

Eine weitere Barbier-Rose, 'Auguste Gervais', wurde 1918 vorgestellt. Sie entwickelt unzählige, mittelgroße bis große, duftende, gefüllte, puderquastenförmige Blüten in Kupfergelb, das mit einem Hauch von Lachsfarben überzogen ist und vor dem Verblühen zu cremegetöntem mattem Gelb verblasst. Das Laub zeigt sich, wie bei so vielen Barbier-Rosen, in glänzendem Dunkelgrün. Ihre äußerst biegsamen und wenig bewehrten Triebe lassen sich leicht erziehen. An Rankgerüsten wird sie bis zu 4 m hoch.

'Awakening' ist eine zauberhafte, gänzlich gefüllte Rose in Hell- bis Zartrosa. Ihr Name ist eine genaue Übersetzung ihres tschechischen Namens 'Probuzini'. Es war Richard Balfour, der sie in jenem Land wiederentdeckte und sie mir nach Großbritannien mitbrachte, wo ich sie 1988, kurz vor dem Fall des Eisernen Vorhangs, einführen konnte. Ich bin darüber nach wie vor sehr erfreut, denn sie ist eine außergewöhnliche Rose, eine Spielart von 'New Dawn', die selbst zu den besten Wichuraiana-Ramblern zählt (siehe Seite 182). Die duftende 'Awakening' bildet ihre Blüten bis in den Winter. Sie besitzt viele kleine, dunkelgrüne Blätter und wird bis 3 m hoch.

'Awakening' (*unten*)
Der zauberhafte, dicht gefüllte Wichuraiana-Rambler ist eine Spielart von 'New Dawn' und teilt mit dieser Rose sehr viele Wesenzüge, so etwa die Eigenschaft des dauerhaften Blühens. Auch der angenehme, aber nicht überwältigende Duft geht auf 'New Dawn' zurück.

'Breeze Hill' ist eine weitere Van-Fleet-Rose, sie wurde 1926 vorgestellt. Ihre gänzlich gefüllten Blüten verströmen einen süßen Duft und öffnen sich in klarem Rosa, das von zart pfirsichfarbenem Mattgelb überzogen ist. Die wuchsfreudige Pflanze erreicht eine Höhe von min-

'Debutante'
Dank äußerst biegsamer Triebe lässt sich der Rambler 'Debutante' besonders gut an Bögen und Pergolen erziehen. An solchen Rankhilfen entwickelt die Rose eine Fülle kleiner Büschel mit zerzausten, rosettenförmigen Blüten.

destens 5,5 m und klettert gern in noch höhere Bäume. Ihr kleines, dunkelgrünes Laub erscheint in reichlichen Mengen und ist überaus gesund.

Die zart lila-rosa 'Debutante' ist eine wundervolle Rose mit einem herrlichen Duft. Sie entwickelt zahlreiche, in Kaskaden herabhängende Büschel von kleinen, zerzausten, rosettenförmigen Blüten inmitten einer Fülle kleiner, dunkelgrüner Blätter. An einem Obelisken oder einem Spalier wirkt diese bis zu 4 m hohe Pflanze besonders reizvoll. Sie wurde 1902 von Walsh in den USA gezogen.

Die heute, zumindest namentlich, in der ganzen Welt bekannte 'Dorothy Perkins' wurde 1901 von Jackson und Perkins in den USA gezogen. Ihre großen Kaskaden kleiner, rosa, nahezu gänzlich gefüllter, duftender Blüten erscheinen im Hochsommer. Die äußerst biegsame Pflanze treibt eine Fülle mittelgrüner Blätter. Ihre einzige Schwäche ist ihre Anfälligkeit für Mehltau, zumeist nach der Blüte. Doch wenngleich dieser Befall keinen besonders schönen Anblick bietet, scheint er doch niemals die Qualität oder Fülle der Blüten des nachfolgenden Jahres zu beeinträchtigen. Die Pflanze erreicht problemlos 5 m Höhe. Eine ähnliche Rose in etwas dunklerem Rosa ist 'Minnehaha', die deutlich weniger anfällig für Mehltau ist.

Die wunderbar kräftige 'Dr W. Van Fleet' entstand 1910 in den USA. Die robuste Sorte entwickelt relativ stachelige Triebe mit reichlich dunkelgrünem Laub. Die aufgerollten Knospen öffnen sich zu lockeren, halbgefüllten, blassrosa Blüten. Mit mindestens 6 m Höhe ist sie eine hervorragende Rose zum Beranken von Bäumen und Gebäuden.

Ich bin mir niemals ganz sicher, in welche Gruppe 'Easlea's Golden Rambler' nun eigentlich einzuordnen ist. Einerseits besitzt sie zahlreiche große, duftende, goldgelbe Blüten, die an Teehybriden erinnern, andererseits entwickelt sie reichlich große, glänzend grüne Blätter, womit sie eher zu den Wichuraiana-Ramblern passt. Nach ihrem Namen zu urteilen hielt ihr Züchter, Mr Easlea, sie offensichtlich für einen Rambler.

'Minnehaha'
Wenn sie nach Belieben ranken darf, ist 'Minnehaha' in ihrem Element. Hier fühlt sie sich offensichtlich wohl, auch wenn die zartrosa 'Grouse', eigentlich eine aufrecht wachsende Rose, allmählich beginnt, in ihren Lebensraum vorzudringen und eine ernst zu nehmende Konkurrenz werden könnte: Ein Fall für die Rosenschere.

Da auch ihre Eltern nicht bekannt sind, ist die Bestimmung dieser Rose zusätzlich erschwert. Doch eines ist sicher: Im Hochsommer blüht diese Rose, die in kürzester Zeit mindestens 6 m hoch wird, in üppiger Pracht.

Zu den auffallendsten Wesenszügen der 'Emily Gray', einer Williams-Züchtung (Großbritannien) aus dem Jahre 1918, zählt ihr vorzügliches, dunkelgrünes Laub, das hervorragend mit ihren goldgelben Blüten harmoniert. Im Hochsommer erscheinen diese halbgefüllt und duftend, mit ein oder zwei Nachblüten. Wenn man ihr ihren Willen lässt, klimmt sie mühelos 5 m hoch.

Mit ihren Büscheln von becherförmigen, halbgefüllten, zart blassrosa Blüten vor robustem, dunkelgrünem Laub ist die äußerst stachelige und wuchsfreudige 'Ethel' eine eher untypische Wichuraiana. Die von Turner in Großbritannien 1912 gezogene Sorte wird bis zu 6 m hoch.

'Evangeline' ist eine Persönlichkeit. Ihre kleinen, fast einfachen Blüten öffnen sich in rosa überhauchtem Weiß mit etwas tieferen Tönen zum Blütenrand hin. Sie schmücken die Rose in üppiger Fülle zwischen glänzenden, dunkelgrünen Blättern für etwa drei Wochen im Hochsommer, selten länger. Die leicht 5 m hohe Pflanze rankt besonders gern in Bäume. Sie wurde 1906 von Walsh in den USA gezüchtet.

'Excelsa', eine weitere Walsh-Rose aus dem Jahr 1909, findet man gelegentlich auch als 'Red Dorothy Perkins'. Tatsächlich haben beide zahlreiche Gemeinsamkeiten, insbesondere die herabhängenden Blütenbüschel, die in etwa gleiche Blütengröße und das dichte Laub. Die Blüten von 'Excelsa' sind jedoch leuchtend rötlich Karmesinrot. In gutem Boden schafft dieser Rambler eine Höhe von 5 m und rankt gern in Bäume.

Eine wirklich zauberhafte, üppig blühende Wichuraiana-Hybride ist 'François Juranville'. Ihr Hummer-Rosa erinnert farblich an 'Albertine', doch sind ihre Blüten gefüllter und wohlgeformter als jene von 'Albertine', auch trägt sie kürzere Blütenstiele. Die Barbier-Züchtung aus dem Jahre 1906 zeigt einen dichten Wuchs und wird 5 m hoch.

Zu den betörendsten Ramblern zählt die formschöne, gefüllte, zart cremegelbe 'Gardenia'. Ihre üppigen, duftenden Blüten zeigen sich, bis auf ein leichtes Verblassen bei Sonne, vom Wetter relativ unbeeindruckt. Sie entwickelt dichtes, bronze-grünes Laub und wird 6 m hoch. Mit ihren biegsamen Trieben ist sie für viele Zwecke geeignet, so etwa als Schmuck für Obelisken, Spaliere und Pergolen. 'Gardenia' wurde 1899 von Manda in den USA vorgestellt. Ich habe diese wundervolle Rose 1985 an einer Cottage-Mauer auf der Insel Jersey entdeckt. Bis dahin galt sie in Großbritannien als für die

'Easlea's Golden Rambler' (*oben*)
'Easlea's Golden Rambler' ist eine der wuchsfreudigsten Rosen, die mühelos bis zur Dachrinne und darüber hinaus wächst. Ihr glänzendes, dunkelgrünes Laub ist relativ dauerhaft und bleibt bis weit in den Winter hinein erhalten.

'Alexandre Girault' (*links*)
Der Wichuraiana-Rambler 'Alexandre Girault' hat hier überaus dekorativ ein Spalier begrünt. Mittendrin hält sich auch ein kleines Blütenbüschel von 'Paul's Himalayan Musk' versteckt, der schon bald das Rankgerüst übernehmen dürfte. Die 1909 vorgestellte 'Alexandre Girault' wurde rasch beliebt, denn es gab zu jener Zeit nur wenige andere Rambler-Rosen mit dieser leuchtenden Farbintensität.

Kultivierung verloren gegangen, und es ist mir deshalb seitdem eine große Freude, sie zu ziehen und den Rosenfreunden dieser Welt anzubieten.

Die zahlreichen farbenfrohen Blüten der 'Léontine Gervais' öffnen sich in einer Mischung aus kräftigen Lachsfarben, Gelb und Orange mit Nuancen von Rosa. Sie sind duftend und halbgefüllt. Die nur mittelkräftig wachsende Sorte erfordert – zumindest bei mir – viel Zuwendung, um mehr als 4 m hoch zu werden. Die Barbier-Züchtung besitzt dunkelgrünes, glänzendes Laub und hatte 1903 ihr Debüt.

'New Dawn', die Luxusausführung von 'Dr W. Van Fleet', zählt zu den bekanntesten Ramblern aller Zeiten und wird immer unter meinen zehn Lieblingsrosen zu finden sein. Sie entwickelt den ganzen Sommer und bis in den Herbst halb- bis gänzlich gefüllte, zartrosa, angenehm duftende Blüten. Ihr reichlich vorhandenes Laub ist gräulichgrün, wenn auch klein. Sie wurde 1930 als Spielart von 'Dr Van Fleet' eingeführt. In guten Händen und gutem Boden wird sie gern 3 m hoch.

Eine alte, doch sehr nützliche Rose ist 'Paul Transon', wiederum von der Hand von Barbier, im Jahre 1900. Sie lässt sich nur schwer von 'François Juranville' unterscheiden, doch sie ist etwas regelmäßiger im Wuchs und ihre prächtigen, gefüllten Blüten sind deutlicher lachs-orange-farben. Sie erscheinen in ebenso großer Zahl und duften angenehm. Die Sorte hat äußerst dunkelgrünes, glänzendes Laub und wird etwa 5 m hoch.

'Sander's White Rambler' ist der einzige reinweiße Wichuraiana-Rambler. Der Glanz ihrer kleinen, gefüllten, in Kaskaden herabhängenden, duftenden Blüten wird nur selten von schlechter Witterung getrübt. Das Laub ist glänzend und mittelgrün. Die von Sander in Großbritannien 1912 eingeführte, wuchsfreudige Sorte wird bis 4 m hoch.

'Excelsa' (*rechts*)
'Excelsa' ist äußerst willensstark und rankt über alles, was ihr einigermaßen Halt bietet. Besonders gern klimmt sie in Bäumen empor. Ihr dunkles Rot lässt ihre Blüten weniger deutlich hervortreten als die von weißen Ramblern, aber vor dieser Mauer aus Naturstein hebt sie sich prächtig ab.

'New Dawn'
(*ganz rechts*)
Diese zauberhafte Kombination von 'New Dawn' und der Klematis 'Comtesse de Bouchard' harmoniert optimal in Form, Farbe und Blütezeit. Die Rose wie auch die Klematis blühen den ganzen Sommer. Seit ihrer Einführung in den 1930er-Jahren zählt 'New Dawn', zusammen mit 'Albertine' weltweit zu den beliebtesten Ramblern.

Multiflora-Rambler und stark rankende Multiflora-Rosen

'Rambling Rector'
Wenn diese Rose nach Belieben wachsen darf, wird sie ihre Fähigkeit zu ranken äußerst überzeugend unter Beweis stellen. Besonders gern klettert sie in Bäumen empor, begrünt aber ebenso mühelos Mauern und Gebäude. Ihre herrlich duftenden Blüten öffnen sich halbgefüllt.

Die Wildrose *R. multiflora* wird heute in einigen Teilen der Welt eher missbilligend als Unkraut abgetan. Wenn man jedoch die Ahnenschaft unserer Modernen Rosen betrachtet, insbesondere jene der büschelblütigen Rosen, kommt dieser Wildrose in deren Entwicklung eine große Rolle zu. Der Reverend Joseph Pemberton wusste einige ihrer Qualitäten im frühen 20. Jahrhundert für seine Moschata-Hybriden zu nutzen, doch weitaus früher hatten sich bereits Rambler wie *R. multiflora* 'Carnea', *R. multiflora* 'Platyphylla' und 'Lauré Davoust' einen Namen gemacht. Allerdings wurden sie zu jener Zeit noch nicht wirkungsvoll eingesetzt, erst um 1920 begann man, sie konsequent an Spalieren und anderen Rankgerüsten zu ziehen. Mit den Wichuraiana-Ramblern verbindet sie eine verhältnismäßig große Wuchsfreude und auch glänzendes Laub. Unter den zahlreichen Unterschieden zwischen beiden Gruppen ist der bedeutendste, und ich vermute auch der offensichtlichste, dass die Multiflora-Rambler zwei bis drei Wochen früher blühen als die Wichuraiana-Rambler. Auch zeigen die Multiflora-Rambler einen etwas weniger lockeren Wuchs und entwickeln meist auffälligere Hagebutten.

Auf den nächsten Seiten möchte ich von den vielen Multiflora-Ramblern, die mir die letzten 50 Jahre begegnet sind, jene vorstellen, die ich am liebsten mag, und zwar in alphabetischer Reihenfolge.

Multiflora-Rambler im Garten

'Astra Desmond' ist ein wenig bekannter Multiflora-Rambler, der in den frühen 1920er-Jahren von Hilliers in Großbritannien eingeführt wurde. Es ist ziemlich wahrscheinlich, dass sie identisch mit der

Rose ist, die von anderen Züchtern als 'White Flight' bezeichnet wird. 'Astra Desmond' entwickelt kleine, halbgefüllte und weiße Blüten mit einem Hauch Grün, die in riesigen Dolden stehen. Sie hängen kaskadenartig von der etwa 6 m hohen Pflanze herab. Hinzu gesellt sich gesundes, hellgrünes Laub. Benannt ist sie nach einer Opernsängerin.

Purpurrote Rambler wurden nur wenige gezogen, sie zählen allesamt zur Gruppe der Multiflora-Rambler. Eine der besten ist 'Bleu Magenta', deren Ursprünge im Dunkeln liegen, vermutlich entstand sie um 1900. Ihre kleinen, gänzlich gefüllten, satt purpurroten Blüten hängen wie große Trauben herab und wirken in Kombination mit weißen Ramblern wie 'Astra Desmond', 'Rambling Rector' oder 'Seagull' besonders prächtig. Sie besitzt dunkelgrünes Laub und erreicht eine Höhe von 4 m. Leider duftet sie kaum, doch abgesehen davon und von etwas Mehltau nach der Blüte ist sie makellos.

Eine Rose, die nach ihrer Einführung im frühen 20. Jahrhundert rasch große Beliebtheit erlangte, war 'Blush Rambler' von Cant in Großbritannien. Durch Gertrude Jekyll, die sie an Rankgerüsten in einigen ihrer Gartenplanungen einsetzte, wurde sie zusätzlich bekannt. Die äußerst wuchsfreudige Pflanze entwickelt jedes Jahr nach der Blüte kräftige, dicke Triebe. Im Vergleich zu einigen anderen ihrer Art blüht sie relativ früh. Ihre Blüten, die fast noch als einfach bezeichnet werden können, erscheinen in Zartrosa mit dunklerer Zeichnung. Sie werden in großen, aufrechten Büscheln getra-

'Astra Desmond'
Die hier mit Waldgeißblatt (*Lonicera periclymenum*) harmonierende 'Astra Desmond' steht kurz davor, ihre zahllosen, fast einfachen, duftenden, milchweißen Blüten gleichzeitig zu öffnen. Ein besonderes Merkmal ist ihr reichliches, frisches, hellgrünes Laub. Die Rose rankt mühelos 6 m hoch.

gen, die sich reizvoll von den hellgrünen Blättern abheben. Die wenig bis gar nicht duftende Rose wird 5 m hoch.

Die von Graham Thomas während seiner Zeit in den Sunningdale Nurseries in den 1960er-Jahren eingeführte 'Bobbie James' ist ein Waisenkind, verfügt jedoch über hinreichend Multiflora-Merkmale. Für mich zählt sie zu den reizvollsten Findlingsrosen, die je vorgestellt wurden. Ihr prachtvolles Laub ist gesund, glänzend, üppig und leicht kupfergrün in der Farbe. Ihre süß duftenden Blüten bestehen aus etwa zwei Kränzen reinweißer Petalen mit goldgelben Staubgefäßen und stehen in Dolden. Die stark rankende Rose wird mindestens 10 m hoch.

'Francis E. Lester' wurde 1946 vom Lester Rose Gardens in den USA eingeführt. Als Sämling der Moschata-Hybride 'Kathleen' ist sie eine relativ entfernte Verwandte von *R. multiflora*. Ihre kleinen, einfachen Blüten öffnen sich in Zartrosa mit etwas dunkleren Nuancen. Sie stehen in großen Büscheln, die jeweils bis zu 100 Blüten umfassen können. Im Duft erinnert sie mich immer an Obstsalat. Die äußerst robuste Rose, die bis zu 5 m hoch werden kann, besitzt dunkelgrünes Laub mit einem Hauch von Kastanienbraun und eignet sich ganz hervorragend zum Beranken von Pergolen und Spalieren.

'Bleu Magenta' *(oben)*
Die nickende 'Bleu Magenta', hier zusammen mit Armenischem Storchschnabel (*Geranium psilostemon*), ist unter den älteren purpurroten Ramblern vielleicht die wuchsfreudigste. Sie wächst dicht und wird bis zu 5 m hoch.

'Bobbie James'
(ganz rechts)
Das Bild zeigt nur den unteren Teil einer gewaltigen 'Bobbie James', ihre höchsten Triebe sind weit über dem Bildrand zu vermuten. Vorne bilden Rittersporn, Lilien und Staudenwicken einen farbenfrohen Kontrast. Außer mit Blütenfülle und Wuchsfreude brilliert 'Bobbie James' mit üppigem, hellgrünem Laub.

'Blush Rambler'
(rechts)
Im Frühsommer blühen nur wenige Rambler in größerer Fülle als 'Blush Rambler'. Die bis zu 5 m hohe Sorte ist hervorragend zum Begrünen von allerlei Unansehnlichem geeignet.

'Ghislaine de Féligonde' ist eine ausgezeichnete Gartenpflanze und kann entweder als kleiner Rambler oder als große Strauchrose verwendet werden. Sie wird bis zu 2,5 m hoch und blüht den ganzen Sommer hindurch ohne Unterbrechung. Eher zurückhaltend im Duft, erscheinen ihre dicht gefüllten Blüten in zartem Apricot, das relativ rasch zu cremefarbenem Gelbbraun verblasst. Der Flor steht in kleinen Büscheln zwischen dichtem, hellgrünem Laub. Ein geringes Problem ist ihre Anfälligkeit für falschen Mehltau bei heißem Wetter. Dies kann aber durch regelmäßiges Wässern der Wurzeln (nie

'Francis E. Lester'
Diese relativ junge Pflanze einer 'Francis E. Lester' scheint sich hier mit etwas Mühe gegen den einnehmenden Charakter eines Hopfens (*Humulus lupulus* 'Aureus') zur Wehr zu setzen. Ohne Zweifel wird man ihr schon bald mit der Gartenschere zu Hilfe eilen. Der Fingerhut (*Digitalis*) betrachtet das Ringen aus sicherer Distanz.

der Blätter) eingeschränkt werden. Die Rose wurde 1916 von Turbat in Frankreich auf den Markt gebracht.

'Goldfinch' ist eine wundervolle Rose. Ihre nahezu halbgefüllten Blüten öffnen sich leuchtend gelb, verblassen jedoch rasch zu Cremefarben. Graham Thomas beschrieb ihren Duft als jenen von Orangen und Bananen. In großen Büscheln stehen sie zwischen mittelgrünem, mattglänzendem Laub und bieten drei Wochen einen überwältigenden Anblick. 'Goldfinch' würde sich nur unter Zwang über 2,5 m hinaus bewegen. Im Wuchs zeigt sie sich ausladend, wenn auch mit relativ unbiegsamen Trieben, und ist ein idealer Partner für ähnlich hohe purpurfarbene Klematisarten oder den Rambler 'Violette' (siehe Seite 190). Die Rose wurde 1907 von Paul in Großbritannien vorgestellt.

'Lauré Davoust' wurde 1834 von Laffay in Frankreich gezogen und entstand zu Beginn der Entwicklung der Multiflora-Hybriden. Auch wenn Laub und Wuchs nicht völlig typisch sind für Multifloras, wird sie wohl doch am besten hier platziert. Ihre fast unbewehrten Triebe tragen weiche, mittelgrüne Blätter und sind biegsam, somit leicht zu erziehen. In Frankreich sah ich diese Rose 3 m hoch klettern. Ihre duftenden Blüten sind gänzlich gefüllt, rosettenförmig und zartlila bis lavendelrosa. Vor dem Verblühen verblassen sie etwas, sodass jedes Büschel verschiedene Farbnuancen umfasst.

In den letzten Jahren habe ich eine hervorragende malvenfarbene Rose namens 'Mannington Mauve Rambler' kennen gelernt. Sie wurde 1998 von Lord Walpole in den Gärten von Mannington Hall in Norfolk entdeckt und soll eine Spielart von 'The Garland' (siehe Seite 190) sein. Tatsächlich besitzt sie zahlreiche Wesenszüge, die diese Vermutung rechtfertigen. Ihre leuchtend rosa-malvenfarbenen Blüten entwickeln sich an einer aufrecht wachsenden Pflanze mit reichlich gesundem Laub. Im Jahr 2003 haben wir sie auf der Chelsea-Blumenschau präsentiert, wo sie gut angenommen wurde. Vor kurzem habe ich die ursprüngliche Pflanze gesehen, die an einem Bogengang 2,5 m Höhe erreicht hat. In Kürze wird sie vermutlich zur doppelten Höhe heranwachsen.

R. multiflora 'Carnea' ist ein klassisches Beispiel eines Multiflora-Ramblers. Die 1804 in China entstandene Rose wird in Bäumen wie auch an Rankgerüsten etwa 6 m hoch. Ihre kleinen, halbgefüllten Blüten öffnen sich zartrosa, sind jedoch kräftig zartlila bis malvenfarben überhaucht. Der duftende Flor wird in großen, kaskadenartigen Büscheln an recht unbewehrten Trieben getragen. Das Laub ist dicht und dunkelgrün.

Die herrliche, 1913 aus unbekannten Elternsorten entstandene 'Rambling Rector' wird von einigen als »Shakespeares Moschata-Rose« beschrieben, was rein hypothetischen Wert hat, da sie mit Sicherheit keine Merkmale der *R. moschata* besitzt. Meines Erachtens scheint es sich eher um eine Multiflora-Hybride zu handeln. Die äußerst kräftig wachsende Pflanze entwickelt an stark bewehrten Trieben reichlich graugrünes, weiches Laub. Ich muss jedoch zugeben, dass ihre zahlreichen Stacheln nicht sonderlich typisch für *R. multiflora* sind. Die Blüten, die in riesigen Büscheln im Frühsommer entstehen, öffnen sich weiß und halbgefüllt und duften überwältigend. 'Rambling Rector' ist im Grunde zu robust und wuchernd für Spaliere oder Pergolen, stattdessen sollte

'Ghislaine de Féligonde'
Der kleine Rambler, der sich hier als Begrünung eines Gartenhauses nützlich macht, verhält sich in keiner Weise aggressiv. Er treibt den ganzen Sommer Blüten. Vereinzelt schauen auch einige Blüten der kletternden Bourbon-Rose 'Blairii No. 2' hervor, die eine wesentlich anspruchsvollere Rose ist und auch weiter wächst, wenn 'Ghislaine' bei etwa 2,2 m ihre maximale Höhe erreicht hat. Die Farbtupfer am unteren Bildrand stammen von Brennender Liebe (*Lychnis chalcedonica*) und Brandkraut (*Phlomis russeliana*).

sie unansehnliche Gebäude begrünen. Die Rose schafft mühelos 10 m Höhe und 5 m Breite. Im Herbst sind ihre gelben, später orangeroten Hagebutten eine Augenweide.

Ein weiterer sehr guter Rambler ist die 1924 von Igoult in Frankreich gezogene 'Rose-Marie Viaud'. Ihre eher kleinen, dicht gefüllten Blüten zeigen sich in großen hängenden Büscheln in kräftigem Purpurrot. Die duftende Sorte harmoniert sehr gut mit weißen, cremefarbenen oder zartgelben Multiflora-Ramblern wie 'Goldfinch'.

Die wuchsfreudige 'Rose-Marie Viaud' wird 5 m und entwickelt reichlich hellgrünes Laub. Nach der Blüte ist sie im Spätsommer etwas anfällig für falschen Mehltau.

'Seagull' erinnert an 'Rambling Rector', doch treibt sie reinweiße, einfache Blüten mit hübschen goldenen Staubgefäßen. Ihr Duft ist berauschend. Auf dem Höhepunkt der Blüte verwandelt sich die Pflanze mit dem weichen, graugrünen Laub in ein wahres Blütenmeer, dem kleine, orange Hagebutten folgen. 'Seagull' schafft problemlos 8 m. Gelegentlich werden Zweifel an der Echtheit dieser Rose geäußert, aber ich warte bis heute darauf, überzeugt zu werden, dass die Rose, die ich besitze, nicht echt ist.

Die stacheligste unter den Multiflora-Ramblern ist vermutlich die 1835 von Wills in Großbritannien gezogene 'The Garland'. Genau genommen handelt es sich um eine Kreuzung zwischen *R. moschata* und *R. multiflora*. Sie hat halbgefüllte, weiße Blüten, die süß duften. Sie werden in großen, aufrechten Büscheln getragen. Die äußerst wuchsfreudige Sorte wird 6 m hoch. Das Exemplar an der Mauer unseres Cottages lasse ich immer drei Jahre lang wachsen, in der Zeit klettert sie bis zum Dach hinauf. Dann schneide ich sie fast bis zum Boden zurück – ohne diesen Schnitt würde sie das Haus einnehmen.

Unter den hier erwähnten purpurfarbenen mag 'Veilchenblau' die Bekannteste sein. Eingeführt wurde sie von Schmidt in Deutschland 1909. Ihre kleinen, duftenden Blüten zeigen sich halbgefüllt und etwas gekräuselt, in Purpurviolett mit weißer Zeichnung. Sie werden in Büscheln an einer fast unbewehrten Pflanze mit hell- bis mittelgrünem Laub getragen. Sie kann beachtliche Höhen erreichen, sollte aber auf 4 m zurückgeschnitten werden.

Ein etwas zarterer Multiflora-Rambler ist 'Violette', dessen halbgefüllte, tief violetten Blüten von goldenen Staubgefäßen geziert werden. Der Flor steht in kleinen Büscheln. Die Pflanze entwickelt lange, schlanke Triebe, die sich gut an Mauern ziehen lassen. Ihr Laub ist dunkelgrün, wenn auch etwas spärlich. Trotz dieses kleinen Mangels ist 'Violette' ein verlässlicher Rambler von Turbat 1921 vorgestellt. In gutem Boden an einer warmen Mauer wird er 4 m hoch.

'Veilchenblau' (*rechts*)
Der vermutlich bekannteste unter den bläulich getönten Ramblern ist 'Veilchenblau', die im Sommer etwa drei Wochen lang eine wunderbar üppige Blüte zeigt. Anpassungsfähig im Wuchs, berankt sie gern Bögen, Spaliere und Pergolen. Hier kommen ihr Glockenblumen und Farne entgegen – eine gelungene Komposition in Blautönen.

'Rose-Marie Viaud' (*unten*)
An einem Rankgerüst, etwa einem Spalier, klettert 'Rose-Marie Viaud' zu einer Höhe von 5 m empor. An dem Eisengeländer dürfte diese junge Pflanze aber deutlich länger werden.

Weitere Rambler und stark rankende Rosen

Einige Rambler und stark rankende Rosen zählen weder zu den Wichuraiana- noch zu den Multiflora-Ramblern. Doch hätten einige es verdient, bekannter zu sein und häufiger gepflanzt zu werden. Diese Pflanzen unterschiedlichen Ursprungs wurden auf der gesamten nördlichen Halbkugel entwickelt. Auch in ihrem Wesen unterscheiden sie sich: Einige sind stark rankend und stachelig, andere zeigen einen aufrechten Wuchs und glatte Triebe, einige sind immergrün und mehrere entwickeln eine schöne Fülle an Hagebutten. Im Garten spielen sie die gleiche Rolle wie die Vertreter der prominenteren Gruppen, und es ist lediglich ihrer geringeren Bekanntheit – und nicht einer weniger reizvollen Erscheinung oder schlechteren Leistung – zuzuschreiben, dass sie seltener verwendet werden als die Wichuraiana- und Multiflora-Rambler.

Im Laufe meines Lebens habe ich mehr als 40 Sorten aus dieser gemischten Gruppe gezogen oder gesehen. Die 20, die ich hier ausgewählt habe, halte ich für die besten. Sie erscheinen innerhalb ihrer Klassifizierung in alphabetischer Reihenfolge.

R. x *l'heritierana*
Die eng mit *R. pendulina* verwandte, ungewöhnliche Boursault-Rose lässt sich im Garten mannigfaltig einsetzen. Die bis zu 2,5 m hohe Pflanze eignet sich gut als Strauchrose in Einzelstellung, ebenso gern gedeiht sie an einer Mauer. Sie besitzt weiches Laub, ihre rotbraunen Triebe sind vollkommen unbewehrt.

Weitere Rambler im Garten

Die Ayrshire-Rosen sind Hybriden der *R. arvensis*, der in Großbritannien heimischen Feldrose. Die mittelgroßen Rambler sind, wie bereits ihr Ahne, in gewissem Maße schattentauglich, im Übrigen sind sie angenehm pflegeleicht. Verschiedentlich ist zu lesen, dass die Ayrshire-Rosen nach dem Fundort der ersten gefüllten Sorte benannt wurden: der Ortschaft Orangefield im schottischen Ayrshire, wohin die Rose auf Umwegen aus Kanada über Yorkshire gelangt ist. Doch wie bereits weiter oben angemerkt, soll dieses Buch nicht als Forum für die Überprüfung dieser Thesen dienen. Die Ayrshire-Sorte 'Dundee Rambler' ist heute nur selten anzutreffen, obwohl sie eine hervorragende, mittelgroße Rose ist, die bis zu 6 m hoch wird. In der Blüte zeigt sie sich wunderbar exzessiv: Vor dem Hintergrund ihrer äußerst dunkelgrünen Blätter stehen unzählige, kleine Büschel mit reinweißen, gefüllten Blüten. Sie wurde um 1850 von Martin in Dundee gezüchtet.

Eine weitere Ayrshire-Rose, die man als mittelhoher Rambler (bis 5 m) oder als Bodendecker verwenden kann, ist 'Venusta Pendula', eine alte Sorte, die 1928 in Deutschland wieder entdeckt und wenig später von Kordes eingeführt wurde. In großer Fülle bringt sie milchweiße, kräftig rosa überhauchte Blüten hervor, die trotz des geringen Dufts ihre Anwesenheit in jedem naturnahen Garten rechtfertigen.

'Ramona' *(links)*
Diese wunderschöne einfache Rose entstand 1913 in den USA aus einer Spielart der zartrosa 'Anemonen-Rose'. Beide Rambler sind eng mit *R. laevigata* verwandt, einer alten chinesischen Wildrose, die sich gegen Ende des 19. Jhs. in den amerikanischen Südstaaten in die Natur ausgewildert hat und heute weltweit als 'The Cherokee Rose' bekannt ist.

Ich möchte nun zwei Rosen aus der kleinen Gruppe der Boursault-Rosen beschreiben, die allesamt Nachfahren der mitteleuropäischen Wildrose *R. pendulina* sind. Die erste, aus der die zweite dann hervorgegangen ist, ist die wildrosenähnliche Sorte *R.* x *l'heritierana*. Sie datiert von vor 1820 und besitzt tiefrosa, nahezu rote Blüten, die mitunter auch etwas nachblühen. An rötlich braunen, gänzlich unbewehrten Trieben entwickelt die bis zu 2,5 m hohe Pflanze pflaumenfarbenes bis dunkelgrünes Laub. Wie bei *R. pendulina* wird der Flor von schlanken, ovalen Hagebutten gefolgt.

'Cooper's Burmese' *(links)*
Im Hochsommer treten die herrlich reinen, einfachen, duftenden Blüten dieses wuchsfreudigen Ramblers vor dem Hintergrund seines üppigen, ledrigen, dunkelgrünen Laubs besonders schön hervor. Die Rose besitzt einen dichten Wuchs und ist ausgewachsen so stark bewehrt, dass sie Eindringlinge mit Erfolg fern hält.

'Paul's Himalayan Musk'
(oben)
Eine der wuchsfreudigsten Rosen, 'Paul's Himalayan Musk', zeigt sich hier mit Blüten übersät und ist kurz davor, den Baum in ihrer Nähe zu erobern. Die Aufnahme stammt aus Elsing Hall, Norfolk, wo sich eine der besten Sammlungen Alter Rosen in Großbritannien befindet.

'Félicité et Perpétue'
(rechts)
Dieser großartige Rambler zählt zu einer Gruppe von Hybriden, die als »Die Immergrünen« (Evergreen Roses) bekannt sind. Er hat einen herrlich biegsamen Wuchs und entwickelt zahlreiche wohlgeformte Blüten (hier in vierfacher Vergrößerung), die im Hochsommer in Büscheln stehen.

Zu den reizvollsten Boursault-Rosen zählt die dicht gefüllte 'Mme de Sancy de Parabère', die um 1874 von Bonnet in Frankreich vorgestellt wurde. In voller Blüte wirken ihre sattrosa Blüten wie schalenförmige, frisch aufgeschüttelte Kissen. Die Sorte wird mindestens 5 m hoch und treibt eher dunkelgrünes, weiches Laub.

'Mermaid' ist aus einer Kreuzung, die William Paul um 1918 in Großbritannien zwischen *R. bracteata* und einer unbekannten gelben Teerose vornahm, hervorgegangen. Sie entwickelt beträchtlich große, einfache, zartgelbe Blüten mit reizvollen Staubgefäßen. Die köstlich duftenden Blüten erscheinen nach einem frühen ersten Flor weiterhin den ganzen Sommer hindurch. Ihre großen, glänzenden, mittelgrünen Blätter entstehen in großer Fülle an kräftigen, schlanken Trieben mit tückischen, hakenförmigen Stacheln. 'Mermaid' zählt zu den stark rankenden Rosen: Durch regelmäßigen Rückschnitt kann sie auf einer Höhe von etwa 3 m in Zaum gehalten werden, wo sie jedoch nach Belieben wachsen darf, wird sie mühelos 10 m hoch, in wärmeren Gegenden auch noch höher. So sie überhaupt einen Makel hat, ist es das grundlose Absterben von ein bis zwei Trieben. Auch kann sie in sehr strengen Wintern dem Frost zum Opfer fallen, wird jedoch im Frühjahr wieder eine Fülle langer Triebe hervorbringen.

Über die ursprünglich aus China stammende *R. laevigata*, auch als 'The Cherokee Rose' bekannt, wurde bereits weiter oben erwähnt, dass sie sich in den Südstaaten der USA in die Natur ausgewildert hat (siehe Seite 28–29). Im Jahre 1895 entstand die 'Anemone Rose', eine Kreuzung von Schmidt in Deutschland zwischen *R. laevigata* und einer unbekannten Teerose. Sie trägt den botanischen Namen *R. anemonoides*. Ihre großen, einfachen Blüten, die jeweils einzeln getragen werden, öffnen sich in zartem Rosa

'Adelaïde d'Orléans'
An Bögen und Gartenhäuschen, von denen ihre langen, schlanken Triebe üppig herabhängen, gelangt diese *R.-sempervirens*-Hybride wunderbar zur Geltung.

mit kräftiger dunkelrosa Maserung und zeigen eine reizvolle Krone cremegelber Staubgefäße. Die sperrige und eher stachelige Pflanze besitzt dunkelgrünes, glänzendes Laub. Sie wächst kräftig und üppig bis zu einer Höhe von 3 m heran. 1913 ging in den USA aus 'Anemone Rose' die dunkelrosa, nahezu rote Spielart namens 'Ramona' hervor. Einige Rosenliebhaber halten sie für die bessere Form. Meine Vorliebe gilt jedoch der zartrosa Sorte. Beide duften fein.

'Cooper's Burmese' oder *R. cooperi* ist nichts anderes als eine winterhärtere Form von *R. laevigata*. Sie ist genauso stachelig, doch sind ihre braunen Triebe etwas glänzender, ihre Blätter etwas dunkler. Mit großen, einfachen, weißen Blüten bildet sie einen dichten Strauch, der 5 m hoch wird. Die Rose unbekannten Ursprungs stammt aus dem Jahr 1927.

Zu den nützlichsten Hybriden der Moschusrose, *R. moschata*, zählt der beste Ranker aller Rosen, 'Paul's Himalayan Musk'. Wenn er nach Belieben wachsen darf, rankt sich der ehrgeizige Riese in Bäumen empor, begrünt Schuppen, Gebäude und Hänge und erklimmt spielend die Zwölfmetermarke. Die kleinen, halbgefüllten, duftenden Blüten erscheinen in üppigen Mengen in Zart- bis Lilarosa. Die gesunde Pflanze ist verhältnismäßig unbewehrt. Ihre Entstehung ist nicht genau datiert, vermutlich handelt es sich um einen Findling, der von William Paul im späten 19. Jahrhundert eingeführt wurde.

Zu Zeiten Königin Viktorias waren die Hybriden der *R. sempervirens* als »Die Immergrünen« (Evergreen Roses) bekannt, und wenngleich diese Gruppenbezeichnung heute nicht mehr verwendet wird, ist sie doch nach wie vor zutreffend, da die meisten unter ihnen ihre Blätter nicht abwerfen oder zumindest nicht, bis sie im Frühjahr durch neue ersetzt werden. Nahezu alle Immergrünen wurden zwischen 1826 und 1850 von

Jacques in Frankreich gezogen. Trotz ihres relativ hohen Alters sind sie alle sehr wichtige Gartenrosen. Zu den besten zählt 'Adelaïde d'Orléans' aus dem Jahr 1826, die unzählige, kleine, rosettenförmige, halbgefüllte, weiß bis zart-rosa Blüten hervorbringt. Diese hängen in Kaskaden an den langen schlanken Trieben herab, die eine Höhe von 5 m erreichen und sich ausgezeichnet an Bögen, Säulen und Obelisken ziehen lassen.

Die ein Jahr später eingeführte 'Félicité et Perpétue' ist vermutlich die bekannteste und am häufigsten gezogene unter den Immergrünen. Ihre zahlreichen Triebe sind weniger lang und schlank als jene von 'Adelaïde d'Orléans' und besser mit dunkelgrünem Laub bestanden. Ihre kleinen, dicht gefüllten, rosettenförmigen Blüten zeigen sich in zarten Cremetönen mit einem Hauch von Rosa. Sie öffnen sich aus tief rubinroten, prallen Knospen und schmücken die Rose im Früh- und Hochsommer in kaskadenartig herabhängenden Blütentrauben. Die reizvolle Rose eignet sich vorzüglich für Pergolen

'Chevy Chase'
'Chevy Chase' begegnete mir zuerst in den Cranford Rose Gardens, einem Teil der Brooklyn Botanical Gardens in New York. Wenn sie sich im Hochsommer in voller Blüte präsentiert, ist sie von keinem anderen roten Rambler zu übertreffen. Hier wurde sie im Garten meiner Mutter und Schwester im nördlichen Norfolk abgelichtet, wo sie neben der cremefarbenen 'Albéric Barbier' und der goldgelben 'Emily Gray' wächst.

und Bögen. Sie erreicht eine Höhe von 5,5 m. 1879 wurde in den USA eine Strauchform von 'Félicité et Perpétue' mit dem Namen 'White Pet' entdeckt. Sie ist bei den kompakten Floribundas (siehe Seite 213) beschrieben. 'Félicité et Perpétue' wird mitunter fälschlicherweise als »Seven Sisters« bezeichnet. Bei der echten »Seven Sisters« handelt es sich jedoch um *R. multiflora* 'Platyphylla', eine Rose mit größeren Blättern und dicht gefüllten, duftenden Blüten in unterschiedlichen Rosa-Nuancen.

In jüngster Zeit hat es einige Meinungsverschiedenheiten über die wahre Identität von zwei äußerst reizvollen *R.-sempervirens*-Hybriden gegeben, 'Princesse Louise' und 'Princesse Marie', beides Züchtungen von Monsieur Jacques aus dem Jahr 1829. 'Princesse Louise' erinnert in Farbe und Wuchsfreude an 'Félicité et Perpétue' und trägt ihren Flor ebenfalls in herabhängenden Blütentrauben, doch sind die Blüten größer und zunächst auch becherförmiger. Die Pflanze erreicht eine Höhe von 5 m. 'Princesse Marie' entwickelt größere, ähnlich geformte Blüten, wiederum in Blütenbüscheln. Diese sind eher rosa-lila und entstehen an einer weniger wuchsfreudigen Pflanze.

R. setigera ist eine rosa Wildrose aus den USA. Die auch als Prärierose bekannte Sorte ist sehr gesund, wird etwa 1,8 m hoch und stellt nahezu keine besonderen Bodenansprüche. Aus ihr gingen mehrere Hybriden hervor, zu den schönsten zählt 'Baltimore Belle', die 1843 von Feast in den USA gezogen wurde. Die Pflanze treibt eher dunkelgrüne Blätter, die an jene der *R. setigera* erinnern. Interessanterweise entstand sie aus Pollen einer Gallica-Hybride. Ihre zart duftenden Blüten öffnen sich erst rundlich, dann becherförmig und dicht gefüllt in seidigem, klarem Rosa an langen, schlanken Trieben in kleinen, hängenden Blütentrauben. Diese Rose wird mühelos 5 m hoch.

Eine weitere Hybride der *R. setigera*, 'Long John Silver', wurde in den 1930er-Jahren von Horvath in den USA gezogen. Es ist eine Rose, die mir viel Freude bereitet. Sie klettert 5 m und noch höher, ist sehr gesund und treibt dauerhaftes, mattes, hellgrünes Laub. Ihre kräftigen, robusten Triebe sind nur leicht bewehrt. Ihre Blüten sind relativ groß und schalenförmig und stehen in dichten Büscheln. Sie öffnen sich in reinem Weiß, duften aber leider nicht.

Aus der bereits unter den Wildrosen erwähnten *R. sinowilsonii* (siehe Seite 41) ging nur ein bedeutender Sämling hervor, 'Wedding Day', eine Findlingsrose von Sir Frederick Stern in Großbritannien (1950). Die zahlreichen, zart zitrusduftigen, einfachen Blüten beginnen ihr Dasein als zartgelbe Knospen, nach dem Öffnen verblassen sie über Zartgelb zu einem milchigen Weiß. Wenngleich sie für meinen Geschmack etwas spärlich belaubt ist, wächst sie in Bäumen bis zu mindestens 10 m Höhe empor.

'Baltimore Belle' (*oben*)
Die berühmte, alte amerikanische Rose stammt aus dem Jahr 1843. Ihr Laub zeigt sich eher dunkelgrün, die Triebe sind verhältnismäßig lang und dünn mit wenigen Stacheln. Die herrlich gesunde Rose entstand aus einer Kreuzung von *R. setigera* und einer Gallica-Rose, doch muss man bei diesen Eltern notgedrungen auf die Eigenschaft des Öfterblühens verzichten.

'Wedding Day' (*links*)
Die üppige Blüte von 'Wedding Day' spricht auf diesem Bild für sich, allerdings ist die Rose mitunter etwas spärlich belaubt. Ihre milchweißen Blüten verströmen einen süßlichen Zitrusduft. Am liebsten rankt dieser Rambler in Bäumen, ebenso wächst er ausgelassen über Spaliere wie auch um Obeliske und Gartenhäuschen.

'Sir Cedric Morris' ist eine Findlingsrose, die meine Rosenschule 1979 eingeführt hat. Sir Cedric selbst hatte sie bei sich in Suffolk zwischen Sämlingen von *R. glauca* (damals *R. rubrifolia*) entdeckt. Als ich die Pflanze nur wenige Jahre später selbst zum ersten Mal sah, hatte sie bereits gigantische Ausmaße angenommen – mindestens 10 x 6 m – was nicht weiter verwunderlich ist, da der Pollen ihrer Elternsorte von der wuchsfreudigen *R. mulliganii* stammen soll. An stacheligen, dicken und eher unbiegsamen Trieben entwickelt diese stark rankende Rose glänzendes, graugrünes Laub mit einem Hauch von Purpur. Ihre Blüten, die die ganze Umgebung in ihren Duft hüllen, sind klein, einfach und reinweiß mit goldenen Staubgefäßen. Sie stehen in großen Büscheln.

Zu meinen Lieblingswildrosen zählt die aus China stammende *R. soulieana*. Zwischen 1912 und 1960 gingen aus ihr drei ausgezeichnete Rambler hervor, der bekannteste ist vermutlich 'Chevy Chase', der bis vor kurzem häufiger in den USA als in Großbritannien zu sehen war. Auf dem Höhepunkt der Blüte, vom Früh- bis Hochsommer, ist diese Aufsehen erregende Rose von unzähligen leuchtend roten, dicht gefüllten, pomponförmigen Blüten, die in großen Büscheln getragen werden, übersät. Leider verströmen sie so gut wie keinen Duft. An den nahezu unbewehrten, biegsamen Trieben erscheint reichlich mittelgrünes Laub. In Bäumen rankt 'Chevy Chase' bereitwillig 6 m hoch, und, wenn der Baum groß genug ist, auch wesentlich höher.

Meine zweite *R.-soulieana*-Hybride ist 'Kew Rambler', eine äußerst wuchsfreudige Sorte, die 1912 von den Kew Gardens nach Großbritannien eingeführt wurde. In ausgewachsenem Zustand ist sie von Tausenden von einfachen, duftenden, mittelrosa Blüten übersät, die zum Blütengrund hin Cremeweiß verblassen und im Herbst und Winter von leuchtend roten Hagebutten gefolgt werden. Dieser Rambler ist mit 5 m Höhe vielleicht am besten für das Beranken von Bäumen geeignet, lässt sich aber auch an Mauern und Rankgerüsten verwenden.

'Wickwar' (*ganz rechts*)
Eine besonders bewehrte Rose, ähnlich wie 'Kew Rambler' (*rechts*), ist 'Wickwar', die ebenso großzügig blüht. Die Sorte ist zwar ein Findling, stammt aber eindeutig von *R. soulieana* ab. Hier bildet sie eine gelungene Komposition mit einer Vielzahl von Stauden, darunter Armenischem Storchschnabel (*Geranium psilostemon*), Wiesenstorchschnabel (*Geranium pratense* 'Plenum Violaceum') und *Selinum wallichianum*.

'Kew Rambler' (*rechts*)
Diese reizvolle, einfachblühende Rose sieht auf dem Bild recht harmlos aus. Sie zählt jedoch zu den stacheligsten unter den Ramblern und ist an einer Mauer gezogen hervorragend geeignet, Einbrecher abzuhalten. Abgesehen davon ist sie ein geschmackvoller und üppig blühender Rambler.

Meine letzte Rose in dieser Auswahl ist die dritte der *R.-soulieana*-Hybriden, eine weitere Findlingsrose namens 'Wickwar', benannt nach dem englischen Dorf, in dem sie 1960 von Keith Steadman entdeckt wurde. Dieser pflegeleichte Rambler erinnert in vielem an seine Eltern: Er besitzt gräulich grünes Laub, beträchtliche Stacheln und etwas größere, einfache, reinweiße Blüten mit goldgelben Staubgefäßen. Diese Rose pflanzt man besser nicht in die Nähe eines Gartenweges oder Bogens, da sie sich in jedem Wollpullover verfängt, der in ihre Nähe kommt. Dennoch ist sie ideal für Mauern und Spaliere, wo sie etwa 4 m hoch wird.

FLÄCHENROSEN UND KOMPAKTE FLORIBUNDAS

Flächenrosen

'The Fairy'
(vorhergehende Seite)
Die ursprünglich 1932 als Polyantha-Rose eingeführte Flächenrose schätzt die Gesellschaft anderer Pflanzen sehr. Hier zeigt sie sich von Lavendel durchsetzt.

'Berkshire' *(unten)*
Diese Rose entwickelt etwas größere Blüten als die meisten Flächenrosen und besticht durch ihre herrliche Blütenfülle. Ein besonderes Merkmal, hier schön zu erkennen, ist ihr reiches, glänzendes, dunkelgrünes Laub.

Als Flächenrosen werden all jene Sorten bezeichnet, die stärker in die Breite als in die Höhe wachsen. Meines Erachtens ist diese Bezeichnung genauer als der Begriff »Bodendecker«, da nicht alle in die Breite wachsenden Rosen eine so dichte Fläche bilden, dass das Unkraut unterdrückt wird.

Der Vorteil der Verwendung von Flächenrosen liegt, insbesondere in einem großen Garten, darin, dass weniger Pflanzen zum Bedecken einer Fläche benötigt werden, sodass sie etwas preiswerter sind als die aufrechten Sorten. In Gehölzpflanzungen lassen sie sich als Unterpflanzung verwenden, ebenso eignen sie sich zur Begrünung unansehnlicher Gegenstände wie Schachtdeckel oder Baumstümpfe und können, wo zu große Höhen unerwünscht sind, auch als Beetrosen eingesetzt werden. Schließlich sehen die herabhängenden Pflanzen auch in Töpfen und anderen Pflanzgefäßen wie auch an Hängen äußerst dekorativ aus. Zusätzlich lassen sich die meisten Flächenrosen auch gut als kleine Rambler einsetzen. Die meisten unter ihnen sind öfterblühend, einige tragen auch Hagebutten. Rosenzüchter und Gartencenter bieten heute im Allgemeinen etwa 50 Sorten an. Ich möchte hier die Hälfte in alphabetischer Reihenfolge beschreiben.

Flächenrosen im Garten

In den letzten Jahren habe ich einen englischen Garten in Japan namens Barakura kennen gelernt. Er gehört der Familie Yamada. Im Jahr 1998 haben wir eine Rose auf den Namen 'Barakura' getauft. Sie wird etwa 60 cm hoch und doppelt so breit und wächst zu einer dichten, ausladenden Pflanze mit gesundem, hellgrünem Laub heran. Ihre gänzlich gefüllten, rosettenförmigen Blüten erscheinen in großen, gedrängten Büscheln in Zartrosa bis rosa überhauchtem Cremeweiß.

In den letzten Jahren wurden einige neu eingeführte Flächenrosen nach engli-

schen Grafschaften benannt, als Gruppe sind sie als »Country-Series-Rosen« bekannt. Die Kordes-Züchtung 'Berkshire' zählt hier zu meinen Lieblingssorten. Ihre halbgefüllten Blüten sind verhältnismäßig groß, leuchtend rosarot und duften leicht. Sie stehen in Büscheln an kräftigen, stacheligen Trieben über einer aufrechten, etwa 60 cm hohen Pflanze. Die dunkelgrünen Blätter sind wunderbar gesund.

Eine weitere Kordes-Rose, 'Cambridgeshire', ist eine der farbenprächtigsten dieser Serie: Ihre Blüten zeigen sich in einer Mischung aus Gelb, Orange und leuchtendem Rosa. Sie sind halbgefüllt und in zahlreichen mittelgroßen Büscheln gruppiert, die den ganzen Sommer hindurch erscheinen. Die knapp 90 cm hohe und 1,2 m breite Pflanze trägt mittelgrünes, glänzendes Laub.

Einen etwas anderen Charakter besitzt die stark ausladende, etwas mehr als halbgefüllte 'Cardinal Hume' aus dem Hause Harkness. Die relativ großen, duftenden Blüten öffnen sich in Tönen von Roter Bete bis Purpurrot. Sie wird in gutem Boden knapp 1 m hoch und 1,2 m breit. Der dicht wachsende, stark bewehrte Strauch entwickelt festes, dunkelgrünes Laub. Die Sorte eignet sich hervorragend als niedrige, breite Hecke oder als Beetrose. Entfernt man regelmäßig Verblühtes, blüht sie weiterhin.

'Dunwich Rose' ist die flach wachsende Form von *R. pimpinellifolia* (siehe Seite 29). Seit ihrer Entdeckung in den Dünen von Dunwich an der Ostküste Englands in den 1950er-Jahren ist sie zu einer äußerst nützlichen Gartenpflanze geworden. Mit farnartigem Laub und einfachen, cremefarbenen Blüten, die im späten Frühjahr erscheinen und von zahlreichen farbenfrohen Hagebutten gefolgt werden, besitzt sie alle guten Wesenszüge der Pimpinellifolia-Rose. Außerdem wird sie bis zu 1,8 m breit.

Die von Suzuki in Japan gezogene 'Ferdy' ist eine ungewöhnliche Rose mit kleinen, halbgefüllten, leuchtend lachsrosa Blüten, die verhalten duften. Ihre kräftigen, äußerst bewehrten Triebe, die gern überhängen, sind von winzigen, mittelgrünen Blättchen bedeckt. Die Sorte blüht jeden Sommer nur einmal und bringt höchstens vereinzelt eine Nachblüte hervor. Sie kann bis zu 1,5 m hoch werden, an einer Mauer auch noch hö-

'Ferdy'
Hier in meinem eigenen Garten ist eine Gruppe von drei 'Ferdy' in voller Blüte zu sehen. Schneidet man die langen, nicht blühenden Triebe, die hier deutlich zu erkennen sind, kurz nach der Blüte zurück, kann die Sorte jahrelang etwa auf dieser Höhe und in dieser Form gehalten werden. 'Ferdy' wächst ebenfalls gern an einer Mauer. Dort lässt man sie am besten nach Belieben und ohne Rückschnitt wachsen.

'Fiona'
Die Bezeichnung »Halb-Flächenrose« kommt dem normalen Habitus von 'Fiona' am nächsten. Hier scheint sie die Gesellschaft von *Geranium wallichianum* 'Buxton's Variety' durchaus zu genießen. Ihre zahlreichen Blüten stehen in gut proportionierten Büscheln.

her, erreicht aber zumeist eine Höhe von 90 cm und wird etwa doppelt so breit. Am besten gedeiht sie, wenn sie regelmäßig auf etwa 60 cm zurückgeschnitten wird.

'Fiona' ist eine halbniederliegende Rose und ich bin mir nie ganz sicher, ob ich sie zu den Strauchrosen oder zu den Flächenrosen zählen soll. Mit 90 cm Höhe und 1,2 m Breite lässt sie sich gut zum Füllen von Lücken in Beeten und Gehölzpflanzungen verwenden, ohne ihre Nachbarn zu beeinträchtigen. Die Züchtung von Meilland in Frankreich entwickelt große Büschel mit etwas mehr als halbgefüllten Blüten in kräftigem, leuchtendem Rot. Sie erscheinen den ganzen Sommer hindurch. Lässt man Verblühtes stehen, folgen im Herbst rote Hagebutten.

Die in Deutschland als 'Immensee' bekannte 'Grouse' zählt zu einer kleinen Reihe von Rosen, die nach Jagdvögeln benannt sind. Von Früh- bis Hochsommer entwickelt sie Büschel mit kleinen, einfachen, zartrosa bis weißen Blüten, die angenehm duften und gelegentlich auch nachblühen. Sie erscheinen vor kleinem, hellgrünem und dichtem Laub. Diese großzügige Rose kann auf 60 cm Höhe gehalten werden. Lässt man sie nach Belieben wachsen, wird sie zu einer gewaltigen Pflanze, die gern klettert. In meinem Garten wächst sie in einer Buchenhecke und ist 3 m hoch und ebenso breit.

Die 1994 von Jackson und Perkins in den USA eingeführte 'Magic Carpet' wurde damals als Gesündeste aller Rosen gefeiert. Tatsächlich ist sie äußerst robust. Sie trägt halbgefüllte, leuchtend rosa Blüten, die zart lavendelfarben schimmern. Der Duft ist würzig, ihr Laub glänzend und dunkelgrün. Sie wird 60 cm hoch und bis zu 1,2 m breit.

'Norfolk' von Poulsen in Dänemark ist eine der seltenen Flächenrosen mit leuchtend gelben Blüten. Dicht gefüllt und rosettenförmig erscheinen sie den ganzen Sommer in großer Fülle zwischen zahlreichen, kleinen, dunkelgrünen Blättern. Die Rose breitet sich zuverlässig aus, ohne den Wuchs anderer Pflanzen zu beeinträchtigen, und wird etwa 90 cm breit und 60 cm hoch. Als Kübelpflanze gedeiht sie außergewöhnlich gut.

Auch wenn in Japan im Laufe der Jahre zahlreiche gute Rosen entstanden sind, werden doch nur wenige in anderen Erdteilen gezogen. 'Ferdy' wurde bereits erwähnt, doch ist es die Onondera-Züchtung 'Nozomi', die zu den bekanntesten und erfolgreichsten unter den Flächenrosen aus Japan zählt. Im Frühsommer trägt die in Deutschland als 'Heideröslein Nozomi' bekannte Sorte eine Fülle an einfachen, sternförmigen, zartrosa Blüten an kurzen Stielen sowie kleine, dunkelgrüne Blätter. Sie entwickelt dünne und äußerst bewehrte Triebe. 'Nozomi' wird 90 cm hoch und 1,8 m breit. Ihre wahre Pracht zeigt sie, wenn sie aus Pflanzgefäßen hängt oder als Trauerstamm wächst.

Eine weitere schlecht einzuordnende Rose ist die reizvolle 'Pearl Drift'. Da sie aber breiter ist als hoch, möchte ich sie hier vorstellen. Ihre Blüten öffnen sich milchweiß; sie sind größer als bei den meisten Flächenrosen. Sie wird maximal 90 cm hoch und 1,2 m breit und hat gesundes, ledriges, matt glänzendes Laub. Eine ideale Rose für Gruppenpflanzungen. Sie wurde 1980 von Edward LeGrice gezüchtet und ist das Ergebnis einer ungewöhnlichen Kreuzung von 'Mermaid' und 'New Dawn'.

Die in Deutschland als 'Heidekönigin' gängige 'Pheasant' zählt ebenfalls zu den nach Jagdvögeln benannten Kordes-Rosen. Ihre zart duftenden, halbgefüllten Blüten erscheinen fast den ganzen Sommer in sattem Reinrosa. Ohne Schnitt kann diese Sorte relativ groß werden. Mir ist ein Exemplar bekannt, das 2,5 m hoch und genauso breit war, doch lässt sie sich leicht bei etwa einem Drittel dieser Größe halten. Sie entwickelt dunkelgrünes, gesundes, relativ großes Laub.

Drei gute Bodendecker sind 'Pink Bells', 'Red Bells' und 'White Bells', deren Farben sich bereits in ihren Namen spiegeln. Die relativ ähnlichen Sorten wurden alle drei von Poulsen eingeführt. Sie zeigen einen dichten Wuchs, breiten sich nahe am Boden aus und entwickeln zahlreiche, wenn auch kleine Blätter. Ihre dicht gefüllten Blüten, die ebenfalls klein sind, stehen in Büscheln und erscheinen im Frühsommer in großer Fülle. Nur vereinzelt zeigt sich eine geringe Nachblüte. Sie werden nie höher als 60 cm, dafür aber mühelos doppelt so breit.

'Pink Bells'
Als Bodendecker unterdrückt 'Pink Bells' in ausgewachsenem Zustand erfolgreich das Nachwachsen von Unkraut – abgesehen von den hartnäckigsten Plagegeistern. Noch mehr Fläche bedeckt die Multiflora-Rose 'Rambling Rector', die in meinem Garten nach Belieben wachsen darf. Nach der Blüte bringe ich sie durch den Rückschnitt sämtlicher allzu ehrgeizig rankender Triebe wieder in Form.

'Queen Mother' ist eine leuchtend rosa Sorte, deren unzählige, halbgefüllte Blüten in beträchtlich großen Büscheln erscheinen. Mit dunkelgrünem, glänzendem Laub wird sie bis zu 30 cm hoch und doppelt so breit. Die Kordes-Züchtung ist eine hervorragende Beetrose, die jedoch auch in Töpfen und anderen Pflanzgefäßen gedeiht. Eine wunderbar gesunde Rose, der es aber, meines Erachtens, etwas an Persönlichkeit fehlt. Warum sie diesen Namen trägt, ist mir nicht wirklich begreiflich.

'Raubritter' stammt aus meinem Geburtsjahr, 1936, und ich schätze mich glücklich, in so guter Gesellschaft zur Welt gekommen zu sein. Sie ist eine äußerst reizvolle Rose, und die Tatsache, dass sie nur im Frühsommer blüht, ist nicht wirklich von Bedeutung. An langen, überhängenden, stacheligen Trieben, die mit dunkel graugrünem Laub bestanden sind, entwickelt sie üppige, herabhängende Büschel mit becherförmigen, fast gänzlich gefüllten Blüten. Diese öffnen sich in reinem silbrigen Rosa und duften intensiv. Die Sorte wird bis zu 90 cm hoch und 2,5 m breit. Sowohl das Laub als auch die Dornen zeigen sich besonders anfällig für Mehltau, doch setzt dieser zum Glück erst nach der Blüte ein. Diese Rose hat eine besondere Vorliebe für wassernahe Standorte.

'Red Blanket' von Ilsink in den Niederlanden wird als normaler Strauch etwa 90 cm hoch und mindestens doppelt so breit. Sollte sie sich jedoch neben einem Baum befinden, wird sie unweigerlich in diesen hinaufklettern. Das Exemplar in meinem Garten fand ich eines Tages 6 m über mir in den Zweigen einer Weide. Doch wo auch immer sie gedeiht, bringt sie zwischen dunkelgrünem Laub Büschel von etwas mehr als einfachen, leuchtend roten Blüten hervor, die zur Mitte hin verblassen. Selbst wenn sie etwas grob ist, toleriert sie doch karge Böden und gedeiht sogar in vernachlässigtem Zustand.

Die Kordes-Rose 'Rote Max Graf' ist eine Flächenrose, die noch größere Ausmaße als 'Red Blanket' annimmt. Sie ist robust und eine der leuchtendsten roten Rosen, die mir bekannt sind. Die einfachen Blüten werden in großen Büscheln an kräftigen, bewehrten Trieben getragen. Wird das Verblühte regelmäßig entfernt, erscheinen den ganzen Sommer über immer wieder Blüten. Entfernt man diese nach der Blüte nicht, so entwickelt sie schöne, leuchtend rote Hagebutten. Das gesunde Laub ist dunkelgrün. Mir persönlich ist sie etwas zu grell, doch sorgt sie, vor allem in größeren Gruppen in einer Gehölzpflanzung, für einen farbenfrohen Akzent.

Zwei von meiner Tochter Amanda gezogene Rosen, die 1994 von uns vorgestellt wurden, sind 'Summer Sunrise' und 'Summer Sunset'. Beide besitzen 'Bonica' als einen Elternteil; mit 'New Dawn' gekreuzt entstand 'Summer Sunrise', mit 'Robin Redbreast' 'Summer Sunset'. Beide zeigen gesundes, glänzendes Laub und entwickeln etwas mehr als einfache, bonbonrosa Blüten, die verhalten duften. Sie werden maximal 45 cm hoch und 1,2 m breit. Außer als Flächenrose lassen sie sich auch gut als kleine Kletterrosen ziehen; an Mauern und Spalieren werden sie bis zu 2,5 m hoch. Wird Verblühtes regelmäßig entfernt, entwickeln sie den ganzen Sommer neue Blüten. Lässt man den verblühten Flor dagegen an der Pflanze stehen, tragen sie zauberhafte, ovale, rote Hagebutten.

Die äußerst farbenfrohe Poulsen-Rose 'Sussex' öffnet eher wuschelige, halbgefüllte Blüten in leuchtendem Apricot-Orange, das im Laufe der Blüte zu leuchtendem, rosa überhauchtem Gelbbraun wird. Die Blüten stehen in beachtlich großen Büscheln an einer locker wachsenden Pflanze, die 60 cm hoch und 90 cm breit wird. Hinzu gesellt sich dunkelgrünes, glänzendes Laub. Diese leuchtende, muntere Rose passt gut zu einem modernen Gartenambiente, insbesondere, wenn sie in Töpfen und anderen Pflanzgefäßen gezogen wird.

Eine weitere Rose, die ich nicht wirklich zuzuordnen vermag, ist Dicksons 'Tall Story'. Da sie jedoch deutlich breiter ist als hoch – etwa 1,2 m breit und 90 cm hoch –, ist sie hier am besten aufgehoben. In jeder Phase ihres Erblühens bietet sie einen zauberhaften Anblick: Von den dunkelgelben Knospen bis zu den zart cremeweißen Blüten, die sich duftend und halbgefüllt öffnen. 'Tall Story' blüht nahezu dauerhaft und wird nie von schlechtem Wetter beeinträchtigt. Sie eignet sich hervorragend als niedrigere Rose in Gehölzpflanzungen und zusammen mit Stauden in Beeten und Rabatten.

'Raubritter'
Wie zu erwarten von einer Rose in dieser herrlichen Farbe und Form, duftet 'Raubritter' betörend. Im Frühsommer bringt sie etwa drei Wochen lang ihre Blüten in üppiger Fülle hervor. Mit dichtem Wuchs vermag sie sich weit über den Boden auszubreiten. Nach der Blüte ist sie anfällig für Mehltau, doch ich kann diese kleine Schwäche großzügig verzeihen.

Auch bei der Zuordnung von 'The Fairy' habe ich meine Schwierigkeiten, doch habe ich sie hier aufgenommen, weil auch sie – mit maximal 45 cm Höhe und 75 cm Breite – deutlich breiter wird als hoch. Sie ist eine ausgezeichnete Partnerrose für Beete oder Gruppenpflanzungen mit Stauden und entwickelt kleine, halbgefüllte, zartrosa Blüten, die in sehr großen Büscheln stehen. Diese reizvolle kleine Rose, die 1932 von Bentall eingeführt wurde, war eine Zeit lang weniger beliebt, wurde nun jedoch als eine der besten und beliebtesten ihrer Art wieder entdeckt.

Eine hübsche Rose aus der Englische-Grafschaften-Reihe von Kordes ist 'Wiltshire'. Ihre zunächst becherförmigen Blüten sind fast gänzlich gefüllt. Duftend und rötlich rosa erscheinen sie im Sommer in schöner Fülle. Sie stehen in großen Büscheln an Trieben mit zahlreichen dunkelgrünen Blättern. Die Sorte wird 60 cm hoch und 1,2 m breit.

Die äußerst farbenfrohe Poulsen-Rose 'Sussex' öffnet eher wuschelige, halbgefüllte Blüten in leuchtendem Apricot-Orange, das im Laufe der Blüte zu leuchtendem, rosa überhauchtem Gelbbraun wird. Die Blüten stehen in beachtlich großen Büscheln an einer locker wachsenden Pflanze, die 60 cm hoch und 90 cm breit wird. Hinzu gesellt sich dunkelgrünes, glänzendes Laub. Diese leuchtende, muntere Rose passt gut zu einem modernen Gartenambiente, insbesondere, wenn sie in Töpfen und anderen Pflanzgefäßen gezogen wird.

Eine weitere Rose, die ich nicht wirklich zuzuordnen vermag, ist Dicksons 'Tall Story'. Da sie jedoch deutlich breiter ist als hoch – etwa 1,2 m breit und 90 cm hoch –, ist sie hier am besten aufgehoben. In jeder Phase ihres Erblühens bietet sie einen zauberhaften Anblick: Von den dunkelgelben Knospen bis zu den zart cremeweißen Blüten, die sich duftend und halbgefüllt öffnen. 'Tall Story' blüht nahezu dauerhaft und wird nie von schlechtem Wetter beeinträchtigt. Sie eignet sich hervorragend als niedrigere Rose in Gehölzpflanzungen und zusammen mit Stauden in Beeten und Rabatten.

Auch bei der Zuordnung von 'The Fairy' habe ich meine Schwierigkeiten, doch habe ich sie hier aufgenommen, weil auch sie – mit maximal 45 cm Höhe und 75 cm Breite – deutlich breiter wird als hoch. Sie ist eine ausgezeichnete Partnerrose für Beete oder Gruppenpflanzungen mit Stauden und entwickelt kleine, halbgefüllte, zartrosa Blüten, die in sehr großen Büscheln stehen. Diese reizvolle kleine Rose, die 1932 von Bentall eingeführt wurde, war eine Zeit lang weniger beliebt, wurde nun jedoch als eine der besten und beliebtesten ihrer Art wieder entdeckt.

Eine hübsche Rose aus der Englische-Grafschaften-Reihe von Kordes ist 'Wiltshire'. Ihre zunächst becherförmigen Blüten sind fast gänzlich gefüllt. Duftend und rötlich rosa erscheinen sie im Sommer in schöner Fülle. Sie stehen in großen Büscheln an Trieben mit zahlreichen dunkelgrünen Blättern. Die Sorte wird 60 cm hoch und 1,2 m breit.

'Raubritter'
Wie zu erwarten von einer Rose in dieser herrlichen Farbe und Form, duftet 'Raubritter' betörend. Im Frühsommer bringt sie etwa drei Wochen lang ihre Blüten in üppiger Fülle hervor. Mit dichtem Wuchs vermag sie sich weit über den Boden auszubreiten. Nach der Blüte ist sie anfällig für Mehltau, doch ich kann diese kleine Schwäche großzügig verzeihen.

Kompakte Floribundas und Zwergrosen

Abgesehen von einigen bewährten Sorten, die ich verhältnismäßig gut kenne, sind die kompakten Floribundas und Zwergrosen die Gruppen, über die ich am wenigsten weiß – doch sind sie ohne Zweifel in zahlreichen modernen Gärten unentbehrlich. Kompakte Floribundas werden oft auch »Patiorosen« genannt, doch kommen ihre Qualitäten meines Erachtens hier nicht hinreichend zur Geltung, da sie auf die Verwendung in Innenhöfen und auf Terrassen reduziert werden. Ich nenne sie lieber »kompakte Floribundas«, da dieser Name ihre Wesenszüge in ihrer Gesamtheit umfasst und aus ihm auch ihr Potenzial für ihre vielseitige Verwendung im Garten spricht. Um als kompakte Floribunda bezeichnet werden zu können, sollte die Rose eine Höhe von 45 cm nicht überschreiten. Der Name »Zwergrose« bedarf keiner Erläuterung. Die Gruppe umfasst sämtliche Rosen von kleinem Wuchs mit kleinen Blüten und Blättern sowie einer Gesamthöhe von allerhöchstens 30 cm. Die Rosen dieser Gruppe lassen sich ausgezeichnet in kleinen Pflanzgefäßen ziehen, auch in Gewächshäusern und Wintergärten fühlen sie sich wohl. Im Haus erfordern sie jedoch einen sehr hellen Standort mit Tageslicht, wie ihn etwa die Fensterbank bietet.

Nach meiner Erfahrung besteht zumeist eine Verbindung zwischen der Wuchskraft einer Rose und dem Maß an Schwierigkeiten, die sie bereitet. Diese kleinen, niedrigen Sorten benötigen allesamt zum guten Gedeihen nahrhaften Boden, mehrmalige Düngergaben und müssen im Sommer regelmäßig gegossen werden.

Rosenzüchter haben im Laufe der Jahre Hunderte von kompakten Floribundas und Zwergrosen eingeführt. Meine Auswahl soll sich jedoch auf jene beschränken, die ich kenne oder beobachten konnte, insgesamt etwa 20.

Kompakte Floribundas und Zwergrosen im Garten

Ich beginne mit 'Baby Albéric', einer wenig bekannten, aber hervorragenden kompakten Floribunda, die mit 45 cm Höhe und Breite eine verkleinerte Ausführung des Ramblers 'Albéric Barbier' ist. Ihre leicht duftenden, cremeweißen Blüten sind etwa gleich groß wie jene des Ramblers und erscheinen den ganzen Sommer hindurch. Auch das glänzende, dunkelgrüne Laub erinnert an das von 'Albéric Barbier'. Ich erhielt sie von David Ruston aus Australien, habe sie aber auch in den USA gesehen.

Die Zwerg-Moosrose 'Dresden Doll' wurde von Ralph Moore in den USA eingeführt. Fast ohne Unterbrechung bringt sie ihre kleinen, becherförmigen Blüten hervor, die sich leicht duftend in zartrosa überhauchtem Gelbbraun öffnen und in Büscheln an

'Regensberg'
Die farbenfrohen Blüten dieser kompakten Floribunda scheinen immer perfekt symmetrisch zu sein, ob als Knospe oder völlig geöffnet. Auch wenn ihre Farbe nicht ganz meinen Geschmack trifft, besitzt 'Regensberg' doch zahlreiche Vorzüge, etwa ihre freizügige Blüte und eine hervorragende Gesundheit.

einem kompakten Strauch von bis zu 30 cm Höhe stehen. Stiele und Knospen, wie auch einige der jungen Blätter, sind mit Moos bedeckt. Eine ungewöhnliche Rose, die hervorragend für die Kultur in Töpfen geeignet ist.

Eine herrliche zartgelbe Sorte, die ich in dem Garten von John und Louise Clements im amerikanischen Oregon fand, ist eine Taschenausgabe von 'Mermaid' mit dem Namen 'Happenstance', die mit Ausnahme ihrer Größe sämtliche Merkmale der Elternsorte trägt. Trotz meiner Befürchtung, sie könnte nicht ganz winterfest sein, ziehe ich sie seit drei Jahren in Norfolk mit Erfolg. Sie wird etwa 45 cm hoch und breit und neigt dazu, bis 60 cm lange Triebe zu entwickeln, die man am besten abschneidet.

'Maude Elizabeth' ist eine hübsche, regelmäßig wachsende, üppig blühende Rose, die knapp unter 40 cm Höhe bleibt und geringfügig breiter wird. Mit ihrer üppigen Pracht einfacher, tiefroter Blüten sowie zahlreichen, dunkelgrünen Blättern eignet sie sich für Töpfe oder kleinere Gärten. 'Maude Elizabeth' wurde von uns 2000 eingeführt.

'Mr Bluebird' ist durch Inzucht von 'Old Blush' entstanden, was sie zu einer fast reinen China-Rose macht. Den ganzen Sommer trägt sie Büschel von fast einfachen, lavendel-malvenfarbenen Blüten. Zu ihrem gräulich grünen Laub gesellt sich ein für eine Zwergrose robuster Wuchs.

'Robin Redbreast'
Die niedrige, aufrechte, kompakte Floribunda scheint fast dauerhaft zu blühen. Ich mag sie, weil sie einfache Blüten hat und vor dem Hintergrund ihrer beständig leuchtend roten Petalen ihre Krone goldener Staubgefäße so wunderbar zur Schau stellt.

'Orange Sunblaze' zählt zu der Sunblaze-Gruppe kompakter Floribundas, zu der auch 'Pink Sunblaze', 'Yorkshire Sunblaze' und 'Sunblaze' selbst zählen. Alle sind hervorragende, kleine Rosen. Ihre leuchtenden, halbgefüllten Blüten stehen zwischen zahlreichen Blättern.

Die 1945 in Spanien gezogene 'Perla de Montserrat' lässt sich hin und wieder noch in Rosenkatalogen finden. Ihre gänzlich gefüllten, wohlgeformten, zartrosa Blüten erscheinen in Büscheln, die jenen von 'Cécile Brunner', einer ihrer Eltern, nicht unähnlich sind. Aufrecht und buschig wachsend ist sie mit höchstens 23 cm eine reine Zwergrose.

'Red Ace' ist eine der besten Zwergrosen, die je gezogen wurden. Sie hat tiefrote, dicht gefüllte Blüten, die in kleinen Büscheln an einer aufrechten Pflanze von höchstens 30 cm Höhe stehen. Eine ideale Rose für Pflanzgefäße.

'Regensberg', eine der besten kompakten Floribundas, wurde 1979 von McGredy in Neuseeland vorgestellt und hat bis heute nichts von ihrer Beliebtheit eingebüßt. Sie besitzt ausgezeichnetes, glänzendes Laub und große, dicht gefüllte, kirschrosa Blüten mit silbrig weißer Zeichnung. Die höchstens 45 cm große Sorte eignet sich gut als niedrige Beetrose oder als Topfpflanze.

Ich habe immer Schwierigkeiten, mich zu entscheiden, ob ich 'Robin Redbreast' nun zu den Floribundas oder zu den kompakten Floribundas zählen soll, da sie aber selten höher als 45 cm wird, zählt sie wohl zu Letzteren. Diese zauberhafte kleine Rose bringt leuchtend rote Blüten mit cremegelber Mitte hervor, die an aufrechten, bewehrten Trieben zwischen mittelgrünem Laub stehen.

Eine Rose, die hier nicht fehlen darf, ist 'Rouletii', die Stammmutter sämtlicher Zwergrosen. Sie soll 1918 von einem Major Roulet in der Schweiz entdeckt worden sein und wurde vier Jahre später vorgestellt. Ihre kleinen, halbgefüllten Blüten sind etwas wuschelig und öffnen sich in tiefem Rosa mit einem zarten weißen Streifen. Die maximal 30 cm hohe Sorte hat kleine, gesunde, dunkelgrüne Blätter.

Eine zauberhafte, üppig blühende Zwergrose ist 'Snowball', die, wie der Name sagt, zahlreiche, pralle, schneeballähnliche Blüten hervorbringt. Die regelmäßig wachsende, kleine Pflanze mit einer Höhe von 23 cm entwickelt dichtes, hellgrünes Laub. Sie stammt von McGredy in Neuseeland und zählt zu den besten weißen Zwergrosen.

Zu den beliebtesten kompakten Floribundas aus jüngerer Zeit zählt 'Sweet Dream' von Fryer in Großbritannien. Die buschige, 45 cm hohe Pflanze bringt den ganzen Sommer hindurch gänzlich gefüllte, pfirsich- bis apricotfarbene Blüten hervor und ist schön mit mittelgrünem Laub ausgestattet. Eine nützliche Rose für Beete und Töpfe.

'Sweet Magic' ist eine aufrechte, satt goldgelbe kompakte Floribunda mit gutem, dunkelgrünem Laub. Ihre leicht duftenden Blüten öffnen sich halbgefüllt in stehenden Büscheln. Sie ist hervorragend für Beet- und Gruppenpflanzungen geeignet.

'Tom Thumb' oder 'Peon' darf hier nicht unerwähnt bleiben. Die 1936 gezogene Sorte ist heute nur noch selten zu sehen, ist jedoch von Bedeutung, da ihre Gene in zahlreichen modernen Zwergrosen überliefert sind. Ihre halbgefüllten Blüten sind tiefrot mit weißer Mitte. Sie wird nie höher als 23 cm und hat dunkelgrünes Laub.

Im Jahr 1996 feierte meine Rosenschule ihr 25-jähriges Ausstellungsjubiläum bei der Chelsea-Blumenschau mit der Einführung einer reizvollen roten kompakten Floribunda namens 'Twentyfifth'. Völlig geöffnet zeigen ihre halbgefüllten Blüten goldgelbe Staubgefäße. Wird Verblühtes regelmäßig entfernt, treibt sie den ganzen Sommer Blüten. Mit 45 cm Höhe eignet sie sich als Beetrose. Ihr Laub ist dicht und dunkelgrün.

Eine der zauberhaftesten Gartenrosen aller Zeiten ist 'White Pet' oder 'Little White Pet', wie sie häufig genannt wird. Die 1879 eingeführte Sorte wurde zu jener Zeit zu den Polypompon-Rosen gezählt. Genau genommen ist sie ein zurückgeschlagener Sport, eine Strauchform des Ramblers 'Félicité et Perpétue' – normalerweise verlaufen derlei Mutationen in umgekehrter Richtung. Ihre weißen, pomponförmigen Blüten öffnen sich aus rötlich rosa Knospen in großen Büscheln den ganzen Sommer über. Die 45 cm hohe und ebenso breite Sorte treibt dunkelgrünes Laub und ist ausgezeichnet für Flächenpflanzungen wie auch für die Kultur in Töpfen geeignet.

'Sweet Dream'
Diese buschige kompakte Floribunda zeichnet sich durch große Blühfreude aus. Ihre kleinen, nostalgischen Blüten halten sich zumeist einige Tage, ohne zu verblühen. Eine ideale Topfrose.

VERZEICHNIS DER ARTEN UND SORTEN

Erklärung zum Verzeichnis der Arten und Sorten

Das Verzeichnis führt in knapper Form sämtliche im Hauptteil des Buches vorgestellten Rosen auf, zusammen mit einigen wenigen, die ausschließlich aus Platzgründen dort nicht aufgenommen werden konnten. In keiner Weise sollte hier eine umfassende Rosenenzyklopädie entstehen.
In der Auswahl an Wildrosen und anderen Rosen spiegeln sich zweifelsohne meine eigenen Vorlieben wider, die zugegebenermaßen relativ willkürlich sind. Alle hier beschriebenen Rosen kenne ich aus eigener Beobachtung. Mögliche geringschätzige Meinungen, die ich hier geäußert habe, entsprechen ausschließlich meiner persönlichen Ansicht und werden vom Leser hoffentlich als solche verstanden.

Klassifikation
Die Zuordnung der Rosen wurde jeweils nach einem der drei weltweiten Klassifizierungssysteme vorgenommen: jenes der *American Rose Society*, wie es in *Modern Roses XI* veröffentlicht wurde, jenes der *World Federation of Rose Societies* und das System der *British Association Representing Breeders*. Das Rosenverzeichnis soll nicht dazu dienen, die Vorzüge dieser Systeme zu erläutern, es sei hier nur angemerkt, dass das Erste auf angenommener oder belegter Abstammung, das Zweite auf Beschreibungen von Wuchs oder Blütenart basiert, und das Dritte eine Kombination beider ist. Ein unfehlbares System kann es nicht geben, dennoch ist in Rosenkreisen das Bedürfnis nach einer einfacheren Klassifikation spürbar. Einige Rosen sind zudem, meiner bescheidenen Meinung nach eher als Einzelgänger zu bezeichnen. Deshalb habe ich sie im Verzeichnis der Gruppe zugeordnet, zu der sie meines Erachtens am Besten passen.

Namen der Rosen
In dieser Ausgabe wurden die in Deutschland verwendeten Namen ergänzt. Die in Großbritannien und anderen Ländern üblichen Bezeichnungen sind ebenfalls aufgeführt.
Moderne Rosen werden häufig unter einem Sortennamen eingetragen (überwiegend sind sie unter diesem Namen im Handel), besitzen aber daneben einen Codenamen (der als ihr echter Name gilt). Im Verzeichnis werden beide aufgeführt und folgendermaßen abgesetzt: 'Westerland' (KORwest).
Im Hauptteil des Buches wird lediglich der Sortenname verwendet. Bei Wildrosen und verwandten Sorten wird zuerst der botanische Name angegeben. Außerdem sind auch gebräuchliche Synonyme oder ältere Varianten der botanischen Namen aufgeführt.

Farben
Mit Ausnahme der Primärfarben ist das Beschreiben von Farben immer subjektiv. Sollte eine Farbe nicht dem Eindruck des Lesers entsprechen, so führe ich zu meiner Verteidigung an: »Sie ist, wie ich sie wahrnehme«.

Duft
Die Intensität eines Dufts ist vermutlich noch subjektiver als die Wahrnehmung von Farben. Im Laufe der Jahre habe ich gelernt, dass es »Rosen für Nasen« und »Nasen für Rosen« gibt. Es ist mir zur zweiten Natur geworden, meine Nase in eine Rose zu vertiefen, und ich habe ausnahmslos jede hier beschriebene Rose auch auf ihren Duft hin untersucht. Die Angabe des Duftes basiert hier allein auf meiner eigenen Wahrnehmung. Ich nehme in Kauf, dass sie sich nicht immer mit der Meinung anderer deckt.

Maßangaben
Die Höhe und Breite von Rosen sind in keiner Weise weltweit einheitlich, da zahlreiche Faktoren auf sie Einfluss nehmen, so etwa Klima, Bodenart, Standort, Art des Rückschnitts und Pflegemaßnahmen. Somit gebe ich hier lediglich eine Annäherung an maximale Maße an, wie ich sie aus eigener Erfahrung kenne.

Auszeichnungen und Preise
Viele Rosen werden in verschiedenen Teilen der Welt auf Wettbewerben vorgestellt. Obwohl ich anerkenne, dass Auszeichnungen im Allgemeinen auf eine gute Sorte hinweisen, bin ich nicht der Meinung, dass sie grundsätzlich auf eine überragende Qualität schließen lassen, insbesondere, wenn die Testphase relativ kurz ist. Bis auf einige Fälle, bei denen es passend erschien, wird daher auf die Erwähnung von Auszeichnungen verzichtet.

Erläuterungen der Symbole und Abkürzungen

❍	Gedeiht auch im Halbschatten
☼	Bevorzugt sonnige, geschützte Standorte
💧	Leichter Duft
💧💧	Guter Duft
💧💧💧	Intensiver Duft
D	Dauerblühend
Ö	Öfterblühend
S	Blüht nur im Sommer
F	Blüht nur im Frühjahr
⊙	Anfällig für Krankheiten
Mögl.	Möglicherweise
Verm.	Vermutlich

'Harry Maasz' und 'Mozart'
(vorhergehende Seite)
In diesem ungewöhnlichen Zusammenspiel wurden Rosen mit unterschiedlichem Wuchs und verschiedener Blütengröße mit Erfolg kombiniert. Die Flächenrose Rose 'Harry Maasz' wird doppelt so breit wie hoch und entwickelt kleine Büschel mit knapp halbgefüllten Blüten. Die Moschata-Hybride 'Mozart' zeigt hingegen einen dichten, buschigen Wuchs mit großen Büscheln wesentlich kleinerer, einfacher Blüten. Beide Rosen duften, 'Harry Maasz' deutlich intensiver als 'Mozart'.

Wildrosen und verwandte Sorten

R. alba
Herkunft Europa **Entstehung** Alt
Einfache, duftende, reinweiße Blüten mit gelben Staubgefäßen. Mittelstark bewehrte Triebe, gräulich grünes Laub. Im Herbst schlanke, ovale, leuchtend rote Hagebutten in relativ großer Zahl. Erinnert in Blütengröße und Wuchs an *R. canina*. In Westeuropa gelegentlich in der freien Natur anzutreffen, zumeist in Hecken.
❍ 💧💧 **S** **H** 2,2 m **B** 1,2 m Zone 5

***R. arvensis* (Feldrose)**
Herkunft Europa **Entstehung** 1750
Einfache, zart duftende, reinweiße Blüten mit goldenen Staubgefäßen; ovale, dunkelrote, nicht sehr auffallende Hagebutten zwischen unaufdringlichem, dunkelgrünem Laub. In der Natur Heckenranker und ausgezeichnete Rose für freien Wuchs in waldnahen Gärten.
❍ 💧 **S** **H** 3 m **B** 3 m Zone 6

***R. banksiae banksiae (R. banksiae* 'Alba Plena')**
Herkunft China **Entstehung** 1807
Große Büschel kleiner, halb- bis dicht gefüllter, reinweißer Blüten im späten Frühjahr. Herrlicher Duft. Äußerst wuchsfreudige, unbewehrte Pflanze mit hellgrünem Laub. Kleine, unscheinbare Hagebutten.
☼ 💧💧 **F** **H** 10 m **B** 10 m Zone 7

***R. banksiae* 'Lutea' ('Yellow Lady Banks')**
Herkunft China **Entstehung** 1824
Wuchsfreudig, unbewehrt, mit kleinen, dichten Büscheln gänzlich gefüllter, leuchtend gelber Blüten im späten Frühjahr. Duftend. Glänzendes, hellgrünes Laub. Unscheinbare Hagebutten. Bekannteste der *R. banksiae*.
☼ 💧 **F** **H** 10 m **B** 10 m Zone 7

***R. banksiae* 'Lutescens'**
Herkunft China **Entstehung** 1870
Im späten Frühjahr einfache, duftende, tiefgelbe Blüten. Sehr wuchsfreudig, unbewehrt, mit reichlich, zart kupfergrünem Laub. Kleine, unscheinbare Hagebutten.
☼ 💧 **F** **H** 10 m **B** 10 m Zone 7

R. banksiae normalis
Herkunft China **Entstehung** Ca 1877
Vermutlich Wildform von *R. banksiae*. Büschel mit einfachen, duftenden, weißen Blüten im späten Frühjahr, gefolgt von kleinen, unscheinbaren Hagebutten. Äußerst wuchsfreudig, unbewehrt. Laub zart hellgrün.
☼ 💧💧 **F** **H** 10 m **B** 10 m Zone 7

***R. blanda* (Eschenrose, Hudson-Bay-Rose, Labrador-Rose)**
Herkunft USA **Entstehung** 1773
In vielerlei Hinsicht *R. canina* ähnlich, jedoch weniger Stacheln und geringfügig größere, einfache Blüten in leicht tieferem Rosa. Gräulich grünes Laub. Pralle, birnenförmige Früchte.
❍ 💧 **S** **H** 1,5 m **B** 90 cm Zone 4

***R. bracteata* (Macartney-Rose)**
Herkunft China **Entstehung** 1793
Dichter Strauch oder Mauerpflanze mit zahlreichen khakifarbenen Trieben und Stacheln. Dunkelgrünes Laub. Den ganzen Sommer hindurch große, einfache, leicht duftende Blüten in zartem Primelgelb mit goldenen Staubgefäßen. Orange Hagebutten.
☼ 💧 **D** **H** 3 m **B** 3 m Zone 8

***R. brunonii* (Himalaja-Moschusrose)**
Herkunft Himalaja **Entstehung** 1822
Dichte Dolden kleiner, einfacher, weißer Blüten zwischen herabhängendem, gräulich grünem Laub. Leichter Duft. Eher unscheinbare, ovale, orangerote Hagebutten. Zählt zu den wuchsfreudigsten unter den Wildrosen.
❍ 💧 **S** **H** 12 m **B** 10 m Zone 6

R. californica
Herkunft Nordamerika **Entstehung** Ca. 1878
Hoher, aufrechter Strauch mit Unmengen kleiner bis mittelgroßer, einfacher, zartrosa Blüten mit goldenen Staubgefäßen. Verhaltener Duft. Reichlich, eher dunkelgrünes Laub. Runde, rote Hagebutten. Eine sehr reizvolle Form mit halb- bis dicht gefüllten Blüten ist 'Plena'.
❍ 💧 **S** **H** 3 m **B** 1,8 m Zone 5

***R. canina* (Hundsrose)**
Herkunft Europa **Entstehung** Sehr alt
Mittelgroße, einfache, leicht duftende, zartrosa Blüten an buschiger, bewehrter Pflanze mit reichlich, gräulich grünem Laub. Viele ovale, orangerote Hagebutten. Früher oft als Veredlungsunterlage genutzt. Meist in Hecken.
❍ 💧 **S** **H** 3 m **B** 1,8 m Zone 5

***R. canina* 'Andersonii'**
Herkunft Europa **Entstehung** 1912
Abstammung *R. canina* x *R. gallica*
Große, einfache Blüten in dunklerem Rosa als *R. canina* (vermutlich der Einfluss von *R. gallica*). Zarter Duft. Etwas weniger wuchsfreudig als R. canina, mit zart graugrünem Laub, hakigen Stacheln und ovalen, orangeroten Hagebutten.
❍ 💧 **S** **H** 2,5 m **B** 1,5 m Zone 5

***R. chinensis spontanea* (China-Rose, Bengalrose, *R.* x *odorata*, *R. indica*, *R. sinica*, *R. nankiniensis*)**
Herkunft China **Entstehung** Ca. 1885
Um diese Rose herrscht mehr Verwirrung als um jede andere Wildrose. Verhalten unregelmäßig, unterschiedliche Höhe und Zahl der Blütenblätter (einfach bis dicht gefüllt). Die leicht duftenden Blüten in Zartrosa bis Kirschrot erscheinen fortwährend. Laub leicht glänzend, eher dunkelgrün. Wurde um 1980 von Roy Lancaster aus China mitgebracht. Nicht zu verwechseln mit 'Odorata'.
☼ 💧 **D** **H** 0,9–2 m **B** 90 cm Zone 6

***R. davidii* (Father David's Rose)**
Herkunft Tibet **Entstehung** 1808
Nützliche, etwas später blühende Rose mit mittelgroßen, einfachen, reinrosa Blüten, denen zahlreiche, große, bauchige, rote Hagebutten folgen. Zart duftend. Ledriges, dunkelgrünes, leicht glänzendes Blattwerk. Rehbraune, bewehrte Triebe. Gesund.
❍ 💧 **S** **H** 3 m **B** 1,5 m Zone 5

***R.* x *dupontii* ('Dupontii')**
Herkunft Europa **Entstehung** Vor 1596
Abstammung Evtl. *R. gallica* x *R. moschata*
Zartrosa Knospen öffnen sich zu großen, einfachen, zartrosa bis weißen Blüten mit einer Krone goldener Staubgefäße. Duftend. Hoch,, buschig. Wenig Stacheln, graugrünes Laub, kleine, leuchtend rote Hagebutten.
❍ 💧💧 **S** **H** 2,5 m **B** 2,2 m Zone 6

R. ecae
Herkunft Afghanistan **Entstehung** 1880
Kleiner, verzweigter Strauch mit schokoladenbraunen Trieben und vielen Stacheln. Im Frühsommer kleine, einfache, becherförmige Blüten in leuchtendem Butterblumengelb. Farnartige, dunkelgrüne Blätter. Zahlreiche, sehr kleine Früchte, im reifen Zustand dunkelrot.
❍ **S** **H** 90 cm **B** 90 cm Zone 5

***R. elegantula* 'Persetosa' (*R. farreri persetosa*)**
Herkunft China **Entstehung** 1900
Im Frühsommer kleine, einfache, sternförmige, zart lilarosa Blüten an einem ausladenden, überhängenden Strauch. Die mit Borsten übersäten, aber nicht stacheligen Triebe tragen reichlich, kleines, farnartiges, weiches, eher dunkelgrünes Laub. Gelegentlich Früchte. Ideal für gemischte Gehölzpflanzungen.
❍ **S** **H** 1,5 m **B** 1,5 m Zone 6

R. banksiae banksiae

R. brunonii

R. canina

R. x *dupontii*

R. foetida **'Bicolor'**

R. gentiliana

R. helenae

R. hibernica

R. fedtschenkoana
Herkunft Zentralasien **Entstehung** 1876
Eine der wenigen öfterblühenden Wildrosen. Soll eine bedeutende Rolle als früher Ahne der Rosen gespielt haben. Großer Strauch mit weichem, leicht graugrünem Laub. Relativ große, einfache, weiße Blüten, goldene Staubgefäße, nur wenige längliche, rote Hagebutten. Eher abstoßender Duft.
◑ **Ö** **H** 1,5 m **B** 1,5 m Zone 4

***R. filipes* 'Kiftsgate'**
Züchter Murrel, England 1954
Große Dolden einfacher, duftender, weißer Blüten, sehr bewehrt, wuchsfreudig, Unmengen kleine rötliche Hagebutten. Gesundes, mittelgrünes Laub. Diese Form ist in heutigen Gärten verbreiteter als *R. filipes*.
◑ 💧💧 **S** **H** 10 m **B** 10 m Zone 6

***R. foetida* (Fuchsrose)**
Herkunft Kleinasien **Entstehung** Vor 1600
Im Frühsommer relativ große, einfache, satt goldgelbe Blüten mit stechendem Geruch. Dunkelgrünes Laub. Feste, schokoladenbraune Triebe mit vielen scharfen Stacheln.
☼ **S** **H** 1,5 m **B** 1,2 m Zone 4

***R. foetida* 'Bicolor' (*R. lutea punicea*, 'Kapuzinerrose', 'Austrian Copper')**
Herkunft Kleinasien **Entstehung** 16. Jh.
Abstammung Sport von *R. foetida*
Mit *R. foetida* identisch, bis auf die ungewöhnlich leuchtenden orangeroten Blüten. Gelegentlich zurückschlagend.
☼ **S** **H** 1,5 m **B** 1,2 m Zone 4

***R. foetida* 'Persiana' ('Persian Yellow')**
Herkunft Kleinasien **Entstehung** 1835
Blüten dicht gefüllt, becherförmig, leuchtend gelb, unangenehmer Duft. Im Übrigen mit *R. foetida* identisch.
☼ **S** **H** 1,5 m **B** 1,2 m Zone 4

R. forrestiana
Herkunft China **Entstehung** 1918
Robuster Strauch mit kräftigen, bewehrten, mahagonibraunen Trieben. Mittelgroße, einfache, leicht duftende, tiefrosa Blüten und viele ovale, orange Hagebutten, die allmählich rot werden. Blaugrünes Laub.
◑ 💧 **S** **H** 2,5 m **B** 2,2 m Zone 6

***R. gallica* (*R. rubra*, Essigrose, Gallische Rose)**
Herkunft Europa **Entstehung** Vor 1600
Niedriger Strauch mit leicht ausladendem, buschigem Wuchs, wenigen Stacheln und dunkelgrünem Laub. Die einfachen Blüten öffnen sich in dunklem, ins Rote spielendem Rosa. Zarter Duft. Ahne aller Gallica-Hybriden.
◑ 💧 **S** **H** 90 cm **B** 90 cm Zone 5

***R. gentiliana* (*R. polyantha grandiflora*)**
Herkunft China **Entstehung** Ca. 1907
Einfache, duftende, cremeweiße Blüten in großen Büscheln, gefolgt von rundlich ovalen, orangeroten Hagebutten. Reizvolle, wuchsfreudige stark rankende Rose mit dicken, festen Trieben und sehr großen, glänzenden, kupfergrünen Blättern. Mäßig bewehrt.
◑ 💧💧 **S** **H** 6 m **B** 6 m Zone 6

***R. gigantea* (*R.* x *odorata gigantea*)**
Herkunft Burma, China **Entstehung** Ende 19. Jh.
Wuchsfreudige, stark rankende Rose oder Mauerkletterer mit langen, bewehrten, überhängenden, bronzegrünen Trieben und Laub in ähnlichen Farbtönen. Große, einfache, cremeweiße, dauerhaft erscheinende Blüten mit gelben Staubgefäßen. Zarter Duft. Gelbe, pralle, birnenförmige Früchte. In den Südstaaten der USA auch ausgewildert. In Nordeuropa nur bedingt frosthart.
☼ 💧 **D** **H** 6 m **B** 6 m Zone 8

***R. glauca* (*R. rubrifolia*)**
Herkunft Osteuropa **Entstehung** 1814
Überhängende, mäßig bewehrte, rötlich purpurrote Triebe mit gräulichem Überzug. Pflaumen- bis purpurfarbenes Laub. Kleine, einfache, sternförmige, zartrosa Blüten. Ovale, dunkelrote Hagebutten, die später zu Mahagonibraun wechseln.
◑ 💧 **S** **H** 1,8 m **B** 1,3 m Zone 4

R. gymnocarpa
Herkunft Nordamerika **Entstehung** 1893
Eher kleine, einfache, zart lilarosa Blüten in kleinen Büscheln zwischen reichlich gräulich grünem Laub. Verhaltener Duft. Anmutiger, niedriger Wuchs. Kleine, borstige, ovale, leuchtend rote Hagebutten.
◑ 💧 **S** **H** 1,2 m **B** 90 cm Zone 5

R. helenae
Herkunft China **Entstehung** 1907
Wuchsfreudige, stark rankende Rose, eine der schönsten ihrer Art. Relativ dicke, bräunliche Triebe, deren Rinde im Alter abblättert. Graugrünes Laub. Deutlich duftende, einfache, cremeweiße Blüten in prachtvollen, dichten, langen Dolden, gefolgt von zahlreichen, roten, johannisbeergroßen Hagebutten. M. E. gibt es nur eine echte *R. helenae* und nicht mehrere, wie gelegentlich angenommen wird.
◑ 💧💧 **S** **H** 6 m **B** 6 m Zone 5

***R. hemisphaerica* (*R. sulphuria*, Schwefelrose)**
Herkunft Westasien **Entstehung** 1625
Keine echte Wildrose. Dicht wachsender Strauch mit reichlich hellgrünem, weichem Laub. Im Hochsommer entstehen große, gänzlich gefüllte, schwefelgelbe Blüten, die unangenehm riechen.
☼ **S** **H** 1,5 m **B** 1,2 m Zone 5

R. hibernica
Herkunft Europa **Entstehung** 1795
Mittelgroßer Strauch mit Blüten, die in Größe und Farbe an jene der *R. canina* erinnern. Leichter Duft. Bewehrter, aufrechter Strauch mit eher dunkelgrünem Laub. Schöne Fülle an relativ großen, rundlichen, roten Hagebutten. Nützliche Rose für Hecken.
◑ 💧 **S** **H** 1,5 m **B** 1,5 m Zone 5

R.* x *kochiana
Herkunft Nordamerika **Entstehung** 1869
Niedriger Strauch mit schönem, leuchtend grünem Laub und einfachen, malvenrosa Blüten, cremegelbe Staubgefäße. Leichter Duft. Kleine, pralle, ovale Hagebutten. Möglicherweise keine echte Wildrose, sondern Kreuzung von *R. pimpinellifolia* und *R. virginiana* oder *R. carolina*.
◑ 💧 **S** **H** 90 cm **B** 60 cm Zone 4

***R. laevigata* ('The Cherokee Rose')**
Herkunft China **Entstehung** 1759
Immergrüne stark rankende Rose mit breiten, spitzen Stacheln und dunkelgrünem Laub. Entwickelt in mehreren Folgen große, einfache, leicht duftende, cremeweiße Blüten mit goldenen Staubgefäßen. In den Südstaaten der USA auch ausgewildert.
☼ 💧 **D** **H** 5 m **B** 4 m Zone 7

R. longicuspis
Herkunft China **Entstehung** 1915
Reichlich hellgrünes Laub, Dolden kleiner, einfacher, weißer Blüten mit bananenähnlichem Duft. Kleine, unscheinbare Hagebutten. Die echte Form dieser reizvollen Rose ist heute nur selten anzutreffen. (Fälschlicherweise wurde *R. mulliganii* mehrere Jahre lang unter diesem Namen vertrieben.)
☼ 💧💧 **S** **H** 6 m **B** 5 m Zone 6

R.* x *macrantha
Herkunft Frankreich **Entstehung** 1923
Keine echte Wildrose. Strauch mit überhängendem, eher lockerem Wuchs und dunkelgrünem Laub. Die mittelgroßen, einfachen, leicht duftenden Blüten mit deutlichen Staubgefäßen zeigen sich in Knospe rosa und öffnen sich dann zu Zartrosa bis Weiß. Dunkelrote Hagebutten. Relativ anfällig für Mehltau, aber erst nach der Blüte.
◐ 💧 **S** ⊙ **H** 1,2 m **B** 2,2 m Zone 5

R. macrophylla
Herkunft Himalaja **Entstehung** 1918
Hoher Strauch mit dunklem, mahagonibraunem Holz und dunkelgrünem Laub. Einfache, leicht duftende Blüten von schöner Größe in Tiefrosa bis Rot. Große, herabhängende, rote Hagebutten. In Gärten heute zumeist in den Sorten 'Doncasterii' und 'Master Hugh'.
◐ 💧 **S** **H** 2,5 m **B** 1,2 m Zone 4

R.* x *micrugosa
Herkunft Frankreich **Entstehung** 1905
Abstammung *R. roxburghii* x *R. rugosa*
Dichter, bewehrter Strauch mit einfachen, zartrosa Blüten, die in ihrer Beschaffenheit an Papier erinnern und den ganzen Sommer über erscheinen. Leichter Duft. Gewellte, mittelgrüne Blätter. Kleine, stachelborstige, kastanienartige Hagebutten. 'Alba' ist eine reinweiße Sorte.
◐ 💧 **D** **H** 1,2 m **B** 1,2 m Zone 4

R. moschata **(Moschusrose)**
Herkunft Kleinasien, Mittelmeeraum
Entstehung Vor dem 16. Jh.
Große Büschel einfacher, duftender, weißer Blüten, weiches, gräulich grünes Laub. Buschiger, leicht stacheliger Wuchs. Hagebutten entwickeln sich im Herbst zusammen mit den letzten Blüten. Auch gut als Kletterpflanze geeignet. Einer der Ahnen anderer Rosengruppen.
☼ 💧 **D** **H** 2,5 m **B** 1,8 m Zone 7

R. moyesii
Herkunft China **Entstehung** Ca. 1890
Hervorragende Wildrose. Robuste, sperrige Pflanze mit bräunlichen Trieben, mittelgrünem Laub und zahlreichen spitzen Stacheln. Einfache, leicht duftende, rein karmesinrote Blüten mit gelben Staubgefäßen, im Herbst gefolgt von hängenden, bauchigen, orangeroten Hagebutten. Elternsorte mehrerer guter Hybriden, einschließlich 'Geranium'.
◐ 💧 **S** **H** 3 m **B** 2,5 m Zone 5

R. mulliganii
Herkunft China **Entstehung** 1917
Wuchsfreudige Rose mit reichlich dunkelgrünem Laub. Äußerst bewehrte, biegsame Triebe. Einfacher, leicht duftender, weißer Flor in Büscheln. Kleine, orange Hagebutten in schöner Fülle. Bis vor kurzem fälschlicherweise als *R. longicuspis* vertrieben.
◐ 💧 **S** **H** 6 m **B** 3 m Zone 6

R. multiflora
Herkunft Japan, Korea **Entstehung** 1862
Relativ unbewehrte Wildrose mit reichlich mittelgrünem Laub. Wuchsfreudig. Die kleinen, einfachen, weißen, leicht duftenden Blüten werden im Frühsommer in großen Dolden getragen, gefolgt von Unmengen winziger Hagebutten. Bedeutend in der Ahnentafel zahlreicher Rosen, etwa 'Carnea' und 'Platyphylla'.
◐ 💧 **S** **H** 5 m **B** 3 m Zone 5

R. nitida
Herkunft Nordamerika **Entstehung** 1807
Niedrig wachsend, dicht, zahlreiche Stacheln. Papierene Blüten in Reinrosa, einfach, gefolgt von kleinen bis mittleren orangeroten Hagebutten. Wenig bis kein Duft. Fiedriges, mittelgrünes Laub. Effektiver Bodendecker.
◐ **S** **H** 90 cm **B** 90 cm Zone 4

R. nutkana
Herkunft Nordamerika **Entstehung** 1876
Mittel bis hoher, aufrechter Strauch mit gutem, dunkel graugrünem Laub und wenigen Stacheln. Reichlich, relativ große, einfache, leicht duftende Blüten in zartem Lilarosa mit ausgeprägten Staubgefäßen, gefolgt von prallen, ovalen, orangeroten Hagebutten. 'Plena' ist eine reizvolle gefüllte Sorte.
◐ 💧 **S** **H** 1,8 m **B** 1,8 m Zone 5

R. omeiensis pteracantha **(*R. sericea pteracantha*)**
Herkunft China **Entstehung** 1820
Hoch, aufrecht, große, durchscheinende, keilförmige Stacheln, kleine graugrüne Blätter. Trägt einfache, weiße Blüten mit nur vier Petalen und kleine, herabhängende, orangerote Hagebutten.
◐ **F** **H** 3 m **B** 1,8 m Zone 5

R. pendulina **(*R. alpina*, Alpenheckenrose)**
Herkunft Mitteleuropa **Entstehung** 1794
Mittel bis hoher Strauch mit rötlich purpurroten, unbewehrten Trieben, dunkelgrünes Laub. Einfache, tief malvenrosa Blüten, ausgeprägte, zartgelbe Staubgefäße. Im Herbst schlanke, flaschenförmige, rötlich orange Hagebutten.
◐ **S** **H** 1,8 m **B** 1,2 m Zone 3

R. phoenicia
Herkunft Türkei **Entstehung** 1885
Schlanke, eher dunkelgrüne Triebe mit reichlich gräulich grünem Laub. Einfache, weiße, leicht duftende Blüten in Dolden, gefolgt von ovalen, roten Hagebutten.
☼ 💧 **S** **H** 2,5 m **B** 1,2 m Zone 6

R. pimpinellifolia **(*R. spinosissima*, Bibernell-Rose, Dünenrose)**
Herkunft Europa **Entstehung** Sehr alt
Im späten Frühjahr schöne, einfache, duftende, zart cremegelbe bis weiße Blüten, gefolgt von hängenden, mahagonibraunen bis schwarzen Hagebutten. Farnartiges, mittel- bis hellgrünes Laub an äußerst bewehrten Trieben. Es existieren mehrere Klone, etwa 'Grandiflora' (auch bekannt als 'Altaica'), die höher wird und größere Blüten besitzt, und die dicht gefüllte 'Harison's Yellow'.
◐ 💧 **F** **H** 90 cm **B** 90 cm Zone 4

R. primula **(Weihrauchrose)**
Herkunft China **Entstehung** 1910
Kurzer bis mittelgroßer Strauch mit dichtem, farnartigem, dunkelgrünem Laub, einfache, duftende, zartgelbe Blüten im Frühjahr. Flor und Blätter duften deutlich nach Weihrauch. Wenige, kleine, orange Hagebutten.
◐ 💧💧 **F** **H** 90 cm **B** 90 cm Zone 5

R.* x *richardii **(*R. sancta*)**
Herkunft Äthiopien **Entstehung** Sehr alt
Einfache, rosa bis zartrosa Blüten, gutes, dunkelgrünes Laub. Duftend. Zahlreiche Hagebutten, von denen viele nicht ausreifen. Flächenrose für Gruppenpflanzungen.
◐ 💧 **S** **H** 90 cm **B** 1,2 m Zone 6

R. roxburghii normalis **(Kastanienrose, Burr-Rose)**
Herkunft China, Japan **Entstehung** 1908
Dichtes, farnartiges, mittelgrünes Laub an braunen Trieben, deren Rinde im Alter birkenrindenähnlich abblättert. Einfache, duftende, zart mittelrosa Blüten, gelborange Früchte, gleichen kleinen Esskastanien. Gute Heckenrose.
◐ 💧 **S** **H** 1,8 m **B** 1,5 m Zone 6

R. roxburghii **'Plena' (*R. roxburghii roxburghii*)**
Herkunft China, Japan **Entstehung** 1824
Ähnlich wie *R. roxburghii*, aber mit dicht gefüllten Blüten in tiefem Lilarosa.
◐ 💧 **S** **H** 1,8 m **B** 1,5 m Zone 7

R.* x *macrantha

R. nutkana

R. pendulina

R. phoenicia

R. setigera

R. stellata mirifica

R. villosa

R. virginiana

R. rubiginosa (_R. eglanteria_, Schottische Zaunrose, Weinrose, Apfelrose)
Herkunft Europa **Entstehung** Sehr alt
Enge Verwandte von *R. canina*. Einfache, stark duftende, zartrosa Blüten, zahlreiche, ovale, borstige, rote Hagebutten im Herbst. Buschiger Wuchs mit vielen spitzen Stacheln und nach Apfel duftendem, graugrünem Laub.
❍ ♦♦♦ **S H** 3 m **B** 2,5 m Zone 5

R. rugosa
Herkunft Japan, Korea, China **Entstehung** 1845
Beliebte Heckenrose, stark bewehrt, aufrechter Wuchs. Derbe, dunkelgrüne Blätter. Einfache, stark duftende Blüten in Mittel- bis Tiefrosa. Zahlreiche runde, leuchtend orange Hagebutten, die in reifem Zustand zu Rot wechseln. Es gibt mehrere Formen, darunter eine reinweiße namens 'Alba'. Rugosa-Gene lassen sich in zahlreichen Modernen Strauchrosen nachweisen.
❍ ♦♦♦ **D H** 2,5 m **B** 1,8 m Zone 3

R. sempervirens
Herkunft Mittelmeerraum, Nordafrika
Entstehung 1629
Kletternde, immergrüne, stark rankende Rose mit glänzendem, dunkelgrünem Laub, einfache, duftende, weiße Blüten in großen Dolden. Winzige, leuchtend rote Hagebutten. Einer der Ahnen ausgezeichneter Hybriden, u. a. 'Félicité et Perpétue', 'Adelaïde d'Orléans' und 'Princesse Marie'. Mitunter in Nordeuropa nicht ganz winterhart.
❍ ♦♦ **S H** 6 m **B** 6 m Zone 8

R. setigera (Prärierose)
Herkunft Nordamerika **Entstehung** 1810
Einfache, leicht duftende, tiefrosa Blüten an einer wuchsfreudigen Pflanze mit reichlich großem, dunkelgrünem Laub. Mittelgroße, nicht sonderlich auffallende Hagebutten. Ausladender Wuchs. Sehr nützlicher Strauch.
☼ ♦ **S H** 1,8 m **B** 1,8 m Zone 4

R. setipoda
Herkunft China **Entstehung** 1895
Wuchsfreudige Rose mit kräftigen Trieben und gefährlichen Stacheln. Dunkelgrünes Laub. Einfache, leuchtend reinrosa Blüten mit heller Mitte und großer Krone gelber Staubgefäße. Leichter Duft. Große, bauchige, borstige dunkelrote Hagebutten.
❍ ♦ **S H** 4 m **B** 3 m Zone 5

R. sinowilsonii
Herkunft China **Entstehung** 1904
Äußerst wuchsfreudige, stark rankende Rose mit außergewöhnlich großen, hellgrünen Blättern. Große, auffällige Dolden mit einfachen, leicht duftenden, weißen Blüten, elliptische, rote Hagebutten. Gilt in Nordeuropa als frostempfindlich, was ich nicht bestätigen kann.
☼ ♦ **S H** 6 m **B** 6 m Zone 8

R. soulieana
Herkunft Westliches China **Entstehung** 1896
Hervorragende, wuchsfreudige, überhängende Wildrose mit reichlich, gräulich grünem Laub. Wird als Strauchrose oder Rambler gezogen. Einfache, leicht duftende, reinweiße Blüten in großen, herabhängenden Büscheln. Kleine, orangerote Hagebutten. Gilt in Nordeuropa als nicht völlig winterhart, was ich nicht bestätigen kann.
❍ ♦ **S H** 5 m **B** 3 m Zone 7

R. stellata mirifica (Stachelbeerrose, The Sacramento Rose)
Herkunft Nordamerika **Entstehung** 1916
Eine der niedrigsten Wildrosen. Sieht im Winter aus wie ein Stachelbeerbusch. Zahlreiche, lange Stacheln, blaugrünes Laub. Kleine, einfache, lilarosa Blüten. Leichter Duft. Borstige, stachelbeerartige Hagebutten, die nahe an den Blättern getragen werden.
☼ ♦ **S H** 90 cm **B** 90 cm Zone 7

R. villosa (_R. pomifera_, Apfelrose)
Herkunft Europa **Entstehung** 1771
Kräftige, stachelige Wildrose mit weichen, gräulich grünen Trieben und Blättern. Einfache, leicht duftende Blüten in Mittelrosa. Für die Größe der Blüten sind die rundlichen, borstigen, roten Hagebutten recht groß. Gefüllte Sorten sind 'Duplex' oder 'Wolley Dodd's'.
❍ ♦ **S H** 1,8 m **B** 1,2 m Zone 5

R. virginiana
Herkunft Nordamerika **Entstehung** 1817
Dichter Strauch mit reichlich, hellgrünen Blättern. Mittelgroße, einfache, leicht duftende, rosa Blüten, gefolgt von prallen, runden, roten Hagebutten. Sehr farbenprächtiges Herbstlaub. Hervorragende Heckenrose.
❍ ♦ **S H** 1,2 m **B** 1,2 m Zone 4

R. virginiana 'Plena' (Rose d'Amour, St Mark's Rose)
Herkunft USA **Entstehung** 1820
In vielerlei Hinsicht R. virginiana ähnlich, aber mit wohlgeformten, halbgefüllten, tiefrosa Blüten. Herbstlaub weniger farbenprächtig als *R. virginiana*.
❍ ♦ **S H** 1,8 m **B** 1,2 m Zone 5

R. webbiana
Herkunft Himalaja, Afghanistan **Entstehung** 1879
Wuchsfreudiger, überhängender, doch schlanker Strauch mit gelben Stacheln an blaugrünem Holz. Bereiftes, graugrünes Laub. Kleine, einfache Blüten in zartem Rosarot mit leichtem Duft. Flaschenförmige, rote Früchte.
❍ ♦ **S H** 1,8 m **B** 1,5 m Zone 5

R. wichuraiana (_R. wichurana_)
Herkunft Japan, Korea, China **Entstehung** 1860
Wuchsfreudige Rose als Bodendecker oder zum Beranken von Bäumen. Glänzendes, dunkelgrünes Laub in üppiger Fülle, nahezu immergrün. Wenige Stacheln. Einfache, leicht duftende, weiße Blüten in Büscheln, gefolgt von kleinen, dunkelroten Hagebutten, die erst spät im Herbst reif werden. Wurde zur Züchtung zahlreicher hervorragender Rambler verwendet.
❍ ♦ **S H** 3 m **B** 6 m Zone 6

R. willmottiae
Herkunft China **Entstehung** 1904
Überhängender Strauch, farnartiges, graugrünes Laub, zahlreiche spitze Stacheln. Einfache, duftende Blüten in blauen Rosatönen. Runde bis längliche, herabhängende Hagebutten. Hervorragend als Solitär geeignet.
❍ ♦ **S H** 1,5 m **B** 1,5 m Zone 5

R. woodsii fendleri
Herkunft Nordamerika **Entstehung** 1888
Vielseitig verwendbarer, guter Strauch mit üppigem, eher dunkelgrünem Laub. Einfache, leicht duftende Blüten in Lilarosa mit goldgelben Staubgefäßen. Beachtlich große Früchte, oval, prall und rot. Gute Heckenrose.
❍ ♦ **S H** 1,5 m **B** 1,5 m Zone 4

R. xanthina (Manchu-Rose)
Herkunft China **Entstehung** Ca. 1900
Im Frühjahr einfache, zart duftende, tiefgelbe Blüten, üppiges, farnartiges, dunkelgrünes Laub. Kleine, unscheinbare Früchte. Von dieser Wildrose existieren mehrere Klone. Eine enge Verwandte ist 'Canary Bird'.
❍ ♦ **F H** 1,8 m **B** 1,8 m Zone 5

R. xanthina hugonis (_R. hugonis_)
Herkunft China **Entstehung** 1899
Deutlich erkennbare, eher hohe, aufrechte Rose mit dichtem, stacheligen Wuchs und farnartigem, dunkelgrünem Laub. Im Frühjahr relativ große, zartgelbe Blüten. Leicht duftend. Gelegentlich kleine, leuchtend rote Hagebutten.
❍ ♦ **F H** 2,2 m **B** 2,2 m Zone 5

Alte Rosen

Alba-Rosen

'Celestial' ('Celeste')
Herkunft Europa Entstehung Sehr alt
Abstammung Ungewiss
Halbgefüllte, becherförmige Blüten in Seidenrosa. »Teures« Parfum. Zart graugrünes, reichliches Laub. Teils Hagebutten, aber nie reichlich. Ausgesprochen schön.
❍ ♦♦♦ **S** **H** 1,8 m **B** 1,2 m Zone 5

'Chloris' ('Rosée du Matin')
Herkunft Europa **Entstehung** Sehr alt
Abstammung Ungewiss
Heute nur noch selten zu sehen. Gänzlich gefüllte Rose in zartem Satinrosa. Intensiver Duft. Relativ unbewehrte Triebe mit matt graugrünem Laub.
❍ ♦♦♦ **S** **H** 1,5 m **B** 1,2 m Zone 5

'Félicité Parmentier'
Züchter Parmentier, Belgien ca. 1828
Abstammung Ungewiss
Gänzlich gefüllte, zartrosa Blüten – mit wunderbar weichen Petalen – in üppigen Büscheln. Dunkel bleigraues, graugrünes Laub. Stark duftend und gesund. Gut proportionierte Pflanze.
❍ ♦♦♦ **S** **H** 1,2 m **B** 90 cm Zone 5

'Great Maiden's Blush' ('Cuisse de Nymphe', 'Incarnata', 'La Virginale', 'La Séduisante', 'Cuisse de Nymphe Émue')
Herkunft Europa **Entstehung** 15. Jh. oder früher
Abstammung Ungewiss
Raffinierte Rose, die zu den reizvollsten ihrer Gruppe zählt. Gänzlich gefüllte Blüten in zartem Perlmuttrosa mit betörendem Duft. Graugrünes Laub. Mit Sicherheit eine meiner Lieblingsrosen.
❍ ♦♦♦ **S** **H** 1,8 m **B** 1,2 m Zone 5

'Jeanne d'Arc'
Züchter Vibert, Frankreich 1818
Abstammung Ungewiss
Gefüllte Blüten, mit reizvollen nach innen wie auch zurückgeschlagenen Petalen in Cremefarben, die in der Sonne zu Weiß verblassen. Duftend. Graugrünes Laub. Aufrechter Strauch.
❍ ♦♦ **S** **H** 1,8 m **B** 1,5 m Zone 5

'Königin von Dänemark' (Queen of Denmark)
Züchter Booth, Dänemark 1826
Abstammung *R. alba* x unbekannte Damaszener-Hybride
Büschel dicht gefüllter, stark duftender, mittelrosa Blüten, etwas kleiner als bei den meisten Albas. Auch sind die Triebe stärker bewehrt. Graugrünes Laub. Sehr empfehlenswerte Alba-Rose.
❍ ♦♦♦ **S** **H** 1,5 m **B** 1,2 m Zone 4

'Maxima' ('Alba Maxima', 'Jakobitenrose', 'Great Double White', 'Cheshire Rose')
Herkunft Europa **Entstehung** 15. Jh. oder früher
Abstammung Mögl. *R. canina* x *R. gallica*
Gefüllte, nach innen gerollte, weiße Blüten mit zartrosa Hauch, die üppig in mittelgroßen Büscheln getragen werden. Betörender Duft. Charakteristisches graugrünes Alba-Laub. Wunderschöne Rose mit der für diese Gruppe charakteristischen Reinheit.
❍ ♦♦♦ **S** **H** 2,2 m **B** 1,5 m Zone

'Mme Legras de St Germain'
Herkunft Europa **Entstehung** Frühes 19. Jh.
Abstammung Ungewiss
Gänzlich gefüllte, eher pomponförmige, reinweiße Blüten in großen Büscheln zwischen weichen, zart bleigrauen Blättern. Duftend. Blüten halten sich bei feuchter und auch bei heißer Witterung gut. Gute Strauchrose und ebenso ein angenehmer Kletterer, vor allem an Mauern.
❍ ♦♦ **S** **H** 2,2 m **B** 1,8 m Zone 5

'Mme Plantier'
Züchter Plantier, Frankreich 1835
Abstammung Ungewiss
Büschel dicht gefüllter, duftender, reinweißer Blüten mit zerzausten Blütenblättern. Gräulich grünes Laub, Triebe mit wenigen Stacheln. Wuchsfreudig, fügt sich gut in Beete oder Rabatten ein, klettert auch gern an einer Mauer. Auch wenn sie vermutlich zu den Alba-Rosen zählt, besitzt sie wohl einige *R.-moschata*-Gene.
❍ ♦♦ **S** **H** 4 m **B** 2,5 m Zone 4

'Pompon Blanc Parfait'
Züchter Verdier, Frankreich ca. 1876
Abstammung Ungewiss
Kleine Büschel mit dicht gefüllten, reinweißen Blüten, deren zurückgebogene Petalen kleine Pompons bilden. Duftend. Das weiche, graugrüne Laub bildet eine schöne Ergänzung. Ordentlicher, kompakter Wuchs.
❍ ♦♦ **S** **H** 1,2 m **B** 90 cm Zone 5

'Semi-Plena' ('Alba Semi-Plena', *R. alba* 'Suaveolens', *R. alba* 'Nivea')
Herkunft Europa **Entstehung** Vor dem 15. Jh.
Abstammung Ungewiss
Halbgefüllte, intensiv duftende, reinweiße Blüten, lassen in völlig geöffnetem Zustand herrliche gelbe Staubgefäße erblicken. Aufrechter, stacheliger Strauch mit bleigraugrünem Laub. Teils einige Hagebutten. Gut für naturnahe Gärten und informelle Hecken. 'Semi-Plena', 'Suaveolens' und 'Nivea' werden gelegentlich als drei verschiedene Sorten geführt. M. E. handelt es sich um eine einzige Sorte, deren Klone sich durch eine unterschiedliche Zahl an Petalen unterscheiden.
❍ ♦♦♦ **S** **H** 2,5 m **B** 1,5 m Zone 4

Damaszener-Rosen

***R.* x *damascena* ('Summer Damask')**
Herkunft Naher Osten **Entstehung** Sehr alt
Abstammung Mögl. *R. gallica* x *R. phoenicia*
Heute nur selten anzutreffen. Meine Pflanze entwickelt dichte Büschel gänzlich gefüllter, stark duftender, zart- bis tiefrosa Blüten. Aufrecht, stachelig. Graugrünes, weiches Laub. Kleine, unscheinbare Hagebutten.
☼ ♦♦♦ **S** **H** 1,5 m **B** 90 cm Zone 5

'Belle Amour'
Entdeckung Lindsay 1950
Abstammung Ungewiss
Dicht gefüllte, duftende Blüten mit gekräuselten Petalen in zart rosagetönten Lachsfarben. Goldene Staubgefäße. Triebe bewehrt. Graugrünes, weiches Laub. Diese Rose steht den Albas nahe und sollte besser bekannt sein.
☼ ♦♦ **S** **H** 1,5 m **B** 90 cm Zone 5

'Blush Damask'
Herkunft Ungewiss **Entstehung** Sehr alt
Abstammung Ungewiss
Wuchsfreudiger, dichter Strauch mit üppiger Blüte im Frühsommer. Mittelgroße, gefüllte, rosa Blüten, die an den Rändern zu Zartrosa verblassen. Stark duftend. Reichlich, dunkelgrünes, etwas derbes Laub. Hervorragende Heckenrose.
❍ ♦♦♦ **S** **H** 1,2 m **B** 90 cm Zone 5

'Königin von Dänemark'

'Mme Legras de St Germain'

'Mme Plantier'

'Semi-Plena'

'Ispahan'

'Kazanlik'

'De Meaux'

'Duchesse de Rohan'

'Celsiana'
Herkunft Verm. Europa **Entstehung** Vor 1750
Abstammung Ungewiss
Büschel mit nahezu gänzlich gefüllter, stark duftender Blüten in reinem Rosa, das allmählich zu Zartrosa verblasst. Goldene Staubbeutel. Laub hell gräulich grün. Mittelhoher, leicht überhängender Wuchs.
❍ ♦♦♦ **S** **H** 1,5 m **B** 1,2 m Zone 5

'Hebe's Lip' ('Reine Blanche', 'Rubrotincta')
Züchter Paul, Großbritannien 1912
Abstammung Verm. *R.* x *damascena* x *R. rubiginosa*
Fast noch einfache Blüten in Hellelfenbein mit rotem Rand. Stark duftend. Bewehrter Strauch mit grobem, dunkelgrünem Laub, das angeblich duften soll. Wird gelegentlich als Rubiginosa-Hybride geführt.
❍ ♦♦♦ **S** **H** 1,2 m **B** 1, 2 m Zone 5

'Ispahan' ('Rose d'Isfahan')
Herkunft Naher Osten **Entstehung** Vor 1832
Abstammung Ungewiss
Gänzlich gefüllte, stark duftende, sattrosa Blüten, in allen Phasen wohlgeformt. Relativ aufrechte Triebe mit wenigen Stacheln und reizvollem, mittelgrünem Laub. Zählt zu den Schönsten ihrer Gruppe.
☼ ♦♦♦ **S** **H** 1,2 m **B** 90 cm Zone 5

'Kazanlik' ('Trigintipetala')
Herkunft Naher Osten **Entstehung** Sehr alt
Abstammung Ungewiss
Wuchsfreudige Rose, deren Blüten in Bulgarien in der Parfümherstellung verwendet werden. Etwas mehr als halbgefüllte, eher struppige Blüten in warmem Rosa. Mittel- bis dunkelgrünes, eher grobes Laub. Die äußerst bewehrte Pflanze wächst locker und schlaksig.
☼ ♦♦♦ **S** **H** 1,5 m **B** 1,2 m Zone 4

'La Ville de Bruxelles'
Züchter Vibert, Frankreich 1849
Abstammung Ungewiss
Große, gänzlich gefüllte, rein tiefrosa Blüten mit nach innen gerollter Mitte. Stark duftend. Kräftig, wuchsfreudig, aufrecht, grobes, mittelgrünes Laub.
☼ ♦♦♦ **S** **H** 90 cm **B** 90 cm Zone 5

'Leda' (Painted Damask)
Herkunft Europa **Einführung** Verm. 19. Jh.
Abstammung Ungewiss
Gänzlich gefüllte, zartrosa Blüten, die sich kissenförmig öffnen, mit roter Zeichnung an den Rändern. Stark duftend. Dunkelgrünes Laub. Buschiger, dichter Wuchs.
☼ ♦♦♦ **S** **H** 90 cm **B** 90 cm Zone 5

'Mme Hardy'
Züchter Hardy, Frankreich 1832
Abstammung Ungewiss
Zählt zu den schönsten Rosen. Gänzlich gefüllte, intensiv duftende, reinweiße Blüten. Hell gräulich grünes, weiches Laub. Aufrechte, eher dunkelgrüne Triebe.
☼ ♦♦♦ **S** **H** 1,5 m **B** 1,5 m Zone 5

'Omar Khayyám'
Herkunft Naher Osten **Einführung** Sehr alt
Abstammung Ungewiss
Niedrige Rose mit gänzlich gefüllten, duftenden, silbrigrosa Blüten und eher spärlichem, graugrünem Laub. Blüte überwiegend im Sommer mit gelegentlicher Nachblüte im Herbst.
☼ ♦♦ **Ö** **H** 90 cm **B** 90 cm Zone 5

'Quatre Saisons' ('Autumn Damask', *R.* x *damascena bifera*, *R.* x *damascena semperflorens*)
Herkunft Naher Osten **Entstehung** Sehr alt
Abstammung Mögl. *R. gallica* x *R. moschata* x *R. fedtschenkoana*
Die moderne Gentechnik zieht die allgemein angenommene Abstammung dieser Rose in Zweifel. Gefüllte, zartrosa Blüten in kurzstieligen, dichten Büscheln. Intensiv duftend und öfterblühend. Eher dunkelgrünes Laub an relativ bewehrten, flaumigen Trieben.
☼ ♦♦♦ **Ö** **H** 1,2 m **B** 90 cm Zone 5

'St Nicholas'
Züchter James, Großbritannien 1950
Abstammung Mögl. Damaszener-Rose x *R. gallica*
Ungewöhnliche Rose. Niedrig wachsend mit flaumigem, graugrünem Laub. Spitze Stacheln. Duftende, leuchtend rosa, etwas mehr als einfache Blüten mit goldenen Staubgefäßen. Blüht überwiegend im Sommer, geringe Nachblüte im Herbst.
☼ ♦♦ **Ö** **H** 90 cm **B** 90 cm Zone 5

'York and Lancaster' (*R.* x *damascena versicolor*)
Herkunft Ungewiss **Entstehung** Vor 1550
Abstammung Mögl. ein Sport von 'Kazanlik'
Halbgefüllte, eher struppige Blüten in Mittelrosa mit vereinzelten weißen Streifen. Teils auch einzelne weiße Blüten in den rosa Blütenbüscheln. Duftend. Bewehrter, überhängender Wuchs. Mittelgrünes, weiches Laub.
☼ ♦♦ **S** **H** 1,5 m **B** 1,2 m Zone 4

Zentifolien

***R.* x *centifolia* (Kohlrose, Provence-Rose)**
Herkunft Europa **Entstehung** Vor dem 16. Jh.
Abstammung Ungewiss
Gänzlich gefüllte, kohlförmige, leuchtend rosa Blüten, die sich schalenförmig und geviertelt öffnen. Intensiver Duft. Bewehrte Triebe, grobes, gräulich grünes Laub. Neigt zu ausladendem Wuchs. Gut geeignet als kleiner Kletterer, insbesondere an Mauern.
☼ ♦♦♦ **S** ⊙ **H** 1,8 m **B** 2,2 m Zone 4

'Blanchefleur'
Züchter Vibert, Frankreich 1835
Abstammung Ungewiss
Büschel gänzlich gefüllter, schalenförmiger, zartrosa, ins Rosa spielender Blüten. Stark duftend. Bewehrte Triebe mit gräulich grünem Laub. Für eine Zentifolie regelmäßig wachsend.
❍ ♦♦♦ **S** **H** 1,5 m **B** 1,2 m Zone 5

'Bullata' ('Lettuce-leaved Rose', *R.* x *centifolia* 'Bullata')
Herkunft Ungewiss **Einführung** Vor dem 16. Jh.
Abstammung Ungewiss
In Blüte und Wuchs wie *R.* x *centifolia*. Laub groß und faltig wie Salatblätter.
☼ ♦♦♦ **S** **H** 1,8 m **B** 2,2 m Zone 4

'De Meaux' ('Rose de Meaux')
Herkunft Ungewiss **Einführung** Vor 1790
Abstammung Ungewiss
Niedriger, aufrechter Strauch mit reichlich, gräulich grünem Laub. Kleine, dicht gefüllte, zartrosa, nelkenartige Blüten. Duftend. In Töpfen besonders lohnend. Es gibt auch eine weiße Form, die in jeder anderen Hinsicht identisch ist.
☼ ♦♦ **S** **H** 60 cm **B** 60 cm Zone 5

'Duchesse de Rohan' ('Duc de Rohan')
Herkunft Ungewiss **Entstehung** Ca. 1860
Abstammung Ungewiss
Gänzlich gefüllte Blüten in kräftigem, warmem Rosa, zu Lavendel verblassend. Intensiv duftend. Im Gegensatz zu anderen Zentifolien entwickelt sie eine vereinzelte Nachblüte. Bewehrte Triebe mit graugrünem Laub. Harmoniert gut mit Stauden.
◑ 💧💧💧 **Ö H** 1,5 m **B** 1,2 m Zone 5

'Fantin-Latour'
Herkunft & Abstammung Ungewiss
Gänzlich gefüllte, stark duftende, zartrosa Blüten, die sich kissenförmig öffnen. Mittelstark bewehrte Triebe mit reichlich, weichem, graugrünem Laub. Harmoniert gut mit anderen Sträuchern.
◑ 💧💧💧 **S H** 1,5 m **B** 1,2 m Zone 5

'Juno'
Herkunft Ungewiss **Entstehung** 1832
Abstammung Ungewiss
Überhängender, kleiner bis mittelgroßer Strauch. Mittelstark bewehrt mit dunkelgrünem Laub. Ihre rundlichen, weißen, zartrosa überhauchten Blüten öffnen sich gänzlich gefüllt und kissenförmig. Stark duftend.
◑ 💧💧💧 **S H** 1, 2 m **B** 1,2 m Zone 5

'Petite de Hollande' ('Pompon des Dames', 'Petite Junon de Hollande')
Herkunft Niederlande **Entstehung** 1800
Abstammung Ungewiss
Kompakter Strauch mit vielen, eher kleinen, gänzlich gefüllten, in geöffnetem Zustand reinrosa Blüten. Relativ bewehrte Sorte mit mittelgrünem Laub. Ideal in Dreiergruppen zwischen Stauden.
◑ 💧💧 **S H** 90 cm **B** 90 cm Zone 5

'Pompon de Bourgogne' ('Burgunderrose' *R. burgundica*, 'Parvifolia')
Herkunft Ungewiss **Entstehung** Vor 1664
Abstammung Ungewiss
Eine der kleineren Zentifolien, aufrecht im Wuchs mit graugrünem Laub, das reichlich, an eher dünnen, relativ unbewehrten Trieben steht. Leicht duftende, pomponförmige Blüten in Rosa- bis Weinrot in kleinen Büscheln. In Töpfen oder Gruppen hervorragend.
☼ 💧 **S H** 60 cm **B** 60 cm Zone 5

'Robert le Diable'
Herkunft Frankreich
Abstammung Ungewiss
Beachtlich große, gänzlich gefüllte, duftende Blüten in eher karmesinroten Tönen mit Nuancen von Lila und Grau und einem kleinen, grünen Auge. Üppige Blütenfülle, regelmäßig wachsende, relativ kompakte Pflanze, dunkelgrünes Laub. Passt gut zu weißen Stauden.
☼ 💧💧 **S H** 90 cm **B** 90 cm Zone 6

'Rose des Peintres' ('Centfeuille des Peintres', *R.* x *centifolia* 'Major')
Herkunft & Abstammung Ungewiss
Schöne Blüten, die an jene der *R.* x *centifolia* erinnern, wenn auch feiner und leuchtender rosa. Intensiv duftend. Eher ausladende, stachelige Pflanze mit reichlich, dunkelgrünem Laub. Ist für eine Stütze dankbar.
☼ 💧💧💧 **S H** 1,8 m **B** 1,5 m Zone 5

'Spong'
Züchter Spong, Frankreich 1805
Abstammung Ungewiss
Mittlere Größe, zahlreiche nelkenartige, duftende, kräftig rosarote Blüten, die etwas früher erscheinen als andere ihrer Art. Vereinzelte Nachblüte. Buschiger, aufrechter Wuchs. Wurde im frühen 19. Jh. in Töpfen gezogen, die auf den Pariser Märkten verkauft wurden.
☼ 💧💧 **Ö H** 90 cm **B** 90 cm Zone 5

'Tour de Malakoff' ('Black Jack')
Züchter Soupert und Notting, Luxemburg 1856
Abstammung Ungewiss
Lockere, gänzlich gefüllte, magenta-purpurrote Blüten, verblassen zu Lilagrau. Stark duftend. Dunkelgrünes Laub. Bewehrt, eher schlaksiger Wuchs, braucht Stütze. Gut als kleine Kletterpflanze, z.B. mit weißer Klematis.
◑ 💧💧💧 **S H** 2,5 m **B** 1,5 m Zone 5

'Unique Blanche' (White Provence, 'Vierge de Cléry')
Herkunft Großbritannien **Entstehung** 1775
Abstammung Verm. ein Sport einer anderen Zentifolie
Sehr schöne, gefüllte, reinweiße Blüten von seidener Beschaffenheit in kleinen Büscheln. Stark duftend. Lockerer Wuchs, buschig und bewehrt mit weichem, graugrünem Laub. Hervorragend in Gehölzpflanzungen.
◑ 💧💧💧 **S H** 1,2 m **B** 1,2 m Zone 4

'Village Maid' ('Belle des Jardins', 'La Rubanée', *R.* x *centifolia* 'Variegata')
Herkunft Frankreich **Entstehung** 1845
Abstammung Ungewiss
Äußerst wuchsfreudige, stachelige Rose mit aufrechtem Wuchs und gutem, graugrünem Laub. Üppig blühend. Die stark duftenden Blüten sind rundlich, gefüllt und zart cremeweiß mit purpurrot-rosa Streifen.
☼ 💧💧💧 **S H** 1,5 m **B** 1,2 m Zone 5

Gallica-Rosen

'Agatha'
Herkunft Frankreich **Entstehung** Ca. 1818
Abstammung Mögl. *R. gallica* x *R. pendulina*
Wunderschön. Gänzlich gefüllte, duftende, tief himbeerrosa Blüten mit blasserem Rand. Die unregelmäßige Bildung der Blütenblätter gibt den geöffneten Blüten einen lockeren, geviertelten Effekt. Struktur erinnert an Krepppapier. Dichter, lockerer Wuchs, dunkelgrünes Laub.
◑ 💧💧 **S H** 1,5 m **B** 1,2 m Zone 5

'Alain Blanchard'
Züchter Vibert, Frankreich 1839
Abstammung *R. centifolia* x *R. gallica*
Große, offene, halbgefüllte, duftende Blüten in purpur überlaufenem Karmesinrot mit goldenen Staubgefäßen. Buschiger, dichter Wuchs mit dunkelgrünem Laub. Harmoniert gut mit zartrosa und weißen Rosen.
◑ 💧 **S H** 1,2 m **B** 1,2 m Zone 5

'Anaïs Ségalas'
Züchter Vibert, Frankreich 1837
Abstammung Ungewiss
Gänzlich gefüllte, leuchtend rosa bis karmesinrote Blüten in kleinen Büscheln. Duftend. Wuchs, regelmäßig, buschig, reichlich, graugrünes Laub. Gute Kübelpflanze.
◑ 💧💧 **S H** 90 cm **B** 90 cm Zone 5

'Belle de Crécy'
Züchter Hardy, Frankreich 1829
Abstammung Ungewiss
Die gänzlich gefüllten Blüten öffnen sich kissenförmig in einer Mischung aus Purpurrot, Mauve und Rosa. Stark duftend. Aufrechte, relativ unbewehrte Sorte mit reichlich graugrünem Laub, das sich grob anfühlt. Etwas launenhaft und anfällig für Mehltau.
☼ 💧💧💧 **S** ⊙ **H** 1,2 m **B** 90 cm Zone 5

'Belle Isis'
Züchter Parmentier, Belgien 1845
Abstammung Ungewiss
Stark duftende Blüten, öffnen sich schalenförmig und fast gänzlich gefüllt in Zartrosa. Regelmäßiger, buschiger Wuchs, dunkelgrünes Laub. Bildet reizvolle Hecke.
☼ 💧💧💧 **S H** 1,2 m **B** 90 cm Zone 5

'Pompon de Bourgogne'

'Village Maid'

'Agatha'

'Belle de Crécy'

'Charles de Mills'

'De la Maître d'École'

'Duchesse d'Angoulême'

'Rosa Mundi'

'Camaieux'
Züchter Vibert, Frankreich 1830
Abstammung Ungewiss
Fast gänzlich gefüllte Blüten in silbrigem Rosa, mit unregelmäßigen Streifen von purpurrotem Karmesinrot, das vor dem Verblühen stärker zu Lila-Purpurrot wechselt. Reizvoller Duft. An den überhängenden Trieben hebt sich der Flor schön von dem gesunden, gräulich grünen Laub ab. Kompakte, buschige Pflanze.
◑ 💧💧 **S** **H** 90 cm **B** 90 cm Zone 5

'Cardinal de Richelieu'
Züchter Parmentier, Belgien vor 1847
Abstammung Ungewiss
Wunderbar symmetrische Rose. Äußere Blütenblätter leicht zurückgebogen, innere zur Mitte geneigt. Gefüllte, kräftig purpurrote, leicht duftende, weiche Blüten. Lockerer, aber buschiger Wuchs. Reichlich, dunkelgrünes Laub, mitunter mit kastanienbraunem Rand.
◑ 💧 **S** **H** 1,2 m **B** 90 cm Zone 5

'Charles de Mills' ('Bizarre Triomphant')
Züchter Roseraie de l'Haÿ Collection, Frankreich
Abstammung Ungewiss
Große, dicht gefüllte, kissenförmige Blüten in einer Mischung von Magenta- bis Purpurrot und Dunkelrosa, die in völlig geöffnetem Zustand ein grünes Auge erkennen lassen. Leider kein Duft. Üppige Blüte im Sommer. Typisches dunkles, glanzloses Gallica-Laub. Lockerer Wuchs.
◑ **S** **H** 1,2 m **B** 1,2 m Zone 5

'Complicata'
Herkunft Ungewiss
Abstammung Mögl. *R. gallica* x *R. canina* oder *R.* x *macrantha*
Große, tellerartige, einfache Blüten in leuchtendem Rosa mit heller Mitte und goldenen Staubgefäßen. Blüht nur einmal, dafür aber umwerfend. Breiter, überhängender Wuchs, gräulich grünes Laub. An Mauern, zwischen Sträuchern oder zum Beranken von Bäumen.
◑ 💧💧 **S** **H** 3 m **B** 1,8 m Zone 5

'Conditorum'
Herkunft Frankreich **Entstehung** Sehr alt
Abstammung Ungewiss
Gänzlich gefüllte, duftende, rubin- bis kirschrote Blüten. Buschiger, aufrechter, relativ unbewehrter Strauch mit gutem, frisch grünem Laub.
◑ 💧💧 **S** **H** 1,2 m **B** 90 cm Zone 5

'De la Maître d'École'
Züchter Coquereau, Frankreich 1836
Abstammung Ungewiss
Große, gänzlich gefüllte, schalenförmige, geviertelte Blüten, überwiegend rosa mit Nuancen von Lila und Magenta. Die nach innen gerollten, duftenden Blüten umgeben ein grünes Auge. Blüten in Dolden an überhängenden, relativ unbewehrten Trieben, dunkelgrünes Laub.
◑ 💧💧 **S** **H** 90 cm **B** 90 cm Zone 5

'Duchesse d'Angoulême' ('Duc d'Angoulême')
Züchter Vibert, Frankreich ca. 1835
Abstammung Ungewiss
Fast gänzlich gefüllte, duftende, zart perlmuttrosa Blüten, goldene Staubgefäße. Wuchs locker, buschig. Leuchtend grünes Laub. Harmoniert gut mit Stauden.
◑ 💧💧 **S** **H** 1,2 m **B** 90 cm Zone 5

'Duchesse de Montebello'
Züchter Laffay, Frankreich 1829
Abstammung Gallica x China-Rose
Dicht gefüllte, schalenförmige, zart puderrosa Blüten, Blütenblätter wirken fast durchscheinend. Zur Mitte hin eingerollt, grünes Auge. Angenehmer Duft. Gesundes, dunkelgrünes Laub. Schöne Kübelpflanze.
◑ 💧💧 **S** **H** 1,2 m **B** 90 cm Zone 5

'Empress Joséphine' ('Impératrice Joséphine', *R.* x *francofurtana* 'Empress Joséphine')
Züchter Descemet, Frankreich vor 1815
Abstammung *R. gallica* x *R. majalis*
Eine luxuriöse Rose. Fast gefüllte, leicht zerzauste Blüten mit locker angeordneten Petalen in Dunkelrosa, mit helleren Rosatönen und Nuancen von Lavendel durchwirkt. Leicht ausladende Triebe, dunkelgrünes Laub. Relativ unbewehrt.
◑ 💧💧 **S** **H** 1,5 m **B** 1,2 m Zone 5

***R. gallica officinalis* ('Apotheker-Rose', 'Red Rose of Lancaster', 'Rose of Provins')**
Herkunft Europa, Südwestasien **Entstehung** Sehr alt
Abstammung Ungewiss
Halbgefüllte, leicht karmesinrote Blüten mit auffallenden gelben Staubgefäßen. Intensiv duftend. Dichtes, graugrünes, festes Laub, gut proportionierte Pflanze. In mittelalterlichen Apotheken aufgrund ihres Dufts sehr geschätzt. Hervorragende Heckenrose.
◑ 💧💧💧 **S** ⊙ **H** 90 cm **B** 90 cm Zone 5

'Gloire de France'
Züchter Bizard, Frankreich 1828
Abstammung Ungewiss
Mittelgroße, dicht gefüllte Blüten in Blassrosa mit dunklerer Mitte, die bei heißem Wetter fast zu Weiß verblassen. Buschiger Wuchs mit festem, dunkelgrünem Laub. Dichter, ausladender Strauch für Einzelstellung.
◑ 💧💧 **S** **H** 90 cm **B** 1,2 m Zone 5

'Hippolyte'
Herkunft Ungewiss **Entstehung** Vor 1842
Abstammung Verm. Gallica x China-Rose
Purpur- bis magentarote, kleine, gefüllte Blüten in wundervoller Anordnung mit nach innen gerollten inneren Blütenblättern und zurückgebogenen äußeren Petalen. Duftend. In Büscheln, dünne, biegsame, fast unbewehrte, überhängende Triebe. Glattes, dunkelgrünes Laub.
☼ 💧💧 **S** **H** 90 cm **B** 1,2 m Zone 5

'La Belle Sultane' (*R. gallica* 'Violacea', 'Violacea')
Züchter Dupont, Frankreich vor 1811
Abstammung Ungewiss
Etwas mehr als einfache Blüten, zart violett bis purpurrot gefleckt mit goldenen Staubgefäßen. Duftend. In üppigen Mengen an einem aufrechten Strauch mit grobem, graugrünem Laub.
◑ 💧💧 **S** **H** 1,5 m **B** 1,2 m Zone 5

'Président de Sèze' ('Mme Hébert')
Züchter Hébert, Frankreich 1828
Abstammung Ungewiss
Gefüllte Blüten in Lila bis Magentarot mit blasseren Schattierungen am Rand. Graugrünes Laub, leicht bewehrte, überhängende Triebe. Intensiver Duft.
◑ 💧💧💧 **S** **H** 1,2 m **B** 90 cm Zone 5

'Rosa Mundi' (*R. gallica versicolor*)
Herkunft Ungewiss **Entstehung** Sehr alt
Abstammung Sport von *R. gallica officinalis*
Berühmte und Aufsehen erregende Rose. Die halbgefüllten Blüten sind karmesinrot und weiß gestreift. Grobes, graugrünes Laub an einem schön proportionierten Strauch. Hervorragende Heckenrose.
◑ 💧💧 **S** ⊙ **H** 90 cm **B** 90 cm Zone 5

'Tuscany' ('The Old Velvet Rose')
Herkunft & **Abstammung** Ungewiss
Herrliche, halbgefüllte, dunkelrote Blüten mit schöner Krone goldener Staubgefäße und starkem Duft. Aufrechte Pflanze mit reichlich, eher gekräuseltem, dunkelgrünem Laub. Nützliche Heckenrose. Etwas anfällig für Mehltau.
◑ 💧💧💧 **S** ⊙ **H** 1,2 m **B** 90 cm Zone 5

'Tuscany Superb'
Züchter Paul, Großbritannien 1848
Abstammung Verm. ein Sport von 'Tuscany'
Sehr schöne Rose. Dicht gefüllte B üten in dunklem, samtigem Rot, die häufig mit gelbem Blütenstaub überzogen sind. Sehr intensiv duftend. Relativ aufrechte Sorte mit großen, dunkelgrünen Blättern. Hervorragend in Rabatten und als Hecke.
❍ ♦♦♦ **S** **H** 1,2 m **B** 90 cm Zone 5

'Velutinaeflora'
Herkunft Ungewiss **Entstehung** Mögl. 19. Jh.
Abstammung Ungewiss
Aus schlanken Knospen mit weichen, flaumigen Kelchblättern öffnen sich einfache, stark marmorierte Blüten in Tiefrosa mit auffallenden goldenen Staubgefäßen. Duftend. Bewehrter Strauch mit großem, dunkelgrünem Laub.
❍ ♦♦♦ **S** ⊙ **H** 90 cm **B** 90 cm Zone 5

Pimpinellifolia-Rosen

'Burnet Double Pink'
Herkunft & Abstammung Ungewiss
Kleine, gefüllte, becherförmige Blüten in einem zarten Rosaton mit gelben Staubgefäßen. Rundliche Knospen. Duftend. Ausgeprägter buschiger Wuchs. Bewehrt. Farnartiges, dunkelgrünes Laub. Hängende, runde, mahagonibraune bis schwarze Früchte. Hervorragende Heckenrose.
❍ ♦♦ **S** **H** 90 cm **B** 90 cm Zone 5

'Burnet Double White'
Wie oben, nur mit reinweißen Blüten.
❍ ♦♦ **S** **H** 90 cm **B** 90 cm Zone 5

'Burnet Irish Marbled'
Wie 'Burnet Double Pink' mit zart purpurrot-malvenfarben marmorierten Blüten mit weißen und zartrosa Streifen.
❍ ♦♦ **S** **H** 90 cm **B** 90 cm Zone 5

'Burnet Marbled Pink'
Wie 'Burnet Double Pink' mit rosa marmorierten Blüten mit weißen Streifen.
❍ ♦♦ **S** **H** 90 cm **B** 90 cm Zone 5

'Falkland'
Eingeführt Großbritannien, frühes 19. Jh.
Abstammung Ungewiss
Aus runden Knospen öffnen sich herrliche, halbgefüllte, leicht duftende Blüten in Lilarosa bis Mauve, das zu Zartrosa verblasst. Farnartiges, dunkelgrünes Laub. Stachelige Pflanze. Rundliche, kastanienbraune bis schwarze Hagebutten.
❍ ♦ **S** **H** 90 cm **B** 90 cm Zone 5

'Glory of Edzell'
Eingeführt Großbritannien, frühes 19. Jh.
Abstammung Ungewiss
Im späten Frühjahr einfache, duftende, leuchtend reinrosa Blüten mit auffallenden Staubgefäßen. Dichter, bewehrter Strauch mit farnartigem Laub. Kastanienbraune Hagebutten.
❍ ♦♦ **F** **H** 1,2 m **B** 1,2 m Zone 5

'Mary Queen of Scots'
Herkunft Ungewiss **Entstehung** Frühes 19. Jh.
Abstammung Ungewiss
Im späten Frühjahr reizvolle, einfache, weiße Blüten mit kräftiger lila und purpurroter Zeichnung und goldenen Staubgefäßen, gefolgt von kleinen, mahagonibraunen Hagebutten. Leichter Duft. Bewehrte, aufrechte Pflanze mit graugrünem Laub. Ideal als Dreiergruppe in Gehölzpflanzungen.
❍ ♦ **F** **H** 90 cm **B** 90 cm Zone 5

'Mrs Colville'
Herkunft Ungewiss **Entstehung** Frühes 19. Jh.
Abstammung Ungewiss
Einfache, tief- bis magentarote Blüten mit zartgelben Staubgefäßen. Üppige Blüte im Frühsommer. Farnartiges, eher dunkel blaugrünes Laub. Dicht, bewehrt. Kastanienbraune Früchte. Vorzügliche Kübelpflanze.
❍ ♦♦ **S** **H** 1,2 m **B** 90 cm Zone 5

'Old Yellow Scotch'
Herkunft Ungewiss **Entstehung** spätes 18. Jh.
Abstammung Ungewiss
Robuste Pflanze mit bewehrten Trieben. Etwas mehr als halbgefüllte, duftende, tiefgelbe Blüten. Grobes, farnartiges, dunkel gräulich grünes Laub. Gute Heckenrose.
❍ ♦♦ **F** **H** 1,2 m **B** 90 cm Zone 4

'Single Cherry'
Herkunft Ungewiss **Entstehung** Frühes 19. Jh.
Abstammung Ungewiss
Beachtlich große, einfache, duftende, leuchtend kirschrote Blüten mit zartgelben Staubgefäßen. Buschige, bewehrte Sorte mit reichlich, farnartigem, dunkelgrünem Laub. Dunkel mahagonibraune Hagebutten. Guter Partner für Stauden.
❍ ♦♦ **S** **H** 90 cm **B** 90 cm Zone 5

'Stanwell Perpetual'
Züchter Lee, Großbritannien 1838
Abstammung 'Quatre Saisons' x *R. pimpinellifolia*
Große, gänzlich gefüllte Blüten, geviertelt, stark duftend, zartes, seidiges Rosa. Blüht den ganzen Sommer. Buschiger, leicht überhängender Wuchs. Kleine, zahlreiche, graugrüne Blätter, teils gräulich purpurn gefleckt.
❍ ♦♦♦ **D** **H** 1,5 m **B** 1,5 m Zone 4

'William III'
Herkunft Ungewiss **Entstehung** Frühes 19. Jh.
Abstammung Ungewiss
Halbgefüllte, becherförmige, kastanienbraune Blüten, die vor dem Verblühen zu Magentarot wechseln. Duftend. Kompakte Pflanze mit bewehrten Trieben und dunkelgrünem Laub. Schokoladenbraune Hagebutten. Gut als Kübelpflanze oder zwischen Stauden.
❍ ♦♦ **S** **H** 90 cm **B** 90 cm Zone 5

'Williams' Double Yellow'
Züchter Williams, Großbritannien 1828
Abstammung *R. pimpinellifolia* x *R. foetida* 'Persiana'
Buschig, Triebe mit zahlreichen spitzen Stacheln und robustem, farnartigem, dunkelgrünem Laub. Im späten Frühjahr entstehen halbgefüllte, reingelbe Blüten in üppiger Zahl. Duftend.
❍ ♦♦ **F** **H** 1,2 m **B** 90 cm Zone 4

Moosrosen

'Alfred de Dalmas' ('Mousseline')
Züchter Laffay, Frankreich 1855
Abstammung Damaszener-Ursprung
Halbgefüllte, leicht becherförmige Blüten in Cremerosa. Duftend. Untersetzter, aufrechter Wuchs. Mittelgrüne Blätter. Laub, Blütenkelche und Jungaustrieb mit borstigem, khakifarbenem Moos überzogen.
❍ ♦♦ **D** ⊙ **H** 60 cm **B** 60 cm Zone 5

'Blanche Moreau'
Züchter Moreau-Robert, Frankreich 1880
Abstammung 'Comtesse de Murinais' x 'Quatre Saisons Blanc Mousseux'
Dicht gefüllte, reinweiße Blüten, gutes, eher dunkelgrünes Laub. Duftend. Triebe, Knospen und junges Laub mit borstigem, kastanienbraunem Moos bedeckt. Anfällig für Mehltau. Gelegentliche Nachblüte im Herbst.
☼ ♦♦ **Ö** ⊙ **H** 1,2 m **B** 90 cm Zone 5

'Mrs Colville'

'Single Cherry'

'Stanwell Perpetual'

'Alfred de Dalmas'

'Common Moss'

'Comtesse de Murinais'

'Jeanne de Montfort'

'Mme Louis Lévêque'

'Capitaine John Ingram'
Züchter Laffay, Frankreich 1855
Abstammung Ungewiss
Hervorragende Moosrose. Mittelgroße, gänzlich gefüllte, duftende, rötlich purpurrote Blüten. Leicht ausladend. Nach Kiefern duftendes, purpurrot bis braunes Moos an Knospen und Trieben. Dunkelgrünes Laub.
❍ ♦♦ **S** **H** 1,2 m **B** 90 cm Zone 5

'Chapeau de Napoléon' (Crested Moss, *R.* x *centifolia* 'Cristata')
Züchter Vibert, Frankreich 1826
Abstammung Verm. ein Sämling von *R.* x *centifolia*
Dicht gefüllte, intensiv duftende Blüten in tief silbrigem Rosa. Jede Knospe trägt an den Kelchblättern Moosbüschel, die einem Dreispitz gleichen, was der Rose ihren Namen gab. Eher ausladender Wuchs. Graugrünes Laub.
☼ ♦♦♦ **S** **H** 1,5 m **B** 1,2 m Zone 4

'Common Moss' ('Old Pink Moss', 'Communis')
Herkunft Frankreich **Entstehung** Vor 1700
Abstammung Verbesserte Form von *R.* x *centifolia* 'Muscosa'
Stark bemooste Knospen öffnen sich zu dicht gefüllten, leuchtend tiefrosa Blüten. Stark duftend. Ausladend und robust. Junge Triebe schön mit mittelgrünem, nach Kiefern duftendem Moos überzogen. Mittelgrünes Laub.
❍ ♦♦♦ **S** **H** 1,2 m **B** 1,2 m Zone 4

'Comtesse de Murinais'
Züchter Vibert, Frankreich 1843
Abstammung Ungewiss
Kissenförmige, dicht gefüllte, zartrosa bis cremefarbene Blüten. Stark duftend. Lockerer, ausladender Wuchs, Triebe mit reichlich, mittelgrünem Laub. Knospen und Jungtriebe sind stark mit borstigem, aromatischem, hellgrünem Moos bestanden. Sie gedeiht am besten an einer Stütze.
❍ ♦♦♦ **S** **H** 1,5 m **B** 1,2 m Zone 5

'Deuil de Paul Fontaine'
Züchter Fontaine, Frankreich 1873
Abstammung Ungewiss
Im Hochsommer große, dicht gefüllte, duftende, tief dunkelrote Blüten. Vereinzelte Nachblüte. Buschiger Wuchs. Laub und Moos in rötlichem Grün, das zu Mittelgrün wechselt. Etwas anfällig für Mehltau.
☼ ♦♦ **Ö** ⊙ **H** 90 cm **B** 90 cm Zone 7

'Duchesse de Verneuil'
Züchter Portemer, Frankreich 1856
Abstammung Ungewiss
Mittelhoch bis hoch, leuchtend rosa Blüten, gänzlich gefüllt, eher schalen- und kissenförmig. Stark duftend. Mittel- bis hellgrünes Laub an starken, aufrechten Trieben. Dichtes, aromatisches, dunkelgrünes Moos.
❍ ♦♦♦ **S** **H** 1,5 m **B** 90 cm Zone 5

'Général Kléber'
Züchter Robert, Frankreich 1856
Abstammung Ungewiss
Knospen dicht bemoost, Blüten gänzlich gefüllt, zart zuckergussrosa. Stark duftend. Regelmäßig wachsende, pflegeleichte Sorte mit hellgrünem Laub und stark aromatischem Moos. Eine der besten Moosrosen.
❍ ♦♦♦ **S** **H** 1,2 m **B** 1,2 m Zone 5

'Gloire des Mousseux'
Züchter Laffay, Frankreich 1852
Abstammung Ungewiss
Stark bemooste Knospen, öffnen sich zu sehr großen, dicht gefüllten, zartrosa Blüten mit intensivem Duft. Laub und Triebe dunkelgrün, Moos noch tiefer dunkelgrün. Eher lockerer Wuchs. Gegen Ende der Saison anfällig für Mehltau.
❍ ♦♦♦ **S** ⊙ **H** 1,2 m **B** 1,2 m Zone 5

'Henri Martin' (Red Moss)
Züchter Laffay, Frankreich 1863
Abstammung Ungewiss
Mittelgroße bis große, dicht gefüllte, duftende, leuchtend rote Blüten in großen Büscheln. Knospen und Blütenstiele sind dicht mit rötlich braunem Moos bestanden. Gesundes, leuchtend grünes Laub. Gedeiht hervorragend mit Stütze.
☼ ♦♦ **S** **H** 1,5 m **B** 1,2 m Zone 5

'James Mitchell'
Züchter Verdier, Frankreich 1861
Abstammung Ungewiss
Dicht wachsende Rose mit üppigen Mengen an halbgefüllten, duftenden, mittelrosa Blüten mit bemoosten Knospen und Stielen. Dunkelgrünes, festes Laub. Das eher purpurgetönte Moos ist ebenfalls fest.
❍ ♦♦ **S** **H** 1,2 m **B** 1,2 m Zone 5

'Jeanne de Montfort'
Züchter Robert, Frankreich ca. 1851
Abstammung Ungewiss
Hoch, dicht gefüllte, rein rosarote Blüten in großen, schweren Büscheln. Duftend. Festes, kastanienbraunes Moos, duftet nach Kiefernnadeln. Für Stütze dankbar. Trotz Anfälligkeit für Mehltau sehr empfehlenswert.
❍ ♦♦ **S** ⊙ **H** 2,5 m **B** 1,5 m Zone 5

'Mme Louis Lévêque'
Züchter Lévêque, Frankreich 1898
Abstammung Ungewiss
Beachtlich große, becherförmige, dicht gefüllte Blüten in zartem, warmem Rosa, schöner Duft, seidene Struktur. Ledriges, mittel- bis dunkelgrünes Laub. Robuster, aufrechter Wuchs. Etwas anfällig für Mehltau.
❍ ♦♦♦ **S** ⊙ **H** 1,2 m **B** 90 cm Zone 5

'Mrs William Paul'
Züchter Paul, Großbritannien 1869
Abstammung Ungewiss
Starkwüchsig, buschig, bemooste Knospen und Triebe. Leuchtend mittelgrünes Laub. Blüten fast dicht gefüllt in leuchtendem Rosa mit rötlichen Nuancen und einem schönen Duft. Gegen Ende des Sommers vereinzelt nachblühend.
❍ ♦♦ **Ö** **H** 1,2 m **B** 90 cm Zone 5

'Nuits de Young' ('Old Black')
Züchter Laffay, Frankreich 1845
Abstammung Ungewiss
Große Büschel kleiner, dicht gefüllter, intensiv duftender Blüten in tiefem, fast schwarzem Kastanienbraun. Moos nur wenige Nuancen heller. Locker wachsender Strauch mit dunkelgrünem, festem Laub. Besonders wirkungsvoll in Dreier- oder Fünfergruppen. Leicht anfällig für Mehltau.
❍ ♦♦♦ **S** ⊙ **H** 1,2 m **B** 90 cm Zone 4

'Quatre Saisons Blanc Mousseux'
Züchter Laffay, Frankreich vor 1837
Abstammung Sport von 'Quatre Saisons'
Rose mit Damaszener-Genen. Dicht gefüllte, intensiv duftende, reinweiße Blüten. Vereinzelte Nachblüte nach üppigem ersten Flor. Moos dunkelgrün bis pflaumenfarben. Dunkelgrünes Laub. Mehltauanfällig.
❍ ♦♦♦ **Ö** ⊙ **H** 1,2 m **B** 90 cm Zone 5

'René d'Anjou'
Züchter Robert, Frankreich 1853
Abstammung Ungewiss
Dicht gefüllte Blüten, öffnen sich schalenförmig in zauberhaften Tönen von Zartrosa. Angenehmer Duft. Regelmäßiger, zurückhaltender Wuchs. Dunkelgrünes Laub und dunkel bronzegrünes, aromatisches Moos. Gute Rose für kleinere Gärten.
❍ ♦♦♦ **S** **H** 1,2 m **B** 90 cm Zone 5

'Robert Léopold'
Züchter Buatois, Frankreich 1941
Abstammung Ungewiss
Blüten halbgefüllt, duftend, verschiedene Rosatöne, auffallend gelbe Mitte. Gelegentliche Nachblüte im Herbst. An Kelchblättern und Stielen dichtes, ingwerfarbenes Moos. Dauerhaftes, dunkelgrünes Laub.
❍ ● **Ö** **H** 1,8 m **B** 90 cm Zone 5

'Salet'
Züchter Lacharme, Frankreich 1854
Abstammung Ungewiss
Die Knospen mit spärlichem, ingwerfarbenem Moos, Büschel mit gänzlich gefüllten, schalenförmigen, intensiv duftenden, tiefrosa Blüten. Grobes, mittel- bis dunkelgrünes Laub. Regelmäßiger Wuchs. Pflegeleicht. Gut geeignet für Kübel und kleinere Gärten.
❍ ●●● **S** **H** 90 cm **B** 90 cm Zone 5

'William Lobb' ('Duchesse d'Istrie', 'Old Velvet Moss')
Züchter Laffay, Frankreich 1855
Abstammung Ungewiss
Große Büschel halbgefüllter, duftender Blüten in verwaschenem Mauve bis Purpurrot, rosa und grau überhaucht. Lange, biegsame Triebe mit schöner Färbung. Weiches, grünes Moos mit rosa Hauch. Gräulich grünes Laub. Am besten mit Stütze oder als Kletterpflanze zu ziehen.
❍ ●● **S** **H** 2,5 m **B** 1,5 m Zone 5

China-Rosen

'Arethusa'
Züchter Paul, Großbritannien, 1903
Abstammung Ungewiss
Gefüllte, leicht duftende, zartgelbe Blüten mit Orangeschattierung am Blütengrund. Sie öffnen sich leicht wuschelig und stehen in Büscheln. Glänzendes Laub in eher dunklen Grüntönen. Buschiger Wuchs.
☼ ● **D** **H** 90 cm **B** 90 cm Zone 8

'Bloomfield Abundance' ('Spray Cécile Brunner')
Züchter Thomas, USA 1920
Abstammung 'Sylvia' x 'Dorothy Page-Roberts'
Große Büschel mit zart perlmuttrosa Blüten, die in der Form an Miniatur-Teehybriden erinnern. Etwas spärliches, kupfergrünes Laub. Aufrechte Pflanze. Für eine China-Rose recht groß. Hervorragender Knopflochschmuck.
☼ ● **D** **H** 1,8 m **B** 1,2 m Zone 6

'Cécile Brunner' ('Sweetheart Rose', 'Malteser Rose', 'Mignon')
Züchter Ducher, Frankreich 1881
Abstammung Polyantha x 'Mme de Tartas'
Wundervoll geformte Blüten in Büscheln, zart perlmuttrosa, regelmäßig wachsende Pflanze. Verhaltener Duft. Reizvoller Knopflochschmuck. Länglich wachsende, doch buschige Pflanze. Spärliches Laub in purpurrotem Grün.
☼ ● **D** **H** 75 cm **B** 60 cm Zone 6

'Cécile Brunner' Climbing
Züchter Hosp, USA 1904
Abstammung Sport von 'Cécile Brunner'
Blüten mit jenen der Strauchform identisch. Flor im Frühsommer, manchmal vereinzelte Nachblüte. Wuchsfreudige, fast rankende Sorte. Reichlich purpurrot-grünes Laub, fast immergrün. Gut zum Beranken von Bäumen.
❍ ● **S** **H** 10 m **B** 6 m Zone 6

'Cécile Brunner' White
Züchter Fauque, Frankreich 1909
Abstammung Sport von 'Cécile Brunner'
Bis auf die Farbe mit 'Cécile Brunner' identisch.
☼ ● **D** **H** 75 cm **B** 60 cm Zone 6

'Comtesse du Cayla'
Züchter Guillot, Frankreich 1902
Abstammung Sämling von ('Rival de Paestum' x 'Mme Falcot') x 'Mme Falcot'
Beachtlich große, halbgefüllte Blüten, die sich nahezu einfach und leuchtend orangerosa mit gelber Mitte öffnen. Duftend. Eher sperriger, aber buschiger Wuchs. Dunkelgrünes, glänzendes Laub. Reizvolle Kübelpflanze.
☼ ●● **D** **H** 90 cm **B** 90 cm Zone 7

'Cramoisi Supérieur' ('Agrippina')
Züchter Coquereau, Frankreich 1832
Abstammung Sämling von 'Slater's Crimson'
Buschige, kompakte Rose mit zahlreichen kleinen Büscheln mit zunächst becherförmigen Blüten, die sich etwas mehr als halbgefüllt und karmesinrot öffnen. Mitunter sind sie zart gestreift. Leichter Duft. Dunkelgrünes, mattglänzendes Laub. Großartige Kübelpflanze.
☼ ● **D** **H** 90 cm **B** 60 cm Zone 6

'Cramoisi Supérieur' Climbing
Züchter Couturier, Frankreich 1885
Abstammung Sport von 'Cramoisi Supérieur'
Ausgezeichnete Kletterrose mit karmesinroten Blüten wie bei der Strauchform. Leicht duftend. Im Gegensatz zu den meisten Kletterrosen Nachblüte im Spätsommer. Leicht glänzendes, dunkelgrünes, etwas spärliches Laub.
☼ ● **Ö** **H** 4 m **B** 2,5 m Zone 6

'Fellemberg' ('La Belle Marseillaise')
Züchter Fellemberg, Deutschland 1857
Abstammung Ungewiss
Blüten halbgefüllt bis gefüllt, zunächst becherförmig, öffnen sich zu wuscheligen Blüten in leuchtendem Karmesin- bis Kirschrot. Leichter Duft. Triebe aufrecht, bewehrt, dunkelgrünes Laub. Nützlich für Gehölzpflanzungen.
❍ ● **D** **H** 2,2 m **B** 1,2 m Zone 6

'Gruß an Teplitz'
Züchter Geschwind, Ungarn 1897
Abstammung ('Sir Joseph Paxton' x 'Fellemberg') x ('Papa Gontier' x 'Gloire de Rosomanes')
Komplexe Hybride, aber eindeutig eine China-Rose. Große, wohlgeformte, dicht gefüllt, tiefrote Blüten. Bescheidener Duft. Triebe biegen sich, sodass Blüten herabhängen. Wuchsfreudig. Etwas spärliches, mittelgrünes Laub.
☼ ● **D** ⊙ **H** 1,8 m **B** 1,2 m Zone 5

'Hermosa' ('Armosa', 'Mélanie Lemaire', 'Mme Neumann')
Züchter Marcheseau, Frankreich 1840
Abstammung Ungewiss
Blüten rundlich, dicht gefüllt, duftend, tief silbrig rosa. Niedrige, bewehrte Pflanze, reichlich, gesundes, mittelgrünes Laub. Hervorragend an Mauern, im vorderen Teil von Strauchpflanzungen oder in Pflanzgefäßen.
❍ ●● **D** **H** 90 cm **B** 60 cm Zone 6

'Irène Watts'
Züchter Guillot, Frankreich 1896
Abstammung Sämling von 'Mme Laurette Messimy'
Dicht gefüllte, duftende, zartrosa Blüten in beachtlich großen Büscheln. Typische China-Rose mit mattglänzendem, mittel- bis dunkelgrünem Laub an einem zarten, kompakten und stacheligen Strauch. Schöne Kübelpflanze, die auch gut im Beet gedeiht.
☼ ●● **D** **H** 45 cm **B** 45 cm Zone 7

'Le Vésuve'
Züchter Laffay, Frankreich 1825
Abstammung Ungewiss
Wohlgeformte, schlanke Knospen öffnen sich zu lockeren, gefüllten, zart duftenden Blüten in silbrigem Rosa mit dunkleren Nuancen. Lockerer, buschiger Wuchs. Laub mittelgrün, mattglänzend. Hervorragend in Töpfen.
☼ ● **D** **H** 90 cm **B** 90 cm Zone 7

'Arethusa'

'Cécile Brunner' White

'Fellemberg'

'Le Vésuve'

'Louis Philippe'

'Papillon'

'Sanguinea'

'Comte de Chambord'

'Louis Philippe'
Züchter Guérin, Frankreich 1834
Abstammung Ungewiss
Zahlreiche, locker gefüllte Blüten in kleinen Büscheln, in Karmesin- bis Purpurrot mit hellerem Rand und weißen Tupfen. Leichter Duft. Blühpause zwischen den Floren. Sperrige, buschige Pflanze mit gräulich grünem, mattglänzendem Laub. Benötigt nahrhaften Boden.
☼ 💧 **Ö H** 60 cm **B** 60 cm Zone 6

'Louis XIV'
Züchter Guillot, Frankreich 1859
Abstammung Mögl. ein Sämling von 'Général Jacqueminot'
Zählt zu den dunkelrotesten Rosen. Ihre prallen, runden Knospen öffnen sich zu halbgefüllten, leicht duftenden Blüten. Lohnend, doch in jeder anderen Farbe wäre diese Rose seit langem verloren gegangen. Launenhaft.
☼ 💧 **D H** 60 cm **B** 60 cm Zone 7

'Mme Laurette Messimy'
Züchter Guillot, Frankreich 1887
Abstammung 'Rival de Paestum' x 'Mme Falcot'
Halbgefüllte Blüten in leuchtendem Rosa bis Lachs mit gelben Untertönen. Leichter Duft. Buschige, aufrechte Pflanze mit reichlich, dauerhaftem, glänzendem, dunkelgrünem Laub. Hervorragend, wenn eine etwas ungewöhnliche Beetrose gewünscht wird.
☼ 💧 **D H** 60 cm **B** 60 cm Zone 7

'Mutabilis' ('Tipo Ideale', *R. turkestanica*)
Eingeführt 1932, aber sicherlich viel älter
Abstammung Ungewiss
Ausgezeichnete und interessante Rose. Einfache, zunächst gelbbraune Blüten, die über rosa Töne zu tief Blutrot wechseln. Kaum spürbarer Duft. Sowohl in großen Büscheln wie auch einzeln an einem eher sperrigen Strauch. Spärliche, kleine, dunkelgrüne Blätter. Unzuverlässiges Verhalten, wird mitunter größer als die angegebene Höhe.
☼ 💧 **D H** 90 cm **B** 60 cm Zone 7

'Odorata' ('Hume's Blush', *R.* x *odorata*)
Züchter Fa Tee Rosenschule , China 1810
Abstammung Mögl. *R. chinensis* x *R. gigantea*
Gefüllte Blüten in Blassrosa bis Weiß mit cremefarbenem Hauch. Stark duftend. Dunkelgrünes, glänzendes Laub. (In meinem Buch *Classic Roses* habe ich diese Sorte zu den Teerosen gezählt. Ich bin nun aber der Meinung, dass sie doch eher zu den China-Rosen gehört.)
☼ 💧💧💧 **D H** 1,2 m **B** 1,2 m Zone 6

'Old Blush' ('Parson's Pink', 'Common Monthly', 'Pallida', 'Old Pink Monthly')
Züchter Parson, China 1789
Abstammung Ungewiss
Wichtige Elternrose für viele Sorten. Rundliche Knospen, locker geformte, duftende, halbgefüllte, tief zartrosa Blüten mit lila Untertönen. In Büscheln an einem relativ wuchsfreudigen, mittelstark bewehrten Strauch. Mittelgrünes Laub. Eine wuchsfreudigere, kletternde Form erreicht eine Höhe von 5 m und eine Breite von 3 m.
◐ 💧💧 **D H** 1,8 m **B** 1,2 m Zone 6

'Papillon'
Züchter Dubourg, Frankreich 1900
Abstammung Ungewiss
Halbgefüllte, lachsfarbene und rosa Blüten mit einem Hauch von Gelb in der Mitte, die in völlig geöffnetem Zustand an Schmetterlinge erinnern. Leichter Duft. Wuchsfreudige, buschige Pflanze mit reichlich, mattglänzendem, gräulich grünem Laub.
☼ 💧 **D H** 1,2 m **B** 90 cm Zone 7

'Parks' Yellow' ('Parks' Yellow Tea-scented China', *R.* x *odorata* 'Ochroleuca')
Züchter Parks, Großbritannien 1824
Abstammung Ungewiss
Große, halbgefüllte, zarte, schwefelgelbe Blüten, die im Alter orange überzogen sind. Duftend. Wuchsfreudige Sorte mit bronzegrünem Laub. Guter erster Flor, nur vereinzelte Nachblüte im Herbst. (In meinem Buch Classic Roses habe ich diese Sorte zu den Teerosen gezählt. Ich bin nun aber der Meinung, dass sie doch eher zu den China-Rosen gehört.)
☼ 💧💧 **Ö H** 1,8 m **B** 1,2 m Zone 7

'Perle d'Or' ('Yellow Cécile Brunner')
Züchter Rambeaux, Frankreich 1883
Abstammung Mögl. *R.-multiflora*-Sämling x 'Mme Falcot'
Zauberhafte China-Rose. Dicht gefüllte Blüten in goldbronzenem Gelb in Büscheln an einer aufrechten, buschigen Pflanze. Leichter Duft. Bronzegrünes Laub. Ausgezeichnet in Töpfen, auch in Gruppen gut.
☼ 💧 **D H** 1,2 m **B** 90 cm Zone 6

'Pompon de Paris' Climbing
Eingeführt Um 1839
Abstammung Ungewiss
Äußerst nützliche, kletternde China-Rose. Wuchsfreudige Pflanze mit zahlreichen, kleinen, dicht gefüllten, leuchtend rosaroten Blüten. Viele, kleine, dunkelgrüne Blätter. Üppiger erster Flor, gelegentliche Herbstblüten. Gute Rose für Mauern.
◐ 💧 **Ö H** 4 m **B** 1,8 m Zone 6

'Sanguinea'
Eingeführt Vor 1824
Abstammung Sämling von 'Slater's Crimson'
Kleine Büschel einfacher, leuchtend roter Blüten mit auffallenden Staubgefäßen. Nicht duftend. Sperrige, spärliche, buschige Pflanze. Ebenfalls spärliches mittelgrünes Laub. Launische, doch historisch bedeutungsvolle Rose.
☼ **D H** 90 cm **B** 60 cm Zone 7

'Slater's Crimson' ('Old Crimson China', *R. chinensis semperflorens*)
Züchter Slater, Großbritannien 1792
Abstammung Ungewiss
Karmesinrote Blüten in kleinen Büscheln. Einige Blütenblätter zeigen mitunter einen weißen Streifen. Nicht duftend. Wuchs verzweigt, buschig. Dunkelgrünes, etwas spärliches Laub. Gedeiht gern an Mauern, wo sie höher wird als angegeben. Gute Kübelpflanze.
☼ **D H** 90 cm **B** 90 cm Zone 6

'Sophie's Perpetual'
Eingeführt Großbritannien, vor 1928
Wiederentdeckt Brooke, Großbritannien 1960
Abstammung Ungewiss
Büschel dicht gefüllter Blüten in einer Mischung aus Kirschrot und Silberrosa. Leichter Duft. Äußerst wuchsfreudige Sorte mit reichlich, glänzendem, mittelgrünem Laub. Insgesamt ein locker wachsender Strauch, aber vielleicht besser an Mauern als niedriger Kletterer.
☼ 💧 **D H** 1,8–3 m **B** 1,2 m Zone 7

'Viridiflora' ('Grüne Rose', *R. viridiflora*)
Herkunft Ungewiss
Entstehung Um 1833
Abstammung Ungewiss
Die Blüten bestehen aus grünen und braunen Kelchblättern. Buschige, dichte Pflanze mit gesundem, mittelgrünem Laub. Gute Topfpflanze. Leicht zu ziehen, aber eher ein Kuriosum als eine wertvolle Gartenpflanze.
◐ **D H** 90 cm **B** 90 cm Zone 5

Portland-Rosen

'Arthur de Sansal'
Züchter Cochet, Frankreich 1855
Abstammung Ungewiss
Große, gefüllte, rosettenförmige Blüten in Karmesin- bis Purpurrot. Duftend. Öfterblühend. Kompakt, Laub dicht, dunkelgrün. Später im Jahr etwas anfällig für Mehltau.
❍ 💧💧 **Ö** ⊙ **H** 90 cm **B** 60 cm Zone 5

'Comte de Chambord'
Züchter Moreau-Robert, Frankreich 1863
Abstammung 'Baronne Prévost' x 'Duchess of Portland'
Ausgezeichnete Rose mit vielen positiven Eigenschaften. Üppige, dicht gefüllte Blüten in kräftigem, warmem Rosa mit intensivem, »teurem« Parfüm. Reichlich, große, dunkelgrüne Blätter. Gut für Gruppenpflanzungen.
☼ 💧💧💧 **D** **H** 60 cm **B** 60 cm Zone 5

'De Rescht' ('Rose de Rescht')
Züchter Lindsay 1930er-Jahre
Abstammung Ungewiss
Die pomponförmigen Blüten erscheinen in Fuchsien- bis Magentarot und sind etwas kleiner als bei anderen Portland-Rosen. Sie stehen in kleinen, aufrechten, kurzstieligen Büscheln. Reichlich, dunkelgrünes Laub an einer regelmäßig wachsenden Pflanze. Stark duftend, üppig blühend, ausgezeichnete Nachblüte im Herbst.
☼ 💧💧💧 **D** **H** 90 cm **B** 60 cm Zone 5

'Duchess of Portland' ('Portland Rose', *R. paestana*)
Herkunft Italien
Entstehung Um 1790
Abstammung Mögl. 'Quatre Saisons' x 'Slater's Crimson'
Die Erste der Gruppe der Portland-Rosen. Halbgefüllte, duftende, kirschrote Blüten. Dunkelgrünes Laub. Gut für Gruppenpflanzungen oder als Topfpflanze.
❍ 💧💧 **D** **H** 60 cm **B** 60 cm Zone 5

'Indigo'
Züchter Laffay, Frankreich 1830
Abstammung Ungewiss
Dicht gefüllte, duftende, tief purpurrote Blüten mit vereinzelten, feinen weißen Streifen auf manchen Blütenblättern. Aufrechte Pflanze mit reichlich, sattgrünen Blättern. Hervorragende Topfpflanze.
☼ 💧💧 **D** **H** 90 cm **B** 60 cm Zone 5

'Jacques Cartier' ('Marcesa Boccella')
Züchter Moreau-Robert, Frankreich 1868
Abstammung Ungewiss
Herausragende Rose mit großen, dicht gefüllten, schalenförmigen, leicht zerzausten und geviertelten Blüten in tiefem Rosa, das an den Rändern zu helleren Tönen verblasst. Intensiv duftend. Ledriges, dunkelgrünes Laub. Für Gruppenpflanzungen, niedrige Hecken, Kübel.
☼ 💧💧💧 **D** **H** 90 cm **B** 60 cm Zone 5

'Marbrée'
Züchter Moreau-Robert, Frankreich 1858
Abstammung Ungewiss
Dicht gefüllte, schalenförmige, rosa Blüten mit purpurroten Flecken. Besitzt etwas weniger Blütenblätter als die meisten Portland-Rosen. Leider wenig bis kein Duft. Aufrechte Pflanze mit eher dunkelgrünem Laub. Für eine Portland-Rose eher groß.
☼ **D** **H** 1,2 m **B** 90 cm Zone 6

'Pergolèse'
Züchter Moreau, Frankreich 1860
Abstammung Ungewiss
Büschel gänzlich gefüllter Blüten in Karmesin- bis Purpurrot, das zu Lila verblasst. Angenehmer Duft. Dunkelgrünes Blattwerk. Aufrechter, buschiger Wuchs.
☼ 💧💧 **D** **H** 90cm **B** 90 cm Zone 6

Bourbon-Rosen

'Adam Messerich'
Züchter Lambert, Deutschland 1920
Abstammung 'Frau Oberhofgärtner Singer' x ('Louise-Odier'-Sämling x 'Louis Philippe')
Locker gefüllte, leuchtend rosarot bis rote Blüten, verblassen bei starker Sonneneinstrahlung etwas und stehen in mittelgroßen Büscheln. Angenehmer Duft. Mittelgrünes Laub mit leichtem Glanz. Großer Strauch, der auch als kleine Kletterrose eingesetzt werden kann.
☼ 💧💧 **D** **H** 1,5 m **B** 1,2 m Zone 5

'Blairii No. 2'
Züchter Blair, Großbritannien 1867
Abstammung Ungewiss
Kletterrose mit gefüllten, schalenförmigen Blüten mit zahlreichen Petalen in tiefem Rosa, das an den Rändern zu Zartrosa wechselt. Intensiver Duft. Dunkelgrünes, mattes Laub. Anfällig für Mehltau, jedoch erst im Hochsommer nach der Blüte.
☼ 💧💧💧 **S** ⊙ **H** 4 m **B** 1,8 m Zone 6

'Boule de Neige'
Herkunft Frankreich
Entstehung 1867
Abstammung 'Blanche Lafitte' x 'Sappho'
Knospen an den äußeren Petalen meist mit roter bis purpurroter Zeichnung. Blüten reinweiß mit dichten, leicht zurückgebogenen Blütenblättern. Intensiver Duft. Aufrechte Pflanze mit angenehmen Proportionen, wenig Stacheln und ledrigem, mittel- bis dunkelgrünem Laub.
☼ 💧💧💧 **D** **H** 1,2 m **B** 90 cm Zone 6

'Bourbon Queen' ('Queen of Bourbons', 'Reine des Iles Bourbon', 'Souvenir de la Princesse de Lamballe')
Züchter Mauget, Frankreich 1934
Abstammung Ungewiss
Blüten leicht becherförmig, halbgefüllt, rosarot. Im Gegensatz zu den meisten Bourbon-Rosen entwickelt die Sorte jedoch nur eine geringe Nachblüte. Wundervoller Duft. Üppiges, graugrünes Laub. Stark wüchsiger Strauch oder kleine Kletterrose.
☼ 💧💧 **S** **H** 1,8 m **B** 1,2 m Zone 5

'Commandant Beaurepaire'
Züchter Moreau-Robert, Frankreich 1874
Abstammung Ungewiss
Beachtlich große, nahezu gänzlich gefüllte, duftende Blüten in Karmesinrot mit purpurroten Streifen und weißer Marmorierung in angenehmem Zusammenspiel. Vereinzelte Herbstblüten. Dichtes, mittelgrünes Laub. Gute Strauchrose, auch für schattige Standorte mit kargem Boden. Ideal als Hecke oder in Rabatten.
❍ 💧💧 **Ö** **H** 1,2 m **B** 1,2 m Zone 5

'Coupe d'Hébé'
Züchter Laffay, Frankreich 1840
Abstammung Bourbon-Hybride x China-Hybride
Becherförmige Knospen, nahezu gefüllte Blüten mit weichen, zartrosa Petalen. Duftend. Hoher Strauch mit reichlich, glänzendem, hellgrünem Laub. In der zweiten Jahreshälfte mitunter anfällig für Mehltau.
☼ 💧💧💧 **Ö** ⊙ **H** 2,2 m **B** 1,5 m Zone 5

'Fulgens' ('Malton')
Züchter Guérin, Frankreich 1830
Abstammung Ungewiss
Weniger bekannte Bourbon-Rose, die eine der Elternrosen der frühen Remontant-Rosen sein soll. Die halbgefüllten, leicht duftenden Blüten erscheinen in leuchtendem Karmesinrot und zeigen häufig eine dunkelrote Marmorierung. Dunkelgrünes Laub an einer eher locker wachsenden Pflanze. Öfterblühend.
☼ 💧 **Ö** **H** 1,5 m **B** 1,2 m Zone 6

'De Rescht'

'Indigo'

'Bourbon Queen'

'Coupe d'Hébé'

'Gipsy Boy'

'Mme Pierre Oger'

'Souvenir de la Malmaison'

'Zéphirine Drouhin'

'Gipsy Boy' ('Zigeunerknabe')
Züchter Lambert, Deutschland 1909
Abstammung Sämling von 'Russelliana'
Sehr bekannte Rose. Mittelgroße, gefüllte, duftende Blüten in Karmesin- bis Purpurrot mit sichtbaren goldenen Staubgefäßen. Blüht einmal, doch in großer Fülle. Festes, dunkelgrünes Laub. Wuchsfreudig. Nützlich als Strauch oder kleine Kletterrose.
◐ 💧💧 **S** **H** 1,8 m **B** 1,2 m Zone 4

'Honorine de Brabant'
Herkunft & Abstammung Ungewiss
Große, lockere, becherförmige Blüten in Hellelfenbein mit kräftigen lila und rosa-purpurroten Streifen. Leichter Duft. Die graugrünen, großen, spitzen Blätter erscheinen in reichlichen Mengen an Trieben mit wenigen Stacheln. Als Strauch oder kleine Kletterrose zu ziehen.
◐ 💧 **D** **H** 1,8 m **B** 1,5 m Zone 6

'Kathleen Harrop'
Züchter Dickson, Großbritannien 1919
Abstammung Sport von 'Zéphirine Drouhin'
Halbgefüllte, perlmutt- bis zartrosa Blüten mit herrlichem Duft. Gräulich dunkelgrünes Laub. Unbewehrt. Eher anfällig für Krankheiten.
☼ 💧💧💧 **D** ⊙ **H** 3 m **B** 1,8 m Zone 5

'La Reine Victoria'
Züchter Schwartz, Frankreich 1872
Abstammung Ungewiss
Becherförmige, gefüllte Blüten in sattem Lila-Rosa besitzen seidene Petalen und einen wunderbaren Duft. Graugrünes Laub mit leichtem Glanz. Anpassungsfähige Größe. Erfordert intensive Pflege.
☼ 💧💧💧 **D** **H** 1,2 m **B** 90 cm Zone 6

'Louise Odier'
Züchter Margottin, Frankreich 1851
Abstammung Ungewiss
Eine der bekanntesten Bourbon-Rosen. Kompakte, gefüllte, leuchtend rosarote Blüten, erinnern an Kamelien. Intensiver Duft. Büschelblütig. Gesundes, mittelgrünes Laub an einer mitunter locker, aber kräftig wachsenden Pflanze. Am besten in gemischten Rabatten.
☼ 💧💧💧 **D** **H** 1,5 m **B** 1,2 m Zone 5

'Mme Ernst Calvat'
Züchter Schwartz, Frankreich 1888
Abstammung Sport von 'Mme Isaac Pereire'
Große, gefüllte, lockere Blüten in Zartrosarot. Intensiver Duft. Hervorragendes, dunkelgrünes Laub an einem leicht überhängenden Strauch.
◐ 💧💧💧 **D** **H** 1,5 m **B** 1,2 m Zone 6

'Mme Isaac Pereire'
Züchter Garçon, Frankreich 1881
Abstammung Ungewiss
Wunderschöne Rose. Die etwas zerzausten, dicht gefüllten purpur- bis magentaroten Blüten sind groß, schwer und verführerisch. Intensiver Duft. Kräftige Pflanze mit reichlich, mittel- bis dunkelgrünem Laub. Lässt sich auch als kleine Kletterrose kultivieren. Ohne entsprechende Pflege ist sie anfällig für Sternrußtau.
◐ 💧💧💧 **D** ⊙ **H** 2,2 m **B** 1,5 m Zone 6

'Mme Lauriol de Barny'
Züchter Trouillard, Frankreich 1868
Abstammung Ungewiss
Die schalenförmigen, halbgefüllten Blüten in tief silbrigem Rosa verströmen einen starken, eher ungewöhnlichen, fruchtigen Duft. Schöner erster Flor, vereinzelte Nachblüte. Kräftige, gesunde Pflanze, die mit den meisten Böden gut zurechtkommt. Dunkelgrünes Laub. Nützliche Ergänzung in gemischten Rabatten.
◐ 💧💧 **Ö** **H** 1,5 m **B** 1,2 m Zone 5

'Mme Pierre Oger'
Züchter Verdier, Frankreich 1878
Abstammung Sport von 'La Reine Victoria'
Die gefüllten, becherförmigen Blüten mit durchscheinenden Petalen in Perlmuttrosa bis Elfenbein zählen zu den zartesten Blütenblättern überhaupt. Intensiver Duft. Reichlich graugrünes Laub mit leichtem Glanz. Später im Jahr mitunter etwas anfällig für Sternrußtau.
☼ 💧💧💧 **D** ⊙ **H** 1,2 m **B** 1,2 m Zone 6

'Mrs Yamada'
Züchter Beales, Großbritannien 2004
Abstammung Sport von 'Variegata di Bologna'
Die pflaumenroten, duftenden, zunächst becherförmigen Blüten öffnen sich gänzlich gefüllt und schalenförmig. Dunkelgrüne Blätter. Nützlich in gemischten Rabatten.
☼ 💧💧💧 **D** **H** 1,5 m **B** 1,2 m Zone 5

'Prince Charles'
Züchter Vor 1918
Abstammung Ungewiss
Die gänzlich gefüllten, relativ großen Blüten öffnen sich in Karmesinrot mit starker kastanienbrauner Marmorierung, etwas blasser kurz vor dem Verblühen. Goldene Staubgefäße. Dunkelgrünes Laub. Lockerer, wertvoller Strauch, auch wenn die Blüte nur kurze Zeit währt.
◐ 💧💧💧 **S** **H** 1,5 m **B** 1,2 m Zone 5

'Queen of Bedders'
Züchter Noble, Großbritannien 1871
Abstammung Sämling von 'Sir Joseph Paxton'
Niedrige Bourbon-Rose. Die wohlgeformten, halbgefüllten, tief karmesinroten Blüten verblassen mit der Zeit zu Tiefrosa. Kurze Pausen zwischen den Blühperioden. Dunkelgrünes Laub. Nützlich im vorderen Bereich von Gehölzpflanzungen und in gemischten Rabatten. Auch gut als Kübelpflanze.
◐ 💧💧 **Ö** **H** 90 cm **B** 60 cm Zone 5

'Rose Édouard' ('Rose Edward')
Züchter Bréon, Insel Réunion (Frankreich) um 1818
Abstammung 'Old Blush' x 'Quatre Saisons'
Die dicht gefüllten, stark duftenden, tief rosaroten, schlanken Blüten öffnen sich schalenförmig und eher zerzaust. Öfterblühend. Raues, reichliches, graugrünes Laub.
◐ 💧💧💧 **Ö** **H** 90 cm **B** 60 cm Zone 5

'Souvenir de la Malmaison' ('Queen of Beauty and Fragrance')
Züchter Beluze, Frankreich 1843
Abstammung 'Mme Desprez' x Teerose
Die zartrosa bis elfenbeinfarbenen Blüten bestehen aus sehr vielen Petalen, die schalenförmig und geviertelt angeordnet sind. Starker, süßer Duft. Gräulich mittelgrünes Laub. Unter optimalen Bedingungen zählt sie zu den schönsten Rosen. Die Rose steht mit feuchtem Wetter auf Kriegsfuß, mag aber auch starke Sonneneinstrahlung nicht sonderlich. Es gibt ebenfalls eine beliebte kletternde Form.
☼ 💧💧💧 **D** **H** 90 cm **B** 90 cm Zone 6

'Souvenir de St Anne's'
Züchter Hilling, Großbritannien 1950
Abstammung Sport von 'Souvenir de la Malmaison'
Nahezu becherförmige, halbgefüllte, zartrosa Blüten. Gräulich mittelgrünes Laub. Harmoniert gut mit zahlreichen Pflanzen. Darüber hinaus eine ideale Kübelpflanze. Üppig blühend, zumeist mit hervorragendem Herbstflor.
☼ 💧💧💧 **D** **H** 1,5 m **B** 1,2 m Zone 6

'Variegata di Bologna'
Züchter Bonfiglioli, Italien 1909
Abstammung Ungewiss
Ungewöhnliche Rose. Die becherförmigen Knospen öffnen sich zu gänzlich gefüllten, milchweißen Blüten mit purpurroten Streifen oder Flecken. Duftend und reichlich blühend. Eher dunkelgrünes, etwas grobes Laub. Leicht ausladender Wuchs.
☼ ♦♦♦ **D** **H** 1,5 m **B** 1,2 m Zone 5

'Zéphirine Drouhin'
Züchter Bizot, Frankreich 1868
Abstammung Ungewiss
Äußerst beliebte Rose, die den ganzen Sommer hindurch blüht und völlig unbewehrt ist. Halbgefüllte, intensiv duftende Blüten in Kirschrosa. Ledriges, dunkelgrünes Laub. Anfällig für Sternrußtau, dennoch vielseitig als Strauch oder Kletterrose einsetzbar.
☼ ♦♦♦ **D** ⊙ **H** 3 m **B** 1,8 m Zone 5

Remontant-Rosen

'Baroness Rothschild' ('Baronne Adolphe de Rothschild')
Züchter Pernet Père, Frankreich 1868
Abstammung Sport von 'Souvenir de la Reine d'Angleterre'
Sehr große, nahezu becherförmige, dicht gefüllte Blüten mit dicken, rein zartrosa Petalen. Kräftige Triebe, graugrünes Laub. Gute Sorte für Kübel, für Gruppen und für Flächenpflanzungen. Meines Erachtens ist diese Rose duftend, doch gibt es unterschiedliche Meinungen.
☼ ♦ **Ö** **H** 90 cm **B** 90 cm Zone 5

'Baron Girod de l'Ain'
Züchter Reverchon, Frankreich 1897
Abstammung Sport von 'Eugène Fürst'
Stark gefüllte Blüten in tiefem Karmesinrot mit leicht gewelltem, weißem Blütenrand. Die Rose ist keineswegs nur ein Novum, sondern eine überaus wertvolle Gartenpflanze. Intensiver Duft. Robuste Sorte. Laub dicht, ledrig, mittelgrün. Leichte Anfälligkeit für Mehltau.
☼ ♦♦♦ **Ö** ⊙ **H** 1,2 m **B** 90 cm Zone 5

'Baronne Prévost'
Züchter Desprez, Frankreich 1842
Abstammung Ungewiss
Große, dicht gefüllte, tief rosarote Blüten, die sich schalenförmig aus runden Knospen öffnen. Duftend. Üppiger erster Flor, aber nur sehr vereinzelte Nachblüte. Dunkelgrünes, etwas derbes Laub. Lockerer Wuchs. Im Spätsommer leichte Anfälligkeit für Mehltau. Gut für gemischte Rabatten; auch in Einzelstellung herausragend.
☼ ♦♦ **Ö** ⊙ **H** 1,5 m **B** 1,2 m Zone 5

'Dupuy Jamain'
Züchter Jamain, Frankreich 1868
Abstammung Ungewiss
Eine meiner Lieblings-Remontant-Rosen. Große, stark gefüllte, intensiv duftende, kirschrote Blüten, kräftige, mittelstark bewehrte Triebe. Reichlich, gesundes, graugrünes Laub. Für Kübel oder gemischte Rabatten.
☼ ♦♦♦ **Ö** **H** 1,2 m **B** 90 cm Zone 5

'Éclair'
Züchter Lacharme, Frankreich 1833
Abstammung 'Général Jacqueminot' x Sämling
Aufrechte Pflanze mit besonders dunkelroten, gelegentlich fast schwarzen Blüten, die zunächst rundlich sind und sich dann schalenförmig und rosettenförmig öffnen. Herrlicher Duft. Ledriges, dunkelgrünes Laub. Etwas krankheitsanfällig. Erfordert ein wenig zusätzliche Aufmerksamkeit, doch entlohnt sie dies mit nahezu vollkommenen Blüten. Gut für gemischte Pflanzungen.
☼ ♦♦♦ **Ö** ⊙ **H** 1,2 m **B** 90 cm Zone 5

'Empereur du Maroc' ('Emperor of Morocco')
Züchter Guinoisseau, Frankreich 1858
Abstammung Sämling von 'Géant des Batailles'
Üppige Blüten in mittlerer Größe in sattem Dunkelrot mit Nuancen von Kastanienbraun. Blüten stehen in Büscheln, leider zeigen sich die Stiele für das Gewicht der Blüten etwas zu schwach. Dunkelgrünes Laub. Neigt zu einer gewissen Anfälligkeit für Rosenrost, reagiert jedoch gut auf entsprechende zusätzliche Pflege. Am besten mit Stütze zu ziehen.
☼ ♦♦♦ **Ö** ⊙ **H** 1,2 m **B** 90 cm Zone 5

'Enfant de France'
Züchter Lartay, Frankreich 1860
Abstammung Ungewiss
Beachtlich große, dicht gefüllte, seidige Blüten in Mittel- bis Zartrosa. Herrlicher Duft. Aufrechter, regelmäßiger Wuchs. Reichlich, gräulich dunkelgrünes Laub. Gut geeignet für kleine Gärten, vielleicht zusammen mit Portland-Rosen. Ihre Echtheit wurde von manchen Experten angezweifelt, doch was sollte sie sonst sein?
☼ ♦♦♦ **Ö** **H** 90 cm **B** 60 cm Zone 5

'Eugène Fürst'
Züchter Soupert und Notting, Luxembourg 1875
Abstammung 'Baron de Bonstetten' x unbekannt
Große, becherförmige, gefüllte, karmesin-purpurrote Blüten mit gewellten Blütenblättern. Stark duftend. Aufrechte Pflanze mit kräftigen Blütenstielen. Dunkelgrünes Laub. Etwas anfällig für Mehltau.
☼ ♦♦♦ **Ö** ⊙ **H** 1,2 m **B** 90 cm Zone 5

'Ferdinand Pichard'
Züchter Tanne, Frankreich 1921
Abstammung Ungewiss
Nahezu gänzlich gefüllte, karmesinrote Blüten, gräulich weiß und zartrosa überhaucht, eher unregelmäßig geadert als gleichmäßig gestreift. Schöne Blütengröße und süßer Duft. Große, gräulich grüne Blätter an einem wuchsfreudigen, gesunden und bewehrten Strauch.
☼ ♦♦ **Ö** **H** 1,2 m **B** 1,2 m Zone 5

'Frau Karl Druschki' ('Snow Queen', 'Reine des Neiges', 'White American Beauty')
Züchter Lambert, Deutschland 1901
Abstammung 'Merveille de Lyon' x 'Mme Caroline Testout'
Die schlanken Knospen öffnen sich zu großen, prächtigen, dicht gefüllten, reinweißen Blüten. Kein Duft. Kräftige, bewehrte, starke Pflanze mit reichlich grauem bis mittelgrünem Laub. Die Blüten mögen leider kein feuchtes Wetter. Es existiert auch eine hervorragende kletternde Form.
☼ **Ö** **H** 1,2 m **B** 90 cm Zone 5

'Général Jacqueminot' ('General Jack', 'Jack's Rose')
Züchter Roussel, Frankreich 1853
Abstammung Sämling von 'Gloire des Rosomanes'
Aus spitzen Knospen an langen Stielen stehen schön geformte, gefüllte, duftende, reinrote Blüten. Blüht dauerhafter als die meisten Remontant-Rosen. Mittelgrünes Laub an einem wuchsfreudigen Strauch. In der zweiten Jahreshälfte mitunter anfällig für Rost und Mehltau. Erfordert etwas zusätzliche Aufmerksamkeit und einen kräftigen Frühjahrsrückschnitt.
☼ ♦♦ **D** ⊙ **H** 1,2 m **B** 1,2 m Zone 5

'Gloire Lyonnaise'
Züchter Guillot Fils, Frankreich 1885
Abstammung 'Baroness Rothschild' x 'Mme Falcot'
Halbgefüllte, cremefarbene, schalenförmige Blüten mit goldenen Staubgefäßen. Duftend. Die kräftigen, robusten, aufrechten Triebe tragen gutes, gesundes, dunkelgrünes Laub. Harmoniert gut mit Stauden.
☼ ♦♦ **Ö** **H** 1,2 m **B** 60 cm Zone 7

'Baroness Rothschild'

'Baron Girod de l'Ain'

'Eugène Fürst'

'Frau Karl Druschki'

'Hugh Dickson'

'Paul's Early Blush'

'Anne of Geierstein'

'Lord Penzance'

'Hugh Dickson'
Züchter Dickson, Großbritannien 1905
Abstammung 'Lord Bacon' x 'Gruß an Teplitz'
Gefüllte, intensiv duftende Blüten in sattem Dunkelrot. Dunkelgrünes Laub mit kastanienbraunem Hauch. Kräftiger, schlaksiger Wuchs, eignet sich gut als Säulenrose oder an einer Mauer gezogen.
☼ ♦♦♦ **Ö** **H** 2,5 m **B** 1,5 m Zone 5

'Mrs John Laing'
Züchter Bennett, Großbritannien 1887
Abstammung Sämling von 'François Michelon'
Die großen, wohlgeformten, gefüllten und intensiv duftenden Blüten in Zart- bis Mittelrosa werden in üppiger Fülle an einem aufrechten Strauch mit großen, gesunden, mittel gräulich grünen Blättern getragen. Herausragende Remontant-Rose, die dauerhafter blüht als die meisten anderen, doch gelegentlich etwas unter Mehltau leidet. Gute Rose für Flächenpflanzungen.
☼ ♦♦♦ **D** ⊙ **H** 90 cm **B** 90 cm Zone 5

'Paul Neyron'
Züchter Levet, Frankreich 1869
Abstammung *R. wichuraiana* x 'Monsieur Tillier'
Sehr große, dicht gefüllte Blüten in leuchtendem, warmem Rosa mit dunklen und hellen Schattierungen. Die Blüten erscheinen im Vergleich zur Größe der Pflanze unverhältnismäßig groß. Die Petalen stehen gelegentlich etwas ungeordnet, aber durchaus reizvoll. Besonders intensiver Duft. Große, dunkel gräulich grüne Blätter.
☼ ♦♦♦ **Ö** **H** 90 cm **B** 60 cm Zone 5

'Paul's Early Blush' ('Mrs Harkness')
Züchter Paul, Großbritannien 1893
Abstammung Sport von 'Heinrich Schultheis'
Die schönen, zartrosa Blüten erscheinen etwas früher als bei den meisten anderen. Sie sind relativ groß, dicht gefüllt und duftend. Kräftiger, bewehrter Strauch mit dunkel gräulich grünem Laub. Anpassungsfähige, pflegeleichte Rose.
☼ ♦♦♦ **Ö** **H** 90 cm **B** 90 cm Zone 5

'Prince Camille de Rohan' ('La Rossière')
Züchter Verdier, Frankreich 1861
Abstammung 'Général Jacqueminot' x 'Géant des Batailles'
Sehr große, gänzlich gefüllte, duftende, tiefrote Blüten mit dunklerem Glanz. Sehr schöne Rose. Leider ist das Gewicht der Blüten häufig zu schwer für die biegsamen Triebe. Dunkelgrünes Laub. Eher ausladender Wuchs. Gedeiht am besten an einer Stütze. Etwas anfällig für Mehltau.
☼ ♦♦♦ **Ö** ⊙ **H** 1,2 m **B** 90 cm Zone 6

'Reine des Violettes'
Züchter Millet-Mallet, Frankreich 1860
Abstammung Sämling von 'Pius IX'
Die großen, duftenden, schalenförmigen und herrlich geviertelten Blüten in zartem, samtigem Violett werden an kräftigen Trieben getragen, gelegentlich sind sie etwas in dem reichlichen, graugrünen Laub versteckt. Aufrechter, regelmäßiger Wuchs. Die vielseitige Rose zählt zu meinen Lieblingssorten. Dauerhaft blühend.
☼ ♦♦♦ **D** **H** 1,5 m **B** 90 cm Zone 5

'Souvenir du Docteur Jamain'
Züchter Lacharme, Frankreich 1865
Abstammung Sämling von 'Charles Lefèbvre'
Die becherförmigen, satt tief rubinroten Blüten öffnen sich nahezu gänzlich gefüllt und zeigen goldene Staubgefäße. Direkte Sonneneinstrahlung am besten vermeiden, sodass die Petalen nicht verdorren. Duftend. Mittelkräftiger Wuchs, wenig Stacheln und dunkelgrünes Laub. Hervorragende kleine Kletterrose, die besonders schön mit weißen Klematissorten harmoniert.
◑ ♦♦♦ **Ö** **H** 4 m **B** 2,2 m Zone 6

Rubiginosa-Hybriden

'Amy Robsart'
Züchter Penzance, Großbritannien 1894
Abstammung Ungewiss
Große, fast einfache, tiefrosa Blüten, zartgelbe Staubgefäße. Leicht nach Äpfeln duftend. Sehr kräftige, bewehrte Pflanze, aromatisches, dunkelgrünes Laub. Pralle, ovale, orange Hagebutten. Gute Heckenrose.
◑ ♦ **S** **H** 3 m **B** 2,5 m Zone 5

'Anne of Geierstein'
Züchter Penzance, Großbritannien 1894
Abstammung Ungewiss
Einfache, duftende, leuchtend karmesinrote Blüten mit goldenen Staubgefäßen. Sehr kräftige, bewehrte Pflanze mit dunkelgrünem Laub, das nach Äpfeln riecht. Mittelgroße, orange Hagebutten. Erstklassige Heckenrose.
◑ ♦♦ **S** **H** 3 m **B** 2,5 m Zone 5

'Flora McIvor'
Züchter Penzance, Großbritannien 1894
Abstammung Ungewiss
Einfache, duftende, weiße Blüten mit tiefrosa Rand und gelben Staubgefäßen. Bewehrte Triebe, dunkelgrünes Laub, duftet nach Äpfeln. Zahlreiche, mittelgroße, dunkelrote Hagebutten. Nützlich für Gehölzpflanzungen.
◑ ♦♦ **S** **H** 2,5 m **B** 1,8 m Zone 5

'Greenmantle'
Züchter Penzance, Großbritannien 1894
Abstammung Ungewiss
Blüten einfach, duftend, rosarot, mit goldenen Staubgefäßen, gefolgt von dunkelroten Hagebutten. Aufrechte, bewehrte Pflanze mit dunkelgrünem Laub, das nach Äpfeln duftet. Ausgezeichnete, aufrechte Heckenrose.
◑ ♦♦ **S** **H** 2,5 m **B** 1,5 m Zone 5

'Janet's Pride' ('Clementine')
Züchter Paul, Großbritannien 1892
Abstammung Ungewiss
Nahezu einfache, duftende, cremefarbene Blüten mit leuchtender rosa Zeichnung an den Rändern. Eher dünner Wuchs. Ledriges, duftendes, mittelgrünes Laub. Kleine, orange Hagebutten. Nützliche Rose für Gruppen in Gehölzpflanzungen.
◑ ♦♦ **S** **H** 1,5 m **B** 1,2 m Zone 5

'La Belle Distinguée' ('La Petite Duchesse', 'Scarlet Sweet Briar')
Herkunft & Abstammung Ungewiss
Gänzlich gefüllte, scharlachrote Blüten in kleinen Büscheln. Buschige, kompakte Pflanze mit wenig Stacheln. Leichter Duft. Üppiges, leicht aromatisches und eher derbes Laub in Dunkelgrün mit purpurrotem Rand.
◑ ♦ **S** **H** 90 cm **B** 90 cm Zone 6

'Lady Penzance'
Züchter Penzance, Großbritannien um 1894
Abstammung *R. rubiginosa* x *R. foetida* 'Bicolor'
Apfelrose, die am intensivsten nach Äpfeln duftet. Einfache, lachsrosa Blüten mit Nuancen von Gelb und reizvollen Staubgefäßen. Zartgrünes Laub. Sperrige, bewehrte Pflanze. Im Herbst einige wenige Hagebutten. Gut für waldnahe Gestaltungen. Leicht anfällig für Sternrußtau.
◑ ♦♦♦ **S** ⊙ **H** 2,2 m **B** 1,8 m Zone 4

'Lord Penzance'
Züchter Penzance, Großbritannien um 1890
Abstammung *R. rubiginosa* x 'Harison's Yellow'
Einfache, duftende Blüten in gelbbraun überhauchtem Rosa, gefolgt von einigen Hagebutten. Sperrige, buschige Pflanze mit zartgrünem, stark aromatischem Laub. Besonders reizvoll in Gruppen in offenen waldnahen Gestaltungen. Leicht anfällig für Sternrußtau.
◑ ♦♦♦ **S** ⊙ **H** 2,2 m **B** 1,8 m Zone 5

'Magnifica'
Züchter Hesse, Deutschland 1916
Abstammung Sämling von 'Lucy Ashton'
Halbgefüllte, purpurrot-rosa Blüten mit weißer Mitte, hübsche Staubgefäße. Nur verhalten duftend. Kräftig, buschig. Laub üppig, dunkelgrün, leicht aromatisch.
❍ ♦ **S** **H** 1,2 m **B** 1,5 m Zone 5

'Manning's Blush'
Herkunft Ungewiss **Entstehung** Um 1800
Abstammung Ungewiss
Sehr guter, ungewöhnlicher Strauch mit derbem, fast farnartigem Laub, das nach Äpfeln duftet. Robuste, buschige, bewehrte Pflanze. Blüten dicht gefüllt, weiß mit rosa Hauch, erscheinen regelmäßig den ganzen Sommer. Hervorragend für Gehölzpflanzungen.
❍ ♦♦ **Ö** **H** 1,5 m **B** 1,2 m Zone 5

'Meg Merrilies'
Züchter Penzance, Großbritannien 1894
Abstammung Ungewiss
Nahezu einfache, duftende, karmesinrote Blüten in üppiger Fülle, gefolgt von zahlreichen, ovalen, orangeroten Hagebutten. Stachelig, ausladend. Laub üppig, dunkelgrün, etwas derb, duftet leicht nach Äpfeln.
❍ ♦♦ **S** **H** 2,5 m **B** 2,2 m Zone 5

Rugosa-Rosen

'Belle Poitevine'
Züchter Bruant, Frankreich 1894
Abstammung Ungewiss
Längliche, spitze Knospen, große, nahezu dicht gefüllte, stark duftende Blüten in Magentarot-Rosa. Lange Blütezeit. Hoher Strauch mit charakteristischen bewehrten Trieben und reichlich, eher hellgrünem Laub. Schöne Hagebutten. Hervorragende Heckenrose.
❍ ♦♦♦ **D** **H** 1,8 m **B** 1,5 m Zone 5

'Blanc Double de Coubert'
Züchter Cochet-Cochet, Frankreich 1892
Abstammung *R. rugosa* x 'Sombreuil'
Zählt zu den klassischen Rugosa-Rosen. Den ganzen Sommer über entstehen gänzlich gefüllte, stark duftende, reinweiße Blüten in schöner Fülle. Buschiger, regelmäßiger Wuchs. Mittelgrünes, gewelltes Laub. Nur vereinzelt Hagebutten.
❍ ♦♦♦ **D** **H** 1,5 m **B** 1,2 m Zone 4

'Dr Eckener'
Züchter Berger, Deutschland 1930
Abstammung 'Golden Emblem' x *R.-rugosa*-Hybride
Große, halbgefüllte Blüten in zartem bis bronzeähnlichem Gelb, das zu Rosa wechselt. Schöne mehrfache Blüte. Duftend. Sehr spitze Stacheln an langen Trieben. Offener Wuchs. Dunkelgrünes Laub. Benötigt zum optimalen Gedeihen eine Stütze oder einen äußerst kräftigen Rückschnitt.
❍ ♦ **Ö** **H** 3 m **B** 2,5 m Zone 5

'Fimbriata' ('Phoebe's Frilled Pink', 'Dianthiflora')
Züchter Morlet, Frankreich 1891
Abstammung *R. rugosa* x 'Mme Alfred Carrière'
Eher untypische Rugosa-Rose. Aufrechte Triebe mit dichtem, weichem, hellgrünem Laub. Halbgefüllte, zartrosa bis weiße Blüten mit rosa Hauch, die in kleinen Büscheln stehen und mit ihren gekräuselten Petalen eher an Nelken erinnern. Duftend. Öfterblühend. Gute Heckenrose, die aber auch mit zahlreichen anderen Pflanzen harmoniert.
❍ ♦♦ **Ö** **H** 90 cm **B** 90 cm Zone 4

'F. J. Grootendorst'
Züchter De Goey, Niederlande 1918
Abstammung *R. rugosa* 'Rubra' x 'Norbert Levavasseur'
Stark gefüllte, gekräuselte, tiefrote Blüten in relativ großen, aufrechten Büscheln. Robuste, bewehrte Pflanze mit derbem, dunkelgrünem Laub. Dauerhaft blühend. Duftend. Auch rosa, weiße und karmesinrote Spielarten, schlagen jedoch alle oft zur ursprünglichen Form zurück.
❍ ♦♦ **D** **H** 1,2 m **B** 90 cm Zone 4

'Fru Dagmar Hastrup' ('Fru Dagmar Hartopp', 'Frau Dagmar Hartopp')
Züchter Hastrup, Dänemark 1914
Abstammung Ungewiss
Große, einfache, silbrig rosa Blüten mit starkem Duft, die üppig und fortwährend erscheinen. Regelmäßig wachsend, gesundes, dunkelgrünes Laub. Große, tomatenförmige Hagebutten. Hervorragender Bodendecker.
❍ ♦♦ **D** **H** 90 cm **B** 90 cm Zone 4

'Hansa'
Züchter Schaum und Van Tol, Niederlande 1905
Abstammung Ungewiss
Große, dicht gefüllte, duftende, karmesin- bis purpurrote Blüten im Sommer und Herbst hindurch. Festes, dunkelgrünes Laub. Große, elliptische, dunkelrote Hagebutten. Ausgezeichnete, vielseitige Strauch- oder Heckenrose, lässt sich auch gut in Töpfen ziehen.
❍ ♦♦ **D** **H** 1,2 m **B** 90 cm Zone 4

'Max Graf'
Züchter Bowditch, USA 1919
Abstammung *R. rugosa* x *R. wichuraiana*
Im Frühsommer einfache, duftende, tief silberrosa Blüten. Vereinzelte Nachblüte. Dunkelgrünes Laub. Selten Früchte. Die kriechende Rose eignet sich hervorragend als Bodendecker an Hängen wie auch als Kletterrose.
❍ ♦♦ **Ö** **H** 60 cm **B** 2,5 m Zone 5

'Mrs Anthony Waterer'
Züchter Waterer, Großbritannien 1898
Abstammung *R. rugosa* x 'Général Jacqueminot'
Die halbgefüllten, stark duftenden, tief karmesinroten Blüten erscheinen den ganzen Sommer hindurch. Buschig, bewehrt, wächst gern in die Breite, Laub tief dunkelgrün. Dichte Heckenrose. Eher mehltauanfällig.
❍ ♦♦♦ **D** ⊙ **H** 1,2 m **B** 1,2 m Zone 5

'Roseraie de l'Haÿ'
Züchter Cochet-Cochet, Frankreich 1901
Abstammung Sport einer unbekannten Rugosa-Hybride
Große, fast gefüllte Blüten in Karmesin-Purpurrot, öffnen sich gekräuselt. Duft nach Gewürznelken. Dicht, bewehrt, Laub dunkelgrün. Selten Hagebutten. Hervorragende Rugosa-Rose, eine der besten Heckenrosen.
❍ ♦♦♦ **D** **H** 1,8 m **B** 1,5 m Zone 4

'Scabrosa'
Züchter Harkness, Großbritannien 1950
Abstammung Findlingsrose
Die großen, einfachen, duftenden, magenta-kirschroten Blüten mit auffallenden Staubgefäßen erscheinen den ganzen Sommer über in schöner Fülle. Robustes, mittelgrünes Laub. Buschige, wuchsfreudige Pflanze. Hagebutten erinnern an kleine Tomaten. Gute Heckenrose.
❍ ♦♦♦ **D** **H** 1,8 m **B** 1,2 m Zone 4

'Schneezwerg' ('Snow Dwarf')
Züchter Lambert, Deutschland 1912
Abstammung *R. rugosa* x Polyantha
Blüten halbgefüllt, duftend, reinweiß, goldene Staubgefäße. Gräuliches bis mittelgrünes Laub. Aufrechter, bewehrter Strauch. Zahlreiche runde, rote Hagebutten. Reizvoll in Gruppen in Gehölzpflanzungen.
❍ ♦♦ **D** **H** 1,2 m **B** 1,2 m Zone 4

'Belle Poitevine'

'Hansa'

'Max Graf'

'Scabrosa'

'Eva'

'Pax'

'Penelope'

'Vanity'

Moschata-Hybriden

'Ballerina'
Züchter Bentall, Großbritannien 1937
Abstammung Ungewiss
Hervorragende Rose. Sehr große Rispen mit einfachen, leicht duftenden, rosa Blüten, die an Apfelblüten erinnern. Regelmäßig und aufrecht wachsender Strauch. Leicht glänzendes, dunkelgrünes Laub. Hervorragend als Hecken- oder Gruppenrose.
❍ 💧 **D** **H** 90 cm **B** 90 cm Zone 6

'Belinda'
Züchter Bentall, Großbritannien 1936
Abstammung Ungewiss
Wuchsfreudige Moschata-Hybride. Große Dolden halbgefüllter, leicht duftender, mittel- bis tiefrosa Blüten. Dunkelgrünes, mattglänzendes Laub. Gute Heckenrose.
❍ 💧 **D** **H** 1,5 m **B** 1,2 m Zone 6

'Buff Beauty'
Züchter Bentall, Großbritannien 1939
Abstammung 'William Allen Richardson' x unbekannt
Eine der besten Moschata-Hybriden. Große Büschel mit gefüllten, gelbbraunen, duftenden Blüten. Dunkelgrün bronzefarbenes Laub. Breite, überhängende Pflanze mit ausgeprägter Strauchform.
❍ 💧💧 **D** **H** 1,2 m **B** 1,2 m Zone 6

'Cornelia'
Züchter Pemberton, Großbritannien 1925
Abstammung Ungewiss
Sehr große Büschel halbgefüllter, garnelenrosa Blüten an überhängenden, relativ unbewehrten Trieben. Zarter Duft. Dunkelgrün bronzefarbenes Laub. Nützliche Rose für Hecken.
❍ 💧 **D** **H** 1,5 m **B** 1,5 m Zone 6

'Danaë'
Züchter Pemberton, Großbritannien 1913
Abstammung 'Trier' x 'Gloire de Chédane-Guinoisseau'
Zahlreiche Büschel mit halbgefüllten, leicht duftenden Blüten in Senfgelb, das zu Cremefarben verblasst. Regelmäßiger Wuchs. Mittelgrünes Laub. Wird als Kletterrose an einer Mauer etwa doppelt so hoch wie angegeben.
❍ 💧 **D** **H** 1,2 m **B** 1,2 m Zone 6

'Daybreak'
Züchter Pemberton, Großbritannien 1918
Abstammung 'Trier' x 'Liberty'
Niedrigere Moschata-Hybride mit eher dunkelgrünem Holz und Laub. Beträchtlich große Büschel leicht duftender Blüten, die als Knospe tiefgelb sind und sich zartgelb öffnen. Gute Heckenrose. Etwas anfällig für Mehltau.
❍ 💧 **D** ⊙ **H** 90 cm **B** 90 cm Zone 6

'Eva'
Züchter Kordes, Deutschland 1933
Abstammung 'Robin Hood' x 'J. C. Thornton'
Größere Moschata-Hybride für gemischte Gehölzpflanzungen. Büschel mit nahezu einfachen, leuchtend roten Blüten, die zur Mitte hin verblassen. Verhaltener Duft. Reichlich, dunkelgrünes Laub. Ausgewachsene Pflanze regelmäßig zurückschneiden.
❍ 💧 **D** **H** 1,5 m **B** 1,2 m Zone 6

'Felicia'
Züchter Pemberton, Großbritannien 1928
Abstammung 'Trier' x 'Ophelia'
Äußerst reizvolle Blüten in großen Büscheln. Die wohlgeformten Knospen öffnen sich zu dicht gefüllten, lachsrosa Blüten, die an den Rändern zu Zartrosa verblassen. Aufrechter, buschiger und kompakter Wuchs. Bläulich grüne Blätter.
❍ 💧💧 **D** **H** 1,2 m **B** 1,2 m Zone 6

'Francesca'
Züchter Pemberton, Großbritannien 1922
Abstammung 'Danaë' x 'Sunburst'
Große, lange Rispen mit halbgefüllten Blüten. Leicht duftende Blüten, zunächst in tiefgelb überhauchtem Apricot, verblassen zu Zartgelb. Grüne Triebe mit einem Hauch von Purpurrot, glänzendes, dunkelgrünes Laub.
❍ 💧 **D** **H** 1,2 m **B** 1,2 m Zone 6

'Moonlight'
Züchter Pemberton, Großbritannien 1913
Abstammung 'Trier' x 'Sulphurea'
Wuchsfreudige Sorte mit beträchtlich großen Büscheln leicht duftender, zitronengelb-weißer Blüten, die etwas dichter sind als einfache Blüten. Dunkelgrüne, gern überhängende Triebe, Laub dunkelgrün. Gute Heckenrose.
❍ 💧 **D** **H** 1,5 m **B** 1,2 m Zone 7

'Mozart'
Züchter Lambert, Deutschland 1937
Abstammung 'Robin Hood' x 'Rote Pharisäer'
Äußerst große Büschel mit kleinen, einfachen, karmesinroten Blüten mit weißer Mitte. Zarter Duft. Dichte, buschige Pflanze mit reichlich, mittelgrünem Laub.
❍ 💧 **D** **H** 1,2 m **B** 90 cm Zone 6

'Nur Mahal'
Züchter Pemberton, Großbritannien 1923
Abstammung 'Chateau de Clos Vougeot' x Moschata-Hybride-Sämling
Eher hohe Rose mit robusten, aufrechten Trieben. Beachtlich große Büschel mit duftenden, leuchtend karmesinroten Blüten, die etwas dichter sind als einfache Blüten. Gesundes, mittel- bis dunkelgrünes Laub.
❍ 💧💧 **D** **H** 1,5 m **B** 1,2 m Zone 6

'Pax'
Züchter Pemberton, Großbritannien 1918
Abstammung 'Trier' x 'Sunburst'
Große, halbgefüllte, cremeweiße Blüten, goldene Staubgefäße in kleinen Büscheln. Duftend. Nahezu unbewehrte, dunkelgrüne Triebe mit ähnlich gefärbtem Laub.
❍ 💧💧 **D** **H** 1,8 m **B** 1,5 m Zone 6

'Penelope'
Züchter Pemberton, Großbritannien 1924
Abstammung 'Ophelia' x Sämling oder mögl. 'William Allen Richardson' oder 'Trier'
Halbgefüllte, zartrosa bis cremefarbene Blüten. Leicht duftend. Relativ unbewehrte Triebe, eher dunkelgrünes Laub mit einem Hauch Purpurrot. Anfällig für Mehltau.
❍ 💧 **D** ⊙ **H** 1,5 m **B** 1,2 m Zone 7

'Prosperity'
Züchter Pemberton, Großbritannien 1919
Abstammung 'Marie-Jeanne' x 'Perle des Jardins'
Herausragende Moschata-Hybride mit Büscheln dicht gefüllter, duftender, cremefarbener Blüten mit einem Hauch Rosa. Relativ unbewehrte Triebe. Laub dunkelgrün.
❍ 💧💧 **D** **H** 1,5 m **B** 1,2 m Zone 6

'Robin Hood'
Züchter Pemberton, Großbritannien 1927
Abstammung Sämling x 'Miss Edith Cavell'
Dichte Büschel mit kleinen, halbgefüllten, leicht duftenden, rosa überhauchten scharlachroten Blüten. Regelmäßig wachsend, reichlich, schönes, mittelgrünes Laub.
☼ 💧 **D** **H** 90 cm **B** 90 cm Zone 6

'Vanity'
Züchter Pemberton, Großbritannien 1920
Abstammung 'Chateau de Clos Vougeot' x Sämling
Große Rispen mit großen, fast einfachen, duftenden, grellrosa Blüten. Sperrig, hellgrünes Laub. Sehr vereinzelte Nachblüte. Am besten an einer Mauer kultivieren.
❍ 💧💧 **Ö** **H** 1,8 m **B** 1,5 m Zone 6

Teerosen

'Alexander Hill Gray' ('Yellow Maman Cochet', 'Yellow Cochet')
Züchter Dickson, Großbritannien 1911
Abstammung Ungewiss
Die dicht gefüllten Blüten öffnen sich groß und in leuchtendem Gelb, das allmählich nachdunkelt. Duftend. Mittelgrünes, leicht glänzendes Laub. Der Wuchs ist eher sperrig, wenngleich buschig und kräftig.
☼ ♦♦ **D** **H** 1,2 m **B** 90 cm Zone 7

'Arciduc Joseph'
Züchter Nabonnand, Frankreich 1872
Abstammung Sämling von 'Mme Lombard'
Eine der besten Teerosen. Völlig geöffnet zeigen sich die Blüten mit zahlreichen Petalen schalen- bis kissenförmig in Rosa, Purpurrot und Orange mit einem Hauch Gelb und Gold. Duftend. Zahlreiche, dunkel gräulich grüne Blätter. Lässt sich auch als kleine Kletterrose ziehen.
☼ ♦♦ **D** **H** 1,5 m **B** 90 cm Zone 7

'Belle Lyonnaise'
Züchter Levet, Frankreich 1870
Abstammung Ungewiss
Großen, dicht gefüllte Blüten in großer Fülle, öffnen sich schalenförmig und geviertelt in Zartgelb, das vor dem Verblühen zu Cremeweiß verblasst. Duftend. Dunkelgrünes Laub. Benötigt einen geschützten Standort.
☼ ♦♦♦ **D** **H** 3 m **B** 1,8 m Zone 7

'Catherine Mermet'
Züchter Guillot Fils, Frankreich 1869
Abstammung Ungewiss
Spitze Knospen an länglichen Trieben, wohlgeformte, halbgefüllte, lila-rosa Blüten. Duftend. Gesundes, kupfergetöntes, mittelgrünes Laub. Zeigt sich für einen günstigen Standort im Garten erkenntlich. Hervorragende Rose für Gewächshaus oder Wintergarten.
☼ ♦♦ **D** **H** 1,2 m **B** 90 cm Zone 7

'Clementina Carbonieri'
Züchter Bonfiglioli, Italien 1913
Abstammung Ungewiss
Äußerst farbenfrohe, dicht gefüllte, duftende Rose in Orange, Lachsrosa und Gelb. Herrlich üppige Blüte. Buschige und mittelstark bewehrte Pflanze. Eher dunkelgrünes Laub, leicht glänzend. Hervorragende Topfrose.
☼ ♦♦ **D** **H** 90 cm **B** 60 cm Zone 7

'Dr Grill'
Züchter Bonnaire, Frankreich 1886
Abstammung Ungewiss
Schöne, reinrosa Blüten, zart kupferfarben überhaucht. Schlanke Knospen öffnen sich etwas mehr als halbgefüllt. Duftend. Laub groß, dunkelgrün. Sperriger Wuchs. Hervorragend im Gewächshaus oder Wintergarten.
☼ ♦♦ **D** **H** 90 cm **B** 60 cm Zone 7

'Duchesse de Brabant' ('Comtesse de Labanthe', 'Comtesse Ouwaroff')
Züchter Bernède, Frankreich 1857
Abstammung Ungewiss
Die gefüllten, becherförmigen, rein perlmuttrosa Blüten erscheinen in schöner Fülle. Duftend. Breit wachsende Pflanze mit gutem, glänzendem, eher dunkel graugrünem Laub. Eine der schönsten Teerosen.
☼ ♦♦ **D** **H** 90 cm **B** 90 cm Zone 7

'Général Schablikine'
Züchter Nabonnand, Frankreich 1878
Abstammung Ungewiss
Halbgefüllte Blüten in Rosa, Kirschrot und Kupferfarben. Verhaltener Duft. Kompakt, matt glänzendes, ledriges, dunkelgrünes Laub. Besonders reizvoll in Gruppen.
☼ ♦ **D** **H** 90 cm **B** 60 cm Zone 7

'Homère'
Züchter Moreau-Robert, Frankreich 1858
Abstammung Ungewiss
Wohlgeformte, becherförmige, dicht gefüllte Blüten in Cremeweiß mit zartrosa Hauch und rosaroten Blütenrändern. Duftend. Aufrechter, buschiger, eher dünner Wuchs. Dunkelgrünes, mattglänzendes Laub. Winterhärter als die meisten Teerosen.
☼ ♦♦ **D** **H** 90 cm **B** 60 cm Zone 7

'Lady Hillingdon'
Züchter Lowe und Shawyer, Großbritannien 1910
Abstammung 'Papa Gontier' x 'Mme Hoste'
Die schlanken Knospen öffnen sich zu lockeren, nahezu gänzlich gefüllten Blüten in sattem Gelb. Intensiver Duft. Triebe mittelstark bewehrt, pflaumenfarben. Dunkelgrünes Laub mit einem Hauch von Pflaumenfarben.
☼ ♦♦♦ **D** **H** 90 cm **B** 60 cm Zone 8

'Maman Cochet'
Züchter Cochet, Frankreich 1893
Abstammung 'Marie Van Houtte' x 'Mme Lombard'
Die schlanken Knospen öffnen sich zu blassrosa Blüten mit einem Hauch von dunklerem Rosa. Völlig geöffnet zeigen sie sich eher locker angeordnet mit gelber Mitte. Intensiv duftend. Wuchsfreudige Pflanze mit relativ wenig Stacheln. Ledriges, leicht glänzendes, eher dunkelgrünes Laub. Es wird auch eine weiße Form kultiviert.
☼ ♦♦♦ **D** **H** 90 cm **B** 60 cm Zone 7

'Monsieur Tillier'
Züchter Bernaix, Frankreich 1891
Abstammung Ungewiss
Wohlgeformte Knospen, eher lockere, halb- bis dicht gefüllte Blüten in Violett überlaufenem Dunkelrot. Duftend. Dünne Triebe. Wuchsfreudige, eher lockere Pflanze. Dunkelgrünes, glänzendes Laub.
☼ ♦♦ **D** **H** 1,2 m **B** 90 cm Zone 7

'Papa Gontier'
Züchter Nabonnand, Frankreich 1883
Abstammung Ungewiss
Halbgefüllte, dunkel sattrosa, nahezu rote Blüten mit vereinzelten weißen Streifen auf einigen Blütenblättern. Duftend. Nicht übermäßig viel dunkelgrünes Laub.
☼ ♦♦ **D** **H** 90 cm **B** 60 cm Zone 7

'Rosette Delizy'
Züchter Nabonnand, Frankreich 1922
Abstammung 'Général Gallieni' x 'Comtesse Bardi'
Nahezu dicht gefüllte Blüten in mehreren Farben, vor allem in auffallender Zusammenstellung von Tiefrosa, Apricot und Gelbbraun mit etwas dunkleren Tönen zu den Blütenrändern hin. Verzweigter Wuchs mit dünnen Trieben. Sehr gesundes, ledriges, glänzendes, mittel- bis bläulich grünes Laub. Ideale Topfrose.
☼ ♦♦ **D** **H** 1,1 m **B** 60 cm Zone 7

'Safrano'
Züchter Beauregard, Frankreich 1839
Abstammung Ungewiss
Zahlreiche, kräftig goldgelbe Blüten, dicht gefüllt bis weniger als halbgefüllt. Duftend. Buschige Sorte mit mattglänzendem, eher dunkelgrünem Laub. Schöne Rose für Gruppenpflanzungen und Kübel.
☼ ♦♦♦ **D** **H** 90 cm **B** 60 cm Zone 8

'Tipsy Imperial Concubine'
Entdeckt Le Rougetel, China 1982
Eingeführt Beales, Großbritannien 1989
Abstammung Ungewiss
Große, dicht gefüllte, becherförmige, rosa Blüten mit dezentem Hauch verschiedener zarter Zitronengelbtöne und dunklerem Rosa. Dünne Triebe. Buschig, niedrig. Üppiges, dunkelgrünes Laub. Für Kübel und Wintergarten.
☼ ♦♦ **D** **H** 60 cm **B** 60 cm Zone 8

'Archiduc Joseph'

'Clementina Carbonieri'

'Dr Grill'

'Maman Cochet'

Moderne Rosen

'Alexander'

'Dame Edith Helen'

'Lady Sylvia'

'Mrs Oakley Fisher'

Teehybriden

'Alec's Red' (COCred)
Züchter Cocker, UK 1973
Abstammung 'Duftwolke' x 'Dame de Cœur'
Große, wohlgeformte, stark duftende, dunkel samtrote Blüten, kräftige, robuste, bewehrte Triebe. Dunkelgrünes, leicht glänzendes Laub. Etwas buschiger Wuchs.
☼ ♦♦♦ **D** **H** 60 cm **B** 60 cm Zone 5

'Alexander' (HARlex, 'Alexandra')
Züchter Harkness, Großbritannien 1972
Abstammung 'Super Star' x ('Ann Elizabeth' x 'Allgold')
Lange, spitze Knospen, halbgefüllte, lockere, leuchtend zinnoberrote Blüten. Leichter Duft. Reichlich, gesundes, mittel- bis dunkelgrünes Laub. Hohe, aufrechte Sorte.
☼ ♦ **D** **H** 1,2 m **B** 60 cm Zone 6

'Crimson Glory'
Züchter Kordes, Deutschland 1935
Abstammung 'Catherine Kordes'-Sämling x 'W. E. Chaplin'
Blüten rundlich, dunkel samtrot, eher schwache Stiele. Wunderbarer Duft. Dunkelgrünes Laub. Bewehrte, buschige Pflanze. Ausgezeichnete alte Teehybride.
☼ ♦♦♦ **D** **H** 60 cm **B** 60 cm Zone 5

'Dainty Bess'
Züchter Archer, Großbritannien 1925
Abstammung 'Ophelia' x 'K of K'
Kleine Büschel schöner, einfacher Blüten in zart silbrigem Rosa, goldene Staubgefäße. Große, matte, eher dunkelgrüne Blätter. Mittelmäßig buschiger Wuchs.
☼ ♦♦ **D** **H** 60 cm **B** 60 cm Zone 5

'Dame Edith Helen'
Züchter Dickson, Großbritannien 1926
Abstammung Ungewiss
Sehr große, dicht gefüllte, leuchtende, rosa Blüten, öffnen sich schalen- und kissenförmig. Duftend. Eher bewehrt, buschig. Dunkelgrünes, ledriges Laub.
☼ ♦♦ **D** **H** 60 cm **B** 60 cm Zone 6

'Double Delight' (ANDeli)
Züchter Armstrong, USA 1977
Abstammung 'Granada' x 'Garden Party'
Wohlgeformte, dicht gefüllte, duftende Blüten in großer Zahl in kräftig rosarot überzogenen Cremefarben. Mittelgrünes, mattglänzendes Laub. Mittelmäßig buschig.
☼ ♦♦ **D** **H** 90 cm **B** 60 cm Zone 5

'Elina' (DICjana, 'Peaudouce')
Züchter Dickson, Großbritannien 1983
Abstammung 'Nana Mouskouri' x 'Lolita'
Herausragende Rose. Blüten groß, wohlgeformt, zahlreiche, zartgelbe bis cremefarbene Petalen. Duftend. Buschiger Wuchs mit zahlreichen dunkelgrünen Blättern.
☼ ♦♦ **D** **H** 90 cm **B** 60 cm Zone 5

'Golden Melody' ('Irene Churruca')
Züchter La Florida, USA 1934
Abstammung 'Mme Butterfly' x ('Lady Hillingdon' x 'Souvenir de Claudius Pernet')
Blüten wohlgeformt, schlank, golden, verblassen zu Cremefarben, an kräftigen Stielen. Schöner Duft. Ledriges, dunkelgrünes Laub. Buschige, bewehrte Pflanze.
☼ ♦♦♦ **D** **H** 75 cm **B** 60 cm Zone 6

'Grandpa Dickson' ('Irish Gold')
Züchter Dickson, Großbritannien 1966
Abstammung ('Perfecta' x 'Governador Braga da Cruz') x 'Piccadilly'
Blüten groß, wohlgeformt, duftend, zartgelb, zahlreich. Aufrechte, bewehrte Pflanze. Ledriges, glänzendes, mittelgrünes Laub. Ausgezeichnete Beetrose.
☼ ♦♦ **D** **H** 75 cm **B** 60 cm Zone 6

'Just Joey'
Züchter Cant, Großbritannien 1972
Abstammung 'Duftwolke' x 'Dr. A. J. Verhage'
Sehr große, wohlgeformte, kupferorange Blüten, zartrote Marmorierung. Intensiver Duft. Reichlich, dunkelgrünes, ledriges Laub. Bewehrt. Wuchs breit, aufrecht.
☼ ♦♦♦ **D** **H** 60 cm **B** 60 cm Zone 6

'Lady Mary Fitzwilliam'
Züchter Bennett, Großbritannien 1882
Wiederentdeckt Money, Großbritannien 1975
Abstammung 'Devoniensis' x 'Victor Verdier'
Wohlgeformte, schlanke, zartrosa Blüten, dunkler rosa überhaucht. Duftend. Buschige, bewehrte Pflanze mit reichlich, dunkelgrünem Laub.
☼ ♦♦ **D** **H** 75 cm **B** 75 cm Zone 6

'Lady Sylvia'
Züchter Stevens, Großbritannien 1926
Abstammung Spielart von 'Mme Butterfly'
Wohlgeformte Knospen, stark gefüllte Blüten in Zartrosa mit dunkleren Schattierungen. Buschige Pflanze, dunkelgrünes Laub. Für Wintergarten und Gewächshaus.
☼ ♦♦♦ **D** **H** 60 cm **B** 60 cm Zone 6

'La France'
Züchter Guillot, Frankreich 1867
Abstammung Teerose und Remontant-Rose
Die erste Teehybride. Blüten prall, silbrig rosa, locker, stark gefüllt. Duftend. Buschige Pflanze mit graugrünen Blättern. Öfterblühend. Anfällig für Mehltau.
☼ ♦♦ **Ö** ⊙ **H** 60 cm **B** 60 cm Zone 6

'Mme Butterfly'
Züchter Hill, USA 1918
Abstammung Spielart von 'Ophelia'
Der Elternsorte 'Ophelia' ähnlich, aber in dunklerem Rosa. Gute Schnittrose für Wintergarten und Gewächshaus.
☼ ♦♦♦ **D** **H** 60 cm **B** 60 cm Zone 6

'Mrs Oakley Fisher'
Züchter Cant, Großbritannien 1921
Abstammung Ungewiss
Wunderbare Rose. Einfache, goldgelbe Blüten, auffallende, goldbraune Staubgefäße. Duftend. Buschig, aufrecht. Mattglänzend, äußerst dunkelgrünes Laub.
☼ ♦♦ **D** **H** 45 cm **B** 45 cm Zone 6

'Ophelia'
Züchter Paul, Großbritannien 1912
Abstammung Zufallssämling von 'Antoine Rivoire'
Wohlgeformte, schlanke Knospen, becherförmige, zartrosa Blüten mit einem Hauch von Zitronengelb in der Mitte. Intensiv duftend. Buschig, dunkelgrünes Laub. Gute Rose für Wintergarten und Gewächshaus.
☼ ♦♦♦ **D** **H** 60 cm **B** 60 cm Zone 6

'Pascali' (LENip, 'Blanche Pasca')
Züchter Lens, Belgien 1963
Abstammung 'Queen Elizabeth' x 'White Butterfly'
Die prallen, rundlichen Knospen öffnen sich zu großen, wohlgeformten Blüten in zarten Cremefarben. Äußerst kräftige Triebe, wenig Stacheln, dunkelgrünes Laub.
☼ ♦♦ **D** **H** 90 cm **B** 60 cm Zone 6

'Peace' ('Mme A. Meilland', 'Gloria Dei')
Züchter Meilland, Frankreich 1945
Abstammung [(('George Dickson' x 'Souvenir de Claudius Pernet') x ('Joanna Hill' x 'Charles P. Kilham')) x 'Margaret McGredy']
Vielleicht die berühmteste Rose aller Zeiten. Ihre rundlichen Knospen öffnen sich zu großen, kohlförmigen Blüten in Zartgelb mit orangeroter Zeichnung. Süßer Duft. Laub groß, ledrig, glänzend, dunkelgrün. Kräftige, buschige Pflanze. Ausgezeichnet für gemischte Rabatten.
☼ ♦♦ **D** **H** 1,2 m **B** 60 cm Zone 6

'Piccadilly' (MACar)
Züchter McGredy, Neuseeland 1960
Abstammung 'McGredy's Yellow' x 'Karl Herbst'
Schlanke Knospen, gefüllte, leuchtend gelbe und rote Blüten in dichten Büscheln. Duftend. Große Blütenfülle. Stark bewehrt. Glänzendes, bräunlich grünes Laub.
☼ ●● **D H** 75 cm **B** 60 cm Zone 5

'Pinta'
Züchter Beales, Großbritannien 1973
Abstammung 'Ena Harkness' x 'Pascali'
Halbgefüllte, cremefarbene, nicht sonderlich große, aber wohlgeformte Blüten in schöner Fülle. Apfelrosenduft. Buschige, bewehrte Pflanze, ledriges, dunkelgrünes Laub.
☼ ●● **D H** 60 cm **B** 60 cm Zone 5

'Polar Star' (TANlarpost, 'Polarstern')
Züchter Tantau, Deutschland 1985
Abstammung Ungewiss
Große, rundliche Knospen, wohlgeformte, dicht gefüllte, zart cremefarbene bis weiße Blüten, kräftige Stiele. Duftend. Reichlich, ledriges, dunkelgrünes Laub. Wuchsfreudig, aufrecht. Schöne Schnittrose.
☼ ●● **D H** 90 cm **B** 60 cm Zone 5

'Remember Me' (COCdestin)
Züchter Cocker, Großbritannien 1984
Abstammung 'Anne Letts' x ('Dainty Maid' x 'Pink Favourite')
Spitze Knospen, becherförmige, gefüllte Blüten in Gelb mit Untertönen von Kupfer und Gold. Duftend. Laub dunkelgrün, glänzend. Hervorragende Beetrose.
☼ ● **D H** 75 cm **B** 60 cm Zone 6

'Royal William' (KORzaun, 'Duftzauber')
Züchter Kordes, Deutschland 1984
Abstammung 'Feuerzauber' x Sämling
Herausragende, wohlgeformte, dunkel samtrote Rose mit intensivem Duft. Aufrechte, stark bewehrte Pflanze, pflaumenfarbenes, ledriges, mattglänzendes Laub.
☼ ●●● **D H** 90 cm **B** 60 cm Zone 6

'Savoy Hotel' (HARvintage)
Züchter Harkness, Großbritannien 1987
Abstammung 'Silver Jubilee' x 'Amber Queen'
Sehr große, kohlartige, zartrosa Blüten in schöner Fülle. Angenehmer Duft. Buschig mit dunkelgrünem Laub.
☼ ●● **D H** 90 cm **B** 60 cm Zone 6

'Silver Jubilee'
Züchter Cocker, Großbritannien 1978
Abstammung [(('Highlight' x 'Colour Wonder') x ('Parkdirektor Riggers' x 'Piccadilly')) x 'Mischief']
Perfekte, moderne Teehybride. Silbrig rosa bis apricotfarbene, gefüllte Blüten, zahlreiche Blütenblätter. Intensiver Duft. Laub glänzend, mittelgrün. Buschige, bewehrte Pflanze. Ausgezeichnet für Flächenpflanzungen.
☼ ●●● **D H** 75 cm **B** 60 cm Zone 6

'Soleil d'Or'
Züchter Pernet-Ducher, Frankreich 1900
Abstammung 'Antoine Ducher' Sämling x *R. foetida* 'Persiana'
Pralle, runde Knospen, schalenförmige, sattgelbe Blüten mit zerzauster Mitte. Aufrechte, bewehrte Pflanze mit sattgrünen Blättern. Etwas anfällig für Sternrußtau.
☼ ●● **D** ⊙ **H** 90 cm **B** 60 cm Zone 6

'Summer Fragrance' (TANfudermos, 'Sommerduft')
Züchter Tantau, Deutschland 1985
Abstammung Ungewiss
Wohlgeformte, schlanke, gefüllte Blüten in sehr dunklem Rot an kräftigen Stielen. Üppige Blütenfülle. Angenehmer Duft. Aufrecht, dunkelgrünes, glänzendes Laub.
☼ ●●● **D H** 75 cm **B** 60 cm Zone 6

Floribunda-Rosen

'Amanda' (BEEsian)
Züchter Bees, Großbritannien 1979
Abstammung 'Arthur Bell' x 'Zambra'
Rundliche Knospen, gefüllte Blüten in kräftigem Gelb mit orangerotem Schimmer. Duftend. Glänzendes, mittelgrünes Laub. Mittelmäßig buschiger Wuchs.
☼ ●● **D H** 90 cm **B** 75 cm Zone 6

'Amber Queen' (HARroony)
Züchter Harkness, Großbritannien 1984
Abstammung 'Southampton' x 'Typhoon'
Pralle Knospen, becherförmige, dicht gefüllte Blüten in Apricot-Gold. Würziger Duft. Glänzendes, dunkelgrünes Laub mit kupferfarbenem Schimmer.
☼ ●● **D H** 60 cm **B** 60 cm Zone 6

'Beautiful Britain' (DICfire)
Züchter Dickson, Großbritannien 1983
Abstammung 'Red Planet' x 'Eurorose'
Große Büschel mit halbgefüllten, leuchtend tomatenroten Blüten. Verhaltener Duft. Aufrecht, relativ bewehrt. Laub dunkelgrün mit bronzefarbenem Unterton.
☼ ● **D H** 90 cm **B** 60 cm Zone 6

'Chinatown'
Züchter Poulsen, Dänemark 1963
Abstammung 'Columbine' x 'Cläre Grammerstorf'
Dichte Büschel gänzlich gefüllter Blüten in Zartgelb mit einem Hauch von Orange. Etwas schwache Stiele. Reichlich, kräftig limettengrünes, glänzendes Laub. Aufrecht, wuchsfreudig. Leichte Anfälligkeit für Mehltau.
☼ ●● **D** ⊙ **H** 1,2 m **B** 60 cm Zone 5

'Crazy For You' (WEKroalt, 'Fourth of July')
Züchter Weeks, USA 1999
Abstammung 'Rollercoaster' x 'Altissimo'
Große Büschel fast einfacher Blüten mit gekräuselten Petalen in unregelmäßigen roten, gelben und orangen Streifen. Zarter Duft. Laub glänzend, eher dunkelgrün.
☼ ● **D H** 1,2 m **B** 90 cm Zone 5

'English Miss'
Züchter Cant, Großbritannien 1979
Abstammung ('Dearest' x 'The Optimist') x 'Sweet Repose'
Große Büschel mit wohlgeformten, gefüllten, zartrosa Blüten. Duftend. Niedrig, buschig, purpurrot überhauchtes, dunkelgrünes Laub. Hervorragende Beetrose.
☼ ●● **D H** 45 cm **B** 45 cm Zone 6

'Escapade' (HARpade)
Züchter Harkness, Großbritannien 1967
Abstammung 'Pink Parfait' x 'Baby Faurax'
Große Büschel lockerer, halbgefüllter Blüten in rosa überzogenem Magentarot bis Lila. Verhaltener Duft. Laub glänzend, mittelgrün. Aufrechte, hohe Pflanze.
☼ ● **D H** 1,1 m **B** 60 cm Zone 5

'Gruß an Aachen'
Züchter Geduldig, Deutschland 1909
Abstammung 'Frau Karl Druschki' x 'Franz Deegen'
Die dicht gefüllten, eher schalenförmigen, zartrosa Blüten verblassen zu sanften Cremetönen mit dunklerer Mitte. Duftend. Buschige, niedrige Pflanze mit sattgrünem, ledrigem Laub. Ausgezeichnete Rose.
☼ ●● **D H** 45 cm **B** 45 cm Zone 6

'Iceberg' (KORbin, 'Schneewittchen', 'Fée des Neiges')
Züchter Kordes, Deutschland 1958
Abstammung 'Robin Hood' x 'Virgo'
Lockere Büschel halbgefüllter, reinweißer Blüten. Duftend. Laub glänzend, hellgrün. Herausragende Rose.
◑ ●● **D H** 90 cm **B** 60 cm Zone 5

'Polar Star'

'Savoy Hotel'

'Amber Queen'

'Escapade'

'Lilli Marlene'

'Queen Elizabeth'

'Autumn Fire'

'Autumn Sunset'

'Korresia' ('Sunsprite', 'Friesia')
Züchter Kordes, Deutschland 1977
Abstammung 'Friedrich Wörlein' x 'Spanish Sun'
Fast gänzlich gefüllte, dunkelgelbe Blüten in großen Büscheln. Duftend. Schöne Blütenfülle. Regelmäßiger, aufrechter Wuchs. Dunkelgrünes Laub. Sehr gute Rose für Gruppen- und Flächenpflanzungen.
☼ 💧💧 **D H** 90 cm **B** 60 cm Zone 5

'Lilac Charm'
Züchter LeGrice, Großbritannien 1962
Abstammung 'Lavender Pinocchio' x unbekannt
Große Büschel mit einfachen, duftenden Blüten in Pastelllila bis Mauve, honigfarbene Staubgefäße. Graugrüne Blätter. Buschige, aufrechte Pflanze. Guter Partner für Stauden.
☼ 💧💧 **D H** 45 cm **B** 45 cm Zone 6

'Lilli Marleen' (KORlima)
Züchter Kordes, Deutschland 1959
Abstammung ('Our Princess' x 'Rudolph Timm') x 'Ama'
Blüten dicht gefüllt, dunkelrot, in sehr großen Büscheln. Leichter Duft. Reichlich, dunkelgrünes Laub. Buschig, stark bewehrte Triebe. Hervorragende Beetrose.
◑ 💧 **D H** 75 cm **B** 60 cm Zone 5

'Margaret Merril' (HARkuly)
Züchter Harkness, Großbritannien 1977
Abstammung ('Rudolph Timm' x 'Dedication') x 'Pascali'
Große Büschel halbgefüllter, zartrosa bis weißer Blüten, auffallend goldene Staubgefäße. Stark duftend. Dunkelgrünes Laub an einer bewehrten, aufrechten Pflanze.
☼ 💧💧💧 **D H** 90 cm **B** 60 cm Zone 6

'Norwich Castle'
Züchter Beales, Großbritannien 1976
Abstammung 'Whisky Mac' x 'Arthur Bell'
Beträchtlich große Büschel mit halb- bis dicht gefüllten, ingwer-orange-gelben Blüten. Duftend. Aufrechte, buschige, bewehrte Pflanze mit dunkelgrünem Laub. Nützliche Rose für Gruppen- und Flächenpflanzungen.
☼ 💧💧 **D H** 1,1 m **B** 75 cm Zone 6

'Pink Gruß an Aachen'
Züchter Kluis & Koning, Niederlande 1929
Abstammung Spielart von 'Gruß an Aachen'
Alte Floribunda-Rose mit ebenso guten Eigenschaften wie die Elternrose. Eher kleine Büschel mit dicht gefüllten, duftenden Blüten in Lachs und Rosa. Sattgrünes, ledriges Laub. Niedrige, buschige Sorte.
☼ 💧💧 **D H** 45 cm **B** 45 cm Zone 6

'Pink Parfait'
Züchter Swim, USA 1960
Abstammung 'First Love' x 'Pinocchio'
Beachtlich große Büschel mit fast dicht gefüllten Blüten in einer Mischung verschiedener Rosatöne. Schöner Duft. Dunkelgrünes Laub. Relativ unbewehrt, aufrecht.
☼ 💧💧 **D H** 90 cm **B** 60 cm Zone 5

'Queen Elizabeth' ('The Queen Elizabeth')
Züchter Lammerts, USA 1954
Abstammung 'Charlotte Armstrong' x 'Floradora'
Büschel mit gefüllten, silbrig rosa Blüten, aufrechte, hohe Pflanze mit reichlich, großen, graugrünen Blättern. Hervorragende hohe Heckenrose. So gut wie nicht duftend.
◑ 💧 **D H** 1,5 m **B** 90 cm Zone 6

'Sexy Rexy' (MACrexy, 'Heckenzauber')
Züchter McGredy, Neuseeland 1984
Abstammung 'Seaspray' x 'Dreaming'
Gänzlich gefüllte, eher schalenförmige, lachs- bis zartrosa Blüten in großen Büscheln. Leichter Duft. Hellgrünes Laub. Buschige, bewehrte Pflanze.
☼ 💧 **D H** 45 cm **B** 45 cm Zone 6

Moderne Strauchrosen

'Agnes'
Züchter Saunders Central Experimental Farm, Kanada 1922
Abstammung *R. rugosa* x *R. foetida* 'Persiana'
Beachtlich große, dicht gefüllte, eher zerzauste, zart primelgelbe Blüten in nicht sonderlich großer Zahl. Fortwährende Blüte. Stark duftend. Hoch, bewehrt. Gekräuseltes, dunkelgrünes Laub. Sehr gute moderne Strauchrose vom Rugosa-Typ.
◑ 💧💧💧 **D H** 1,8 m **B** 1,5 m Zone 4

'Anna Pavlova'
Züchter Beales, Großbritannien 1981
Abstammung Ungewiss
Pralle, spitze Knospen, dicht gefüllte, zartrosa, nahezu schalenförmige Blüten. Betörender Duft. In kargem Boden mitunter etwas weniger üppig blühend. Große, ledrige, dunkelgrüne Blätter.
☼ 💧💧💧 **D H** 1,2 m **B** 90 cm Zone 6

Autumn Fire ('Herbstfeuer')
Züchter Kordes, Deutschland 1961
Abstammung *R.-rubiginosa*-Hybride
Große, halbgefüllte, duftende, dunkelrote Blüten in großen Büscheln. Vereinzelte Nachblüte. Wuchsfreudige, buschige Pflanze mit dunkelgrünem Laub. Früchte sehr groß, lang gestreckt, birnenförmig, leuchtend rote.
◑ 💧💧 **Ö H** 1,5 m **B** 1,2 m Zone 6

'Autumn Sunset'
Züchter Lowe, USA 1987
Abstammung Spielart von 'Westerland'
Auffallende Rose mit großen Büscheln halbgefüllter Blüten, etwas zerzaust, in leuchtendem Gelb mit bernsteinfarbenem Schimmer. Leichter Duft. Kräftig, aufrecht. Ledriges, mittelgrünes Laub.
◑ 💧 **D H** 1,2 m **B** 1,2 m Zone 5

'Bonica '82' (MEIdomonac)
Züchter Meilland, Frankreich 1982
Abstammung Ungewiss
Herausragende moderne Rose. Große Büschel halbgefüllter, leuchtend rosa Blüten vom Frühsommer bis spät in den Herbst. Duftend. Ausladender, buschiger Wuchs. Mittelgrünes Laub mit zartem Kupferton. Hervorragende Rose für Flächenpflanzungen. Auch gute Topfrose.
◑ 💧💧 **D H** 1,2 m **B** 1,2 m Zone 5

'Canary Bird'
Herkunft China
Entstehung Um 1908
Abstammung Verm. *R. xanthina hugonis* x *R. xanthina*
Große, einfache, leuchtend gelbe Blüten an pflaumenfarbenen Trieben. Leichter Duft. Weiches, farnartiges, dunkelgrünes Laub. Zählt zu den ersten blühenden Rosen des Jahres. Vereinzelte Nachblüte im Hochsommer und Herbst. Gute Strauchrose, auch oft als Hochstamm.
◑ 💧 **F H** 2,5 m **B** 1,8 m Zone 5

'Cantabrigiensis' ('Cambridge Rose', *R. x cantabrigiensis*)
Züchter Cambridge Botanic Gardens, Großbritannien 1931
Abstammung *R. xanthina hugonis* x *R. sericea*
Reizvolle, einfache, leicht duftende, leuchtend primelgelbe Rose, die gegen Mitte des Frühlings ihre Blüten öffnet. Bewehrte, rehbraune bis braune Triebe und reichlich, farnartiges, eher dunkelgrünes Laub. Hohe Pflanze mit elegantem, überhängendem Wuchs. Gute Rose für gemischte Gehölzpflanzungen.
◑ 💧 **F H** 3 m **B** 1,5 m Zone 5

'Cerise Bouquet'
Züchter Kordes, Deutschland 1958
Abstammung *R. multibracteata* x 'Crimson Glory'
Kleine Büschel mit dicht gefüllten, kirschroten Blüten. Leichter Duft. Graugrünes Laub. Überhängende, relativ bewehrte Sorte. Als ausgewachsene Pflanze wahrhaft beeindruckend.
❍ ♦ **S H** 4 m **B** 4 m Zone 5

'City of Oelde'
Züchter Beales, Großbritannien 2002
Abstammung Sämling von 'Bonica 82'
Halbgefüllte, mittelbonbonrosa Blüten in Büscheln. Verhaltener Duft. Gesundes, glänzendes, mittelgrünes Laub. Kompakte, aufrechte, üppig blühende Sorte.
❍ ♦ **D H** 1,2 m **B** 90 cm Zone 5

'Countess of Wessex' (BEAcream)
Züchter Beales, Großbritannien 2004
Abstammung 'City of York' x 'Maigold'
Büschel mit nahezu dicht gefüllten, cremeweißen Blüten mit äußerst angenehmem Duft. Üppige Blütenfülle. Aufrechte, regelmäßige Pflanze mit reichlich, hellgrünem Laub. Sehr gesund. Eine wunderbare Rose.
❍ ♦♦♦ **D H** 1,2 m **B** 90 cm Zone 5

'Dortmund'
Züchter Kordes, Deutschland 1955
Abstammung Sämling x *R. kordesii*
Lange, spitze Knospen, große, einfache, rote Blüten mit cremefarbener Mitte in Büscheln. Duftend. Dunkelgrünes, glänzendes Laub. Äußerst wuchsfreudiger Strauch oder Kletterer, der auch Schatten und karge Bodenverhältnisse toleriert. Öfterblühend.
❍ ♦♦ **Ö H** 2,5 m **B** 1,8 m Zone 5

'Evelyn May'
Züchter Beales, Großbritannien 2000
Abstammung 'Elizabeth of Glamis' x 'Arthur Bell'
Gefüllte Blüten in einem angenehmen Zusammenspiel von Orange, Lachs und Gelb. Intensiver Duft. Aufrechte Pflanze mit dunkelgrünem Laub. Schöne Rose für Einzelstellung, gute Heckenrose.
☼ ♦♦♦ **D H** 1,2 m **B** 60 cm Zone 6

'Fountain' ('Fontäne', 'Red Prince')
Züchter Tantau, Deutschland 1972
Abstammung 'Olala' x 'Duftwolke'
Große, becherförmige, halbgefüllte Blüten in Blutrot bis Karmesin. Duftend. Schöne Blütenfülle. Strauchartiger Wuchs. Gut ausgestattet mit krankheitsresistentem, dunkelgrünem Laub. Hervorragende Rose, die einen besonderen Platz im Garten verdient.
☼ ♦♦ **D H** 2,2 m **B** 1,2 m Zone 6

'Frühlingsgold'
Züchter Kordes, Deutschland 1937
Abstammung 'Joanna Hill' x *R.-pimpinellifolia*-Hybride
Große, lockere, nahezu einfache, reingelbe Blüten, verblassen vor dem Verblühen zu Cremegelb. Auffallende Staubgefäße. Blüht im Spätfrühling. Duftend. Leicht bewehrte Triebe mit dunkelgrünem Laub an aufrechter Pflanze. In voller Blüte ein atemberaubender Anblick.
❍ ♦♦ **F H** 2,5 m **B** 1,5 m Zone 5

'Frühlingsmorgen'
Züchter Kordes, Deutschland 1942
Abstammung ('E. G. Hill' x 'Catherine Kordes') x *R. pimpinellifolia* 'Grandiflora'
Mittelgroße, schalenförmige, einfache, kirschrote Blüten mit gelb getupfter Mitte, gefolgt von kastanienbraunen Hagebutten. Duftend. Dunkelgrünes Laub. Eine attraktive Rose, überwältigend in voller Blüte im späten Frühling und gelegentlich, weniger spektakulär nachblühend.
❍ ♦♦ **F H** 2,5 m **B** 1,5 m Zone 5

'Goldbusch'
Züchter Kordes, Deutschland 1954
Abstammung 'Golden Glow' x *R.-rubiginosa*-Hybride
Große, halbgefüllte, gelbbraune bis gelbe Blüten in Büscheln. Stark duftend. Leicht glänzendes, dunkelgrünes Laub mit einem Hauch von Apfelduft. Hoher, lockerer Strauch, der gern mit Stütze wächst. Kann als Kletterrose gezogen werden.
❍ ♦♦♦ **D H** 2,5 m **B** 1,5 m Zone 6

'Golden Chersonese'
Züchter Allen, Großbritannien 1963
Abstammung *R. ecae* x 'Canary Bird'
Aufrechte Rose mit bräunlichen, bewehrten Trieben und zahlreichen mittelgroßen, einfachen, dunkel goldgelben Blüten im späten Frühjahr. Farnartiges, weiches Laub in Mittel- bis Dunkelgrün.
❍ **F H** 1,8 m **B** 1,2 m Zone 6

'Golden Wings'
Züchter Shepherd, USA 1956
Abstammung ('Sœeur Thérèse' x *R. pimpinellifolia* 'Grandiflora') x 'Ormiston Roy'
Reizvolle, einfache, schalenförmige Blüten in zartem Goldgelb mit goldenen Staubgefäßen. Süßer Duft. Pflegeleichte Sorte mit großen, ledrigen, eher hellgrünen Blättern. Wenn das Verblühte nicht entfernt wird, folgen im Herbst schöne Hagebutten.
❍ ♦♦ **D H** 1,5 m **B** 1,2 m Zone 5

'Hazel Le Rougetel' ('Corylus')
Züchter Hazel Le Rougetel
Eingeführt Beales, Großbritannien 1988
Abstammung *R. rugosa* x *R. nitida*
Mittelrosarote, große, einfache Blüten, in der Mitte dekorative Staubgefäße. Leichter Duft. Wiederholt blühend. Fiedriges, hellgrünes Laub, das im Herbst eine schöne Färbung aus Rost, Gelb und Feuerrot annimmt. Ovale, leuchtend orange bis rote Hagebutten. Auf eigener Wurzel entwickelt die Sorte zahlreiche neue Triebe.
❍ ♦ **Ö H** 90 cm **B** 90 cm Zone 4

'Helen Knight'
Züchter Knight, Großbritannien 1963
Abstammung *R. ecae* x *R. pimpinellifolia* 'Grandiflora'
Einfache, dunkel goldgelbe Blüten in schöner Fülle an bewehrten, überhängenden, mahagonibraunen Trieben. Zartes, farnartiges, eher dunkelgrünes Laub. Reizvoller Strauch, der im späten Frühjahr bis Frühsommer blüht. Gedeiht auch in kargem Boden.
❍ ♦ **F H** 1,5 m **B** 1,2 m Zone 5

'Hidcote Gold'
Züchter Hilling, Großbritannien 1948
Abstammung Sämling von *R. sericea*
Kräftiger, robuster Strauch mit einfachen, leuchtend gelben Blüten, die zeitig im Jahr in kleinen Büscheln getragen werden. Zahlreiche, farnartige, dunkelgrüne Blätter. Triebe sind großzügig mit keilförmigen Stacheln bestanden. Dekorative Rose, die jede Gehölzpflanzung bereichert.
❍ ♦ **F H** 2,5 m **B** 1,8 m Zone 6

'Jacqueline du Pré' (HARwanna)
Züchter Harkness, Großbritannien 1989
Abstammung 'Radox Bouquet' x 'Maigold'
Anmutige, halbgefüllte, rosa überlaufene, weiße Blüten, die in der Form an Seerosen erinnern. Staubgefäße in Gold- und Rottönen. Üppige Blütenfülle. Gesundes, limettengrünes Laub. Gute Rose für Kübel und gemischte Rabatten.
☼ ♦♦ **D H** 1,2 m **B** 1,5 m Zone 6

'Countess of Wessex'

'Evelyn May'

'Fountain'

'Goldbusch'

'Marguerite Hilling'

'Raymond Carver'

'St Ethelburga'

'Henry Kelsey'

'James Mason'
Züchter Beales, Großbritannien 1982
Abstammung 'Scharlachglut' x 'Tuscany Superb'
Große Blüten, fast einfach, in kräftigem, dunklem Samtrot mit dekorativen goldenen Staubgefäßen. Duftend. Gesundes, dichtes, dunkelgrünes Laub. Gute Rose für Einzelstellung. Blüht im Sommer.
◐ 💧💧 **S H** 1,5 m **B** 1,2 m Zone 4

'Louise Clements' (CLElou)
Züchter Clements, USA 1998
Abstammung Unbekannt
Nostalgische, gänzlich gefüllte, kupferorange Blüten, die sich schalen- und kissenförmig öffnen. Intensiver Duft. Aufrechte Pflanze mit bronzegrünem Laub.
☼ 💧💧💧 **D H** 1,2 m **B** 90 cm Zone 5

'Macmillan Nurse' (BEAmac)
Züchter Beales, Großbritannien 1998
Abstammung 'Bonica'82' x 'Maigold'
Hervorragende, niedrigere Strauchrose. Gänzlich gefüllte, rosettenförmige, nahezu geviertelte, weiße Blüten, oft mit einem Hauch Pfirsichfarben, insbesondere zur Mitte hin. Große Büschel. Gesundes, glänzendes, dunkelgrünes Laub. Blüht bis in den Herbst hinein. Reizvolle Rose für Gruppenpflanzungen.
◐ 💧 **D H** 90 cm **B** 90 cm Zone 5

'Marguerite Hilling'
Züchter Hilling, Großbritannien 1959
Abstammung Spielart von 'Nevada'
Nahezu einfache, lockere, zartrosa Blüten mit großen, an Flügel erinnernde Blütenblätter. Eine Aufsehen erregende Rose, insbesondere im Frühsommer. Vereinzelte Blüten bis in den Herbst. Eher ausladender Wuchs. Am besten in Gehölzpflanzung oder gemischten Rabatten.
◐ 💧 **Ö H** 2,5 m **B** 2,2 m Zone 4

'Nevada'
Züchter Dot, Spanien 1927
Abstammung Mögl. eine *R.-moyesii*-Hybride
Große, halbgefüllte, elfenbeinfarbene Blüten mit einer dekorativen Krone goldener Staubgefäße. Großartige Blüte im Frühsommer, vereinzelte Nachblüte. Frische, grüne, rundliche Blätter, braune, eher sperrige Triebe. Gute Rose für gemischte Rabatten.
◐ 💧 **Ö H** 2,5 m **B** 2,2 m Zone 4

'Peter Beales' (CLEexpert)
Züchter Clements, USA 2000
Abstammung Unbekannt
Büschel einfacher, leuchtend karmesinroter Blüten mit gelber Mitte. Leichter Duft. Aufrechte Triebe, dunkelgrünes Laub. Gute, dauerhaft blühende Rose.
◐ 💧 **D H** 1,2 m **B** 90 cm Zone 5

'Raymond Carver'
Züchter Horner, Großbritannien
Eingeführt Beales, Großbritannien 1999
Abstammung 'Lichtkönigin Lucia' x 'Summer Wine'
Nostalgische, große, dicht gefüllte, gelbe Blüten mit einem Hauch Kupfer. Schöner Duft. Aufrechte, kräftige Pflanze mit gesundem, kupfergrünem Laub. Ausgezeichnete Strauchrose, eine der besten in ihrem Farbton.
☼ 💧💧 **D H** 1,2 m **B** 90 cm Zone 5

'Rhapsody in Blue' ('Frantasia')
Züchter Cowlishaw, Großbritannien 2003
Abstammung [((('Summer Wine' x 'Montezuma') x ('Violacea' x 'Seefield')) x ('Blue Moon' x 'Seefield'))) x ('International Herald Tribune' x 'Summer Wine')]
Eine der ausgeprägter blauen Rosen unter den so genannten blauen Rosen. Wohlgeformte, halbgefüllte Blüten in purpurrot überlaufenem Mauve in Büscheln. Dezenter Duft. Wuchs aufrecht, buschig. Dunkelgrünes Laub.
◐ 💧 **D H** 1,2 m **B** 90 cm Zone 6

'Sadler's Wells'
Züchter Beales, Großbritannien 1983
Abstammung 'Penelope' x 'Rose Gaujard'
Große Büschel halbgefüllter Blüten in silbrigem Rosa, kirschrot überhaucht, besonders an den Blütenrändern. Verträgt feuchtes Wetter. Aufrechter Wuchs, große, dunkelgrüne Blätter. Schöne Blüte bis in den Herbst hinein. Langlebige Schnittblume.
◐ 💧 **D H** 1,2 m **B** 90 cm Zone 6

'Scharlachglut' ('Scarlet Fire')
Züchter Kordes, Deutschland 1952
Abstammung 'Poinsettia' x 'Alika'
Große, einfache, leuchtend samtrote Blüten mit goldenen Staubgefäßen. Birnenförmige, orangrote Hagebutten. Dunkelgrünes Laub mit einem Hauch von Purpur. Bewehrte, kräftige, robuste Sorte. Gute Rose für Mauern oder in Einzelstellung. Rankt auch gern in Bäume.
◐ 💧 **S H** 3 m **B** 1,8 m Zone 4

'St Ethelburga' (BEAbimbo)
Züchter Beales, Großbritannien 2003
Abstammung 'Comte de Chambord' x 'Aloha'
Reizvolle, klassische rosa Rose, die die besten Wesenszüge ihrer berühmten Eltern vereint. Gänzlich gefüllte Blüten in zart Zuckergussrosa. Äußerst intensiver Duft. Gesundes, dunkelgrünes Laub in reichlicher Menge.
☼ 💧💧💧 **D H** 1,2 m **B** 90 cm Zone 5

'Westerland' (KORwest)
Züchter Kordes, Deutschland 1969
Abstammung 'Friedrich Wörlein' x 'Circus'
Halbgefüllte Blüten in Büscheln in stark leuchtendem Orange-Apricot, das zu den Rändern hin dunkler wird. Leuchtend zartgrünes Laub an kräftigen, aufrechten Trieben. Üppiger Flor.
◐ 💧 **D H** 1,2 m **B** 90 cm Zone 5

Explorer-Rosen

'Cuthbert Grant'
Züchter Department of Agriculture, Kanada 1967
Abstammung ('Crimson Glory' x 'Assiniboine') x 'Assiniboine'
Große, halbgefüllte, karmesinrote, samtige Blüten. Angenehmer Duft. Üppiger erster Flor, schöne Nachblüte im Herbst. Buschige, dichte Pflanze. Krankheitsresistent. Dunkelgrünes Laub.
◐ 💧💧 **Ö H** 1,2 m **B** 90 cm Zone 4

'George Vancouver'
Züchter Department of Agriculture, Kanada 1994
Abstammung Sämling von *R. kordesii*
Große Büschel mit halbgefüllten, wohlgeformten Blüten in stark leuchtendem Rot, die allmählich zu einer lockeren Anordnung und zarterem Rot wechseln. Ausladender, buschiger Wuchs. Dunkelgrünes Laub.
◐ **D H** 90 cm **B** 90 cm Zone 4

'Henry Kelsey'
Züchter Department of Agriculture, Kanada 1984
Abstammung *R. kordesii* x unbekannter Sämling
Eine herrliche Rose. Büschel mit halbgefüllten, mittel- bis leuchtend roten Blüten mit strohgelben Staubgefäßen. Verhaltener Duft. Wuchsfreudige, buschige Sorte. Glänzendes, dunkelgrünes Laub.
◐ 💧 **D H** 1,5 m **B** 1,5 m Zone 4

'Jens Munk'
Züchter Department of Agriculture, Kanada 1974
Abstammung 'Schneezwerg' x 'Fru Dagmar Hastrup'
Halb- bis dicht gefüllte, lila bis malvenrosa Blüten, dekorative, gelbe Staubgefäße. Duftend. Äußerst üppige Blüte. Dicht, buschig, aufrecht. Gräulich mittelgrünes Laub.
◐ 💧💧 **D H** 1,2 m **B** 1,2 m Zone 4

'John Cabot'
Züchter Department of Agriculture, Kanada 1978
Abstammung *R. kordesii* x unbekannter Sämling
Beachtlich große, halbgefüllte Blüten in Zart- bis Kirschrot mit einer hübschen Krone goldener Staubgefäße. Leichter Duft. Üppiger erster Flor mit vereinzelter Nachblüte. Gräulich grünes Laub. Wuchsfreudige Sorte, die auch als Kletterrose dienen kann.
❍ ♦ **Ö H** 2,5 m **B** 2,2 m Zone 4

'Martin Frobisher'
Züchter Department of Agriculture, Kanada 1968
Abstammung Sämling von 'Schneezwerg'
Gänzlich gefüllte, nahezu zartrosa Blüten mit angenehmem Duft. Schöne Blütenfülle. Buschige, aufrechte Sorte. Graugrünes Laub, vielleicht etwas spärlich.
❍ ♦♦ **D H** 1,5 m **B** 1,2 m Zone 4

'William Baffin'
Züchter Department of Agriculture, Kanada 1983
Abstammung Sämling von *R. kordesii*
Große, halbgefüllte, zart rosarote Blüten mit in völlig geöffnetem Zustand auffallenden, goldenen Staubgefäßen. Üppige Blütenfülle. Verhaltener Duft. Gräulich grünes Laub. Äußerst wuchsfreudige Sorte, die auch als Kletterrose verwendet werden kann.
❍ ♦ **D H** 2,5 m **B** 2,2 m Zone 3

Englische Rosen

'Abraham Darby' (AUScot)
Züchter Austin, Großbritannien 1985
Abstammung 'Aloha' x 'Yellow Cushion'
Sehr große, altmodische, gefüllte, apricot und gelbe Blüten mit intensivem, fruchtigem Duft. Buschig, überhängend, reichlich, ledriges, dunkelgrünes Laub.
☼ ♦♦ **D H** 1,5 m **B** 1,2 m Zone 6

'Chianti' (AUSwine)
Züchter Austin, Großbritannien 1967
Abstammung *R.* x *macrantha* x 'Vanity'
Lockere Büschel großer, halbgefüllter, tief purpurroter Blüten mit goldenen Staubgefäßen. Duftend. Einmalblühend. Mattes, dunkelgrünes Laub. Mittelhoher, ausladender Wuchs.
❍ ♦♦ **S H** 1,5 m **B** 1,2 m Zone 6

'Constance Spry' (AUStance)
Züchter Austin, Großbritannien 1960
Abstammung 'Belle Isis' x 'Dainty Maid'
Große, locker becherförmige Blüten in Zartrosa mit blasserem Rand. Blüte im Sommer. Duft nach Myrrhe. Wuchsfreudig und bewehrt mit derbem, graugrünem Laub. Großer Strauch, der für eine Stütze dankbar ist. Lässt sich auch als Kletterrose ziehen.
❍ ♦♦♦ **S H** 5 m **B** 3 m Zone 6

'Geoff Hamilton' (AUSham)
Züchter Austin, Großbritannien 1987
Abstammung 'Heritage' x Sämling
Becherförmige, gefüllte Blüten in Zartrosa mit blasserem Rand, in Büscheln. Duftend, mit einem Hauch von Apfel. Glänzendes, eher dunkelgrünes Laub.
☼ ♦♦ **D H** 1,5 m **B** 1,2 m Zone 6

'Gertrude Jekyll' (AUSbord)
Züchter Austin, Großbritannien 1986
Abstammung 'Wife of Bath' x 'Comte de Chambord'
Eine der schönsten ihrer Gruppe. Großartige, nostalgische Blüten: dicht gefüllt, intensiv duftend und dunkelrosa. Gräulich grünes Laub an einer aufrechten, buschigen Pflanze.
☼ ♦♦♦ **D H** 1,2 m **B** 90 cm Zone 5

'Glamis Castle' (AUSlevel)
Züchter Austin, Großbritannien 1992
Abstammung 'Graham Thomas' x 'Mary Rose'
Blüten groß, becherförmig, halbgefüllt, fast an Pfingstrosen erinnernd, Reinweiß. Nach Myrrhe duftend. Aufrechter, dichter Wuchs. Glänzendes, mittelgrünes Laub. Gute für Flächenpflanzungen oder größere Pflanzgefäße.
☼ ♦♦ **D H** 90 cm **B** 60 cm Zone 6

'Graham Thomas' (AUSmas)
Züchter Austin, Großbritannien 1983
Abstammung Sämling x ('Charles Austin' x 'Schneewittchen'-Sämling)
Ausgezeichnete Rose. Becherförmige, dicht gefüllte Blüten mit nostalgischer Form in sattem Goldgelb, in gut verteilten Büscheln. Duft erinnert an Myrrhe. Gesundes, mittel- bis leuchtend grünes Laub und buschiger Wuchs. Auch als niedrige Kletterrose zu verwenden.
☼ ♦♦♦ **D H** 1,2 m **B** 90 cm Zone 6

'Heritage' (AUSblush)
Züchter Austin, Großbritannien 1984
Abstammung Sämling x ('Schneewittchen' x 'Wife of Bath')
Gänzlich gefüllte, becherförmige, fast runde Blüten in zart silbrigem Rosa mit etwas dunkler getönter Mitte. Stark duftend. Buschige Pflanze, glänzendes, mittelgrünes Laub. Gute Rose für Flächenpflanzungen und Kübel.
☼ ♦♦♦ **D H** 1,2 m **B** 90 cm Zone 6

'Jayne Austin' (AUSbreak)
Züchter Austin, Großbritannien 1990
Abstammung 'Graham Thomas' x 'Tamora'
Zunächst becherförmige Blüten, öffnen sich zu großen, schalenförmigen Rosetten in Zartgelb mit einem Schimmer Apricot. Höchst angenehmer Duft. Zart graugrünes Laub. Buschig, aufrecht. Gelegentlich längere Triebe.
☼ ♦♦ **D H** 1,1 m **B** 90 cm Zone 6

'L. D. Braithwaite' (AUScrim)
Züchter Austin, Großbritannien 1988
Abstammung 'The Squire' x 'Mary Rose'
Gefüllte, beständig leuchtend karmesinrote Blüten, die etwas weniger becherförmig sind als bei anderen dieser Gruppe. Üppige Blütenfülle. Duftend. Breite, buschige Pflanze mit ledrigem, dunkelgrünem Laub und vielen Stacheln.
☼ ♦♦ **D H** 1,1 m **B** 90 cm Zone 6

'Mary Rose' (AUSmary)
Züchter Austin, Großbritannien 1983
Abstammung Sämling x 'The Friar'
Nicht völlig dicht gefüllte, lockere Blüten in mittlerem Rosarot. Verhaltener Duft. Glänzendes, mittelgrünes Laub an einer regelmäßig wachsenden, aufrechten, buschigen Pflanze. Üppiger Flor.
☼ ♦ **D H** 1,2 m **B** 90 cm Zone 6

'Molineux' (AUSmol)
Züchter Austin, Großbritannien 1994
Abstammung 'Golden Showers'-Sämling x Sämling
Etwas kompakter als die meisten ihrer Art. Blüten gefüllt, becherförmig, in sattem Eigelb. Angenehmer Duft. Laub glänzend, dunkelgrün. Ideal für Beete und Töpfe.
☼ ♦♦ **D H** 90 cm **B** 90 cm Zone 6

'William Shakespeare' (AUSroyal)
Züchter Austin, Großbritannien 1987
Abstammung 'The Squire' x 'Mary Rose'
Büschel mit satt karmesin- bis purpurroten Blüten mit zahlreichen Blütenblättern, die sich schalen- und kissenförmig öffnen. Stark duftend. Mattglänzendes, dunkelgrünes Laub an einer buschigen, bewehrten Pflanze. Gute Rose für Gruppenpflanzungen. Leider nicht immer besonders krankheitsresistent.
☼ ♦♦♦ **D** ⊙ **H** 1,1 m **B** 90 cm Zone 6

'Jens Munk'

'Abraham Darby'

'Glamis Castle'

'Heritage'

Kletterrosen

'Blush Noisette'

'Lady Hillingdon'

'Clarence House'

Della Balfour

Noisette-Rosen

'Aimée Vibert' ('Nivea', 'Bouquet de la Mariée')
Züchter Vibert, Frankreich 1828
Abstammung 'Champneys' Pink Cluster' x *R.-sempervirens*-Hybride
Kleine, herabhängende Büschel mit gefüllten, duftenden, reinweißen Blüten. Reichlich, hellgrünes Laub an fast unbewehrten Trieben. Äußerst wuchsfreudig. Blüht erst spät im Sommer und dann bis in den Winter hinein.
❍ ♦♦ **D** **H** 4 m **B** 3 m Zone 6

'Alister Stella Gray' ('Golden Rambler')
Züchter Gray, Großbritannien 1894
Abstammung Ungewiss
Große, herabhängende Büschel gelber Blüten mit dunklerer Mitte und locker angeordneten Blütenblättern. Blüht den ganzen Sommer hindurch. Duftend. Etwas dünner, aber dichter Wuchs. Nahezu unbewehrt. Reichlich, dunkelgrünes Laub.
❍ ♦♦ **D** **H** 5 m **B** 3 m Zone 7

'Blush Noisette' ('Noisette Carnée')
Züchter Noisette, Frankreich um 1814
Abstammung Sämling von 'Champneys' Pink Cluster'
Büschel mit zunächst becherförmigen, halbgefüllten Blüten in Lilarosa. Blüht den ganzen Sommer über. Duftend. Regelmäßiger, dichter, nahezu unbewehrter Wuchs. Reichlich, weiches, graugrünes Laub. Ausgezeichnete Rose für Mauer und Spalier, auch schön in Einzelstellung.
❍ ♦♦ **D** **H** 2,5 m **B** 1,2 m Zone 7

'Céline Forestier'
Züchter Trouillard, Frankreich 1842
Abstammung Ungewiss
Die prallen, runden Knospen öffnen sich zu großen, schalenförmigen und geviertelten Blüten in leuchtendem Zitronengelb mit einem gelegentlichen Hauch von Orange. Duftend. Blüht den ganzen Sommer hindurch. Hellgrünes Laub. Buschige Pflanze mit wenigen Stacheln. Am besten an einer Mauer zu ziehen.
☼ ♦♦ **D** **H** 2,5 m **B** 1,2 m Zone 5

'Crépuscule'
Züchter Dubreuil, Frankreich 1904
Abstammung Ungewiss
Halbgefüllte, satt apricot-gelbe Blüten mit eher locker angeordneten Blütenblättern. Üppiger Flor den ganzen Sommer über. Duftend. Mittelhohe, nahezu unbewehrte Pflanze mit dunklem Holz und sattgrünem Laub. Sehr reizvolle Rose für einen Pavillon.
☼ ♦♦ **D** **H** 3 m **B** 2,2 m Zone 7

'Mme Alfred Carrière'
Züchter Schwartz, Frankreich 1879
Abstammung Ungewiss
Zauberhafte Noisette-Rose. Wohlgeformte Knospen, eher locker geformte, zartrosa überhauchte, weiße Blüten mit betörendem Duft. Ausladender, dichter Wuchs mit wenigen Stacheln. Mattglänzend, gräulich grünes Laub. Gute Rose für Mauern, auch an Nordseiten.
❍ ♦♦♦ **D** **H** 5 m **B** 3 m Zone 7

Kletternde Teerosen

'Gloire de Dijon'
Züchter Jacotot, Frankreich 1853
Abstammung Unbekannte Teerose x 'Souvenir de la Malmaison'
Die bekannteste Teerose. Pralle, runde Knospen, große, schalen- bis kissenförmige Blüten mit zahlreichen Petalen in gelbbraunem Apricot bis Zartorange. Schöner erster Flor, vereinzelte Nachblüte. Stark duftend. Wuchsfreudige Rose mit dunkelgrünem Laub.
☼ ♦♦♦ Ö H 4 m B 2,5 m Zone 7

'Lady Hillingdon' (Kletternde Form)
Züchter Hicks, Großbritannien 1917
Abstammung (Strauchform) 'Papa Gontier' x 'Mme Hoste'
Pralle, spitze Knospen, lockere Blüten in beständigem sattem Gelb. Duftend. Nachblüte im Herbst. Relativ wuchsfreudig mit pflaumenfarbenem Holz und Laub. Nahezu unbewehrt. Wächst gern an einer Mauer.
☼ ♦♦ **Ö** **H** 5 m **B** 2,5 m Zone 6

'Sombreuil'
Züchter Robert, Frankreich 1850
Abstammung Ungewiss
Wohlgeformte Knospen, gänzlich gefüllte, kissenförmige Blüten in Cremeweiß mit einem Hauch Pfirsichfarben. Stark duftend. Dauerhafte Blüte. Wuchsfreudige, ausladende, bewehrte Pflanze mit reichlich, äußerst dunkelgrünem Laub. Klettert gern an einer Mauer.
☼ ♦♦♦ **D** **H** 2,5 m **B** 1,5 m Zone 5

'Souvenir de Mme Léonie Viennot'
Züchter Bernaix, Frankreich 1897
Abstammung Ungewiss
Gefüllte Blüten mit zahlreichen Petalen öffnen sich eher locker in einer Mischung aus Primelgelb und Gelb mit einem Schimmer von Kupfer- und Honigtönen. Zwei schöne Flore. Wuchsfreudige Pflanze mit dunkelgrünem Laub. In Nordeuropa mitunter nicht ganz frosthart.
☼ ♦♦ **Ö** **H** 4 m **B** 2,5m Zone 5

Moderne Kletterrosen

'Aloha'
Züchter Boener, USA 1949
Abstammung 'Mercedes Gallart' x 'New Dawn'
Große, dicht gefüllte Blüten in einer Mischung aus Rosarot und Magenta mit einem vereinzelten Hauch von Pfirsichfarben. Intensiver Duft. Fortwährend blühend. Aufrechte, buschige, wuchsfreudige Sorte mit ledrigem, glänzendem dunkelgrünem Laub. Ebenfalls sehr wirkungsvoll in Einzelstellung.
☼ ♦♦♦ **D** **H** 3 m **B** 1,8 m Zone 5

'Breath of Life' (HARquanne)
Züchter Harkness, Großbritannien 1981
Abstammung 'Red Dandy' x 'Alexander'
Den ganzen Sommer über schlanke, duftende, apricotfarbene Blüten in üppiger Fülle. Breiter, dichter Wuchs. Ledriges, dunkelgrünes Laub. Gute Rose für Mauern und Säulen.
☼ ♦♦ **D** **H** 3 m **B** 1,8 m Zone 6

'Bright Ideas'
Züchter Horner, Großbritannien
Eingeführt Beales, Großbritannien 2003
Abstammung [(('Lichterloh' x 'New Penny') x ('White Pet' x 'Stars'n' Stripes') x ('Southampton' x 'Tall Story')) x 'Lichterloh']
Halbgefüllte, dunkel kirschrote Blüten mit gräulich weißen Streifen und Flecken. Duftend. Blüht den ganzen Sommer. Aufrechte, buschige Pflanze mit reichlich, dunkelgrünem Blattwerk. Auch schön in Einzelstellung.
❍ ♦♦ **D** **H** 2,5 m **B** 2,5 m Zone 6

'Clarence House'
Züchter Beales, Großbritannien 2000
Abstammung 'City of York' x 'Aloha'
Büschel mit gänzlich gefüllten, cremefarbenen Blüten, die sich schalen- und kissenförmig öffnen. Blüht den ganzen Sommer über. Stark duftend. Wuchsfreudige, ausladende Pflanze mit glänzendem, dunkelgrünem, ledrigem Laub.
☼ ♦♦♦ **D** **H** 4 m **B** 3 m Zone 6

'Della Balfour' (HARblend)
Züchter Harkness, Großbritannien 1994
Abstammung 'Rosemary Harkness' x 'Elina'
Wohlgeformte, schlanke, dicht gefüllte Blüten in rosaorange überhauchtem Dunkelgelb in Büscheln. Duftend. Dichte, ausladende Pflanze mit reichlich, glänzendem, dunkelgrünem Laub.
☼ ●● **D H** 2,5 m **B** 1,8 m Zone 6

'Dublin Bay' (Macdub)
Züchter McGredy, Neuseeland 1976
Abstammung 'Bantry Bay' x 'Altissimo'
Schlanke Knospen, gefüllte, dunkel samtrote Blüten. Leichter Duft. Blüht den ganzen Sommer. Aufrechte Pflanze. Reichlich ledriges, leicht glänzendes, dunkelgrünes Laub. Hervorragend für Säulen und Obelisken.
☼ ● **D H** 2,5 m **B** 1,5 m Zone 5

'Eden Rose '88' (MEIviolin, 'Pierre de Ronsard')
Züchter Meilland, Frankreich 1987
Abstammung ('Danse des Sylphes' x 'Handel') x 'Pink Wonder'
Die großen, dicht gefüllten, zunächst rundlichen Blüten öffnen sich zu kohlförmigen, cremeweißen Blüten mit deutlichem rosarotem Schimmer. Duftend. Dauerhaft blühend. Wuchsfreudige Pflanze mit ledrigem, glänzendem, dunkelgrünem Blattwerk.
☼ ●● **D H** 4 m **B** 1,8 m Zone 6

'Golden Showers'
Züchter Lammerts, USA 1956
Abstammung 'Charlotte Armstrong' x 'Captain Thomas'
Eher zerzauste, halbgefüllte, leicht duftende, goldgelbe Blüten, verblassen zu zartem Primelgelb. Üppiger Flor im Sommer. Aufrechte, relativ unbewehrte Pflanze mit ledrigem, glänzendem, dunkelgrünem Laub.
◐ ● **D H** 3 m **B** 1,8 m Zone 7

'Handel' (MACha)
Züchter McGredy, Großbritannien 1965
Abstammung 'Columbine' x 'Heidelberg'
Schöne Rose, in allen Stadien wohlgeformt. Zart duftende, silbrig weiße Blüten mit roter und rosa Zeichnung. Aufrechter, dichter Wuchs. Dunkelgrünes Laub. Gute Säulenrose.
◐ ● **D H** 4m **B** 2,5m Zone 7

'Karlsruhe'
Züchter Kordes, Deutschland 1957
Abstammung Sämling von *R. kordesii*
Große, dichte Büschel mit gänzlich gefüllten, schalenförmigen Blüten in dunkel leuchtendem Rosarot. Duftend. Blüht den ganzen Sommer. Wuchsfreudig, bewehrt, ausladend. Ledriges, glänzendes, mittel- bis dunkelgrünes Laub. Gute Rose für Bögen und Spaliere.
◐ ●● **D H** 2,5 m **B** 2,5 m Zone 5

'Leverkusen'
Züchter Kordes, Deutschland 1954
Abstammung *R. kordesii* x 'Golden Glow'
Wohlgeformte, zartgelbe Knospen, halb- bis dicht gefüllte, leicht duftende Blüten, verblassen zu Zitronengelb. Blüht den ganzen Sommer über. Wuchsfreudige, dichte und ausladende Pflanze mit reichlich, eher hellgrünen Blättern mit stark gesägtem Rand.
◐ ● **D H** 3 m **B** 2,5 m Zone 4

'Maigold'
Züchter Kordes, Deutschland 1953
Abstammung 'Poulsen's Pink' x 'Frühlingstag'
Zählt zu den ersten blühenden Rosen des Jahres. Häufig schöner zweiter Flor. Zunächst spitze Knospen, lockere, halbgefüllte Blüten in gelblichem Glutorange. Duftend. Äußerst bewehrt. Reichlich, glänzende, hellgrüne Blätter mit sehr stark gesägtem Rand.
◐ ●● **Ö H** 4 m **B** 2,5 m Zone 5

'Meg'
Züchter Gosset, Großbritannien 1954
Abstammung Verm. 'Paul's Lemmon Pillar' x 'Mme Butterfly'
Große, nahezu einfache, wunderschöne Blüten in Gelbbraun mit einem Hauch von Apricot- und Pfirsichfarben. Aufrechter, verzweigter Wuchs. Reichlich, dunkelgrünes Laub. Angenehmer Duft.
☼ ●● **D H** 4 m **B** 2,5 m Zone 6

'Parkdirektor Riggers'
Züchter Kordes, Deutschland 1957
Abstammung *R. kordesii* x 'Our Princess'
Sehr große Büschel mit nahezu einfachen, tiefkarmesin- bis samtroten Blüten. Wuchsfreudige, ausladende Pflanze mit glänzendem, sehr dunkelgrünem Laub.
◐ **D H** 5 m **B** 4 m Zone 5

'Penny Lane' (HARdwell)
Züchter Harkness, Großbritannien 1998
Abstammung Sämling von 'New Dawn'
Große, zunächst becherförmige Blüten, schalenförmig und gänzlich gefüllt in Zartrosa, wechselt rasch zu zarten Pfirsichtönen. Intensiver Duft. Aufrechte, ausgreifende Pflanze mit glänzendem, dunkelgrünem Laub.
☼ ●●● **D H** 4 m **B** 2,5 m Zone 5

'Phyllis Bide'
Züchter Bide, Großbritannien 1923
Abstammung 'Perle d'Or' x 'Gloire de Dijon'
Große Büschel mit halbgefüllten, etwas zerzausten Blüten in Zartgelb, Cremefarben und Rosa, die etwas nachdunkeln. Leichter Duft. Fortwährende Blüte. Schlanke, dichte Pflanze. Hellgrünes, spärliches Laub.
◐ ● **D H** 4 m **B** 1,8 m Zone 6

'White Cockade'
Züchter Cocker, Großbritannien 1969
Abstammung 'New Dawn' x 'Circus'
Wohlgeformte, gänzlich gefüllte, leicht duftende Blüten in Reinweiß. Glänzendes, mittelgrünes Laub. Ausladender, dichter Wuchs mit bewehrten Trieben. Gut für Mauern, gedeiht auch an kühleren Plätzen im Halbschatten.
◐ ● **D H** 2,5 m **B** 1,8 m Zone 6

Kletternde Teehybriden

'Crimson Glory' (Kletternde Form)
Züchter Jackson & Perkins, USA 1946
Abstammung (Strauchform) 'Catherine Kordes' Sämling x 'W. E. Chaplin'
Wohlgeformte, samtig dunkelrote Blüten, hängen anmutig von eher schwachen Stielen herab. Einmalblühend. Kräftige, bewehrte, steif wachsende Pflanze mit dunkelgrünem Laub.
☼ ●●● **S H** 5 m **B** 2,5 m Zone 6

'Cupid'
Züchter Cant, Großbritannien 1915
Abstammung Ungewiss
Herrliche, einfache Blüten in Pfirsichrosa mit zart zitronengelber Mitte. Zwei Flore. Verhaltener Duft. Dicke, bewehrte, unbiegsame Triebe mit reichlich, großen, gräulich grünen Blättern. Gedeiht gern an Mauern.
☼ ●● **Ö H** 3 m **B** 1,8 m Zone 6

'Ena Harkness' (Kletternder Sport)
Züchter Murrell, Großbritannien 1954
Abstammung (Strauchform) 'Crimson Glory' x 'Southport'
Schlanke, intensiv duftende, leuchtend samtrote Blüten hängen von schwachen Stielen herab. Einmalblühend. Bewehrte, steife Pflanze mit dunkelgrünem Laub, dem es etwas an Glanz fehlt.
☼ ●●● **S H** 5 m **B** 2,5 m Zone 6

'Handel'

'Maigold'

'Meg'

'Cupid'

Rambler

'Lady Sylvia'

'Albertine'

'American Pillar'

'Awakening'

'Guinée'
Züchter Mallerin, Frankreich 1938
Abstammung 'Souvenir de Claudius Denoyel' x 'Ami Quinard'
Zunächst schlanke, gänzlich gefüllte, dunkel samtrote Blüten, öffnen sich schalenförmig und locker. Intensiver Duft. Schöner erster Flor, vereinzelte Herbstblüte. Sperrige Pflanze mit dunkelgrünem Laub. Eher launisch.
☼ ♦♦♦ **Ö** ⊙ **H** 4 m **B** 2,5 m Zone 6

'Lady Sylvia' (Kletternder Sport)
Züchter Stevens, Großbritannien 1926
Abstammung (Strauchform) Spielart von 'Mme Butterfly'
Wohlgeformte, schlanke Blüten, locker, leuchtendes Rosa mit dunkleren Schattierungen und dezenter gelber Mitte. Stark duftend. Öfterblühend. Steife, bewehrte Pflanze. Mittel- bis dunkelgrünes Laub.
☼ ♦♦♦ **Ö H** 5 m **B** 3 m Zone 6

'Mme Grégoire Staechelin' ('Spanish Beauty')
Züchter Dot, Spanien 1927
Abstammung 'Frau Karl Druschki' x 'Château de Clos Vougeot'
Becherförmige Knospen, lockere, intensiv duftende Blüten mit deutlicher leuchtend rosa Marmorierung und zartrosa Rand. Robust, wuchsfreudig, dunkel graugrünes Laub. Birnenförmige Hagebutten. Mitunter launisch.
☼ ♦♦♦ **S H** 5 m **B** 3 m Zone 7

'Paul's Lemon Pillar'
Züchter Paul, Großbritannien 1915
Abstammung 'Frau Karl Druschki' x 'Maréchal Niel'
Beachtlich große, schlanke, duftende, cremefarbene Blüten. Schöner erster Flor mit vereinzelter Nachblüte. Robuster, steifer Wuchs. Laub groß, relativ dunkelgrün.
☼ ♦♦ **Ö H** 5 m **B** 3 m Zone 7

'Shot Silk' (Kletternder Sport)
Züchter Knight, Australien 1931
Abstammung (Strauchform) 'Hugh Dickson'-Sämling x 'Sunstar'
Dicht gefüllte, seidene, zunächst becherförmige Blüten, überwiegend zart Kirschrot und Rosa mit goldgelber Mitte. Intensiver Duft. Öfterblühend. Wuchsfreudig. Mattglänzende, große, mittelgrüne Blätter.
☼ ♦♦♦ **Ö H** 5,5 m **B** 3 m Zone 7

Kletternde Floribunda-Rosen

'Allgold' (Kletternder Sport)
Züchter Gandy, Großbritannien 1961
Abstammung (Strauchform) 'Goldilocks' x 'Ellinor LeGrice'
Zunächst wohlgeformte Blüten, öffnen sich halbgefüllt in beständigem, leuchtendem Gelb. Leichter Duft. Öfterblühend. Bewehrte Pflanze mit reichlich, glänzendem, dunkelgrünem Laub. Herausragende Rose.
☼ ♦ **Ö H** 4 m **B** 3 m Zone 5

'Iceberg' (KORbin, 'Schneewittchen', 'Fée des Neiges') (Kletternder Sport)
Züchter Cant, Großbritannien 1968
Abstammung (Strauchform) 'Robin Hood' x 'Virgo'
Halbgefüllte, reinweiße Blüten in üppiger Zahl. Vereinzelte spätere Blüten. Duftend. Glänzendes, hellgrünes Laub und relativ wenige Stacheln.
◑ ♦♦ **Ö H** 5,5 m **B** 3 m Zone 5

'Masquerade' (Kletternder Sport)
Züchter Gregory, Großbritannien 1958
Abstammung (Strauchform) 'Goldilocks' x 'Holiday'
Unmengen lockerer, halbgefüllter Blüten, wechseln aus gelben Knospen zu Dunkelrot. Einmalblühend. Leichter Duft. Bewehrt. Laub mattglänzend, eher dunkelgrün.
☼ ♦ **S H** 3 m **B** 3 m Zone 6

'Albéric Barbier'
Züchter Barbier, Frankreich 1900
Abstammung *R. wichuraiana* x 'Shirley Hibbard'
Die aufgerollten Knospen öffnen sich zu wohlgeformten, gefüllten Blüten in Creme mit einem Hauch Zitronengelb, die zu Reinweiß verblassen. Zarter Duft. Wuchsfreudige, spärlich bewehrte Pflanze mit glänzendem, dunkelgrünem Laub.
◑ ♦ **S H** 6 m **B** 3 m Zone 7

'Albertine'
Züchter Barbier, Frankreich 1921
Abstammung *R. wichuraiana* x 'Mrs Arthur Robert Waddell'
Berühmter Rambler. Reizvolle, hummerrosa Blüten mit goldenem Blütengrund und zahlreichen Petalen. Duftend. Reichlich Laub mit kupferrotem Schimmer. Attraktiv, trotz ihrer Anfälligkeit für Mehltau nach der Blüte.
◑ ♦♦ **S** ⊙ **H** 5 m **B** 3 m Zone 7

'Alexandre Girault'
Züchter Barbier, Frankreich 1909
Abstammung *R. wichuraiana* x 'Papa Gontier'
Fast gefüllte, tiefrosa- und kirschrote Blüten mit einem Anflug von Gelb. Fruchtiger Duft. Glänzendes, dunkelgrünes Laub. Hervorragend für Bögen und Spaliere.
◑ ♦ **S H** 4 m **B** 4 m Zone 6

'American Pillar'
Züchter Van Fleet, USA 1902
Abstammung (*R. wichuraiana* x *R. setigera*) x 'Red Letter Day'
Große Büschel einfacher Blüten in leuchtendem Rosa mit cremefarbener Mitte, die zu Reinrosa verblassen. Kräftig wachsende, bewehrte Sorte mit reichlich, dunkelgrünem Laub. In kargen Böden mitunter nach der Blüte anfällig für Mehltau.
◑ ♦ **S** ⊙ **H** 5,5 m **B** 4 m Zone 5

'Auguste Gervais'
Züchter Barbier, Frankreich 1918
Abstammung *R. wichuraiana* x' Le Progrès'
Beachtlich große, dicht gefüllte, lachsrot überhauchte, kupfergelbe Blüten, die zu cremefarbenem Gelbbraun verblassen. Leichter Duft. Glänzende, dunkelgrüne Blätter. Sehr farbenprächtig. Gesund. Auch als Bodendecker.
◑ ♦ **S H** 4 m **B** 2,5 m Zone 7

'Awakening' ('Probuzini')
Züchter Blatna Rosenschule, ehemalige Tschechoslowakei 1935
Neu eingeführt Beales, Großbritannien 1988
Abstammung Spielart von 'New Dawn'
Herausragende, gänzlich gefüllte Blüten in warmem, leuchtendem Rosa bis in den Winter. Reizvoller Duft. Verträgt kein anhaltend feuchtes Wetter. Laub klein, dunkelgrün. Besonders gute Rose für Mauern.
◑ ♦♦ **D H** 3 m **B** 2,5 m Zone 5

'Breeze Hill'
Züchter Van Fleet, USA 1926
Abstammung *R. wichuraiana* x 'Beauté de Lyon'
Becherförmige, dicht gefüllte, reinrosa Blüten mit zart pfirsich-gelblichbraunem Hauch, in Büscheln. Duftend. Wuchsfreudige Sorte mit glänzendem, dunkelgrünem Laub. Guter Baumkletterer.
◑ ♦ **S H** 5,5 m **B** 4 m Zone 5

'Debutante'
Züchter Walsh, USA 1902
Abstammung *R. wichuraiana* x 'Baroness Rothschild'
Herabhängende Büschel mit kleinen, dicht gefüllten, duftenden, zart lilarosa Blüten. Reichlich, glänzendes, dunkelgrünes Laub. Kommt am schönsten zur Geltung, wenn an einer Rankhilfe erzogen.
◑ ♦♦ **S H** 4 m **B** 3 m Zone 5

'Dorothy Perkins'
Züchter Jackson & Perkins, USA 1901
Abstammung *R. wichuraiana* x 'Gabrielle Luizet'
Kaskaden kleiner, nahezu gefüllter, reinrosa Blüten. Leichter Duft. Biegsamer Wuchs, reichlich, mittelgrünes Laub. Nach der Blüte besonders anfällig für Mehltau.
❍ ● **S** ⊙ **H** 5 m **B** 2,5 m Zone 5

'Dr W. Van Fleet'
Züchter Van Fleet, USA 1910
Abstammung *R. wichuraiana* x 'Safrano'
Halbgefüllte, süß duftende, zartrosa Blüten in großen Büscheln. Äußerst wuchsfreudig. Reichlich dunkelgrünes Laub, bewehrte Triebe. Guter Baumkletterer.
❍ ●● **S** **H** 6 m **B** 3 m Zone 6

'Easlea's Golden Rambler'
Züchter Easlea, Großbritannien 1932
Abstammung Ungewiss
Sehr große, satt goldgelbe Blüten, erinnern in der Form fast an Teehybriden. Duftend. Kräftige, bewehrte Triebe, Laub groß, glänzend, satt dunkelgrün. Wird gern größer als das Rankgerüst und muss daher gut befestigt werden.
❍ ● **S** **H** 6 m **B** 5 m Zone 6

'Emily Gray'
Züchter Williams, Großbritannien 1918
Abstammung 'Jersey Beauty' x 'Comtesse du Cayla'
Halbgefüllte, goldgelbe Blüten, verblassen zu Zitronengelb. Duftend. Vereinzelte Nachblüte. Kräftig wachsende, biegsame Triebe mit hochglänzendem, dunkelgrünem Laub. Wenig Stacheln. Ausgezeichnet für Bögen.
❍ ●● **Ö** **H** 5 m **B** 3m Zone 7

'Ethel'
Züchter Turner, Großbritannien 1912
Abstammung Sämling von 'Dorothy Perkins'
Große Dolden mit becherförmigen, halbgefüllten, zartrosa Blüten. Leichter Duft. Kräftige, robuste, sehr wuchsfreudige und bewehrte Pflanze, reichlich dunkelgrünes Laub. Meines Erachtens mit 'Belvedere' identisch.
❍ ● **S** **H** 6 m **B** 5 m Zone 6

'Evangeline'
Züchter Walsh, USA 1906
Abstammung *R. wichuraiana* x 'Crimson Rambler'
Blüten klein, fast einfach, rosa überhaucht, weiß im Hochsommer, etwas später als die anderen Wichuraiana-Rambler. Wuchsfreudig. Laub ledrig, dunkelgrün.
❍ ● **S** **H** 5 m **B** 4 m Zone 6

'Excelsa' ('Red Dorothy Perkins')
Züchter Walsh, USA 1909
Abstammung Spielart von 'Dorothy Perkins'
Große, herabhängende Büschel mit kleinen, gefüllten, leicht duftenden, karmesinroten Blüten. Mattglänzendes, hellgrünes Laub. Nach der Blüte anfällig für Mehltau.
❍ ● **S** ⊙ **H** 5 m **B** 4 m Zone 5

'François Juranville'
Züchter Barbier, Frankreich 1906
Abstammung *R. wichuraiana* x 'Mme Laurette Messimy'
Sehr üppig blühende Rose. Beachtlich große, gänzlich gefüllte Blüten in Hummerrosa mit dunkleren Akzenten. Leichter Duft. Dunkelgrünes Laub mit glänzendem Bronzeton. Biegsame Triebe mit wenig Stacheln.
❍ ● **S** **H** 5 m **B** 3 m Zone 6

'Gardenia'
Züchter Manda, USA 1899
Abstammung *R. wichuraiana* x 'Perle des Jardins'
Schöne, große, gefüllte, zart cremegelbe Blüten, die an Gardenien erinnern. Mitunter sehr vereinzelte Nachblüte im Herbst. Deutlicher Apfelduft. Dichter, biegsamer Wuchs mit Bronze überlaufenem, grünem Laub.
❍ ●● **Ö** **H** 6 m **B** 5 m Zone 6

'Léontine Gervais'
Züchter Barbier, Frankreich 1903
Abstammung *R. wichuraiana* x 'Souvenir de Claudius Denoyel'
Halbgefüllte, eher schalenförmige, leicht duftende Blüten in Büscheln in tiefen Lachstönen mit Zeichnung in Gelb, Orange und Rosa. Mittelmäßig kräftig wachsend mit biegsamen Trieben. Reichlich, glänzendes, dunkelgrünes Laub. Blüten teils leicht im Laub versteckt.
❍ ● **S** **H** 4 m **B** 3 m Zone 7

'Minnehaha'
Züchter Walsh, USA 1905
Abstammung *R. wichuraiana* x 'Paul Neyron'
Große, herabhängende Büschel mit gefüllten, leicht duftenden, tiefrosa Blüten, verblassen etwas. Laub reichlich, glänzend, dunkelgrün. Wuchsfreudig, biegsam.
❍ ● **S** **H** 3 m **B** 2,5 m Zone 5

'New Dawn'
Züchter Somerset Rose Co., USA 1930
Abstammung Spielart von 'Dr W. Van Fleet'
Halbgefüllte, zartrosa Blüten mit reizvollem Duft. Dauerhaft blühend. Graugrünes, glänzendes Laub. Eine wirklich herausragende Spielart.
❍ ●● **D** **H** 3 m **B** 2,5 m Zone 6

'Paul Transon'
Züchter Barbier, Frankreich 1900
Abstammung *R. wichuraiana* x 'L'Idéal'
Eher schalenförmige, gänzlich gefüllte, pfirsich-gelbbraune Blüten mit kupfer-lachsgetönter Mitte. Angenehmer Duft. Gelegentlich Nachblüte. Dunkelgrünes Laub.
❍ ●● **Ö** **H** 5 m **B** 2,5 m Zone 6

'Sanders' White Rambler'
Züchter Sanders, Großbritannien 1912
Abstammung Ungewiss
Einer der besten weißen Rambler. Gefüllte, rosettenförmige Blüten in herabhängenden Büscheln. Duftet leicht. Biegsame Triebe mit reichlich, glänzendem, mittelgrünem Laub. Blüten vertragen feuchte Witterung.
❍ ● **S** **H** 4 m **B** 2,5 m Zone 5

Multiflora-Rambler

'Astra Desmond'
Entdeckt Neame, Großbritannien
Eingeführt Hilliers, Großbritannien frühes 20. Jh.
Abstammung Spielart von 'Mrs F. W. Flight'
Halbgefüllte, duftende Blüten in grünlichem Weiß, in großen Büscheln. Wuchsfreudig, mittelstark bewehrt, erklimmt große Höhen. Frisches, hellgrünes Laub. Mit 'White Flight' identisch.
❍ ●● **S** **H** 6 m **B** 3 m Zone 6

'Bleu Magenta'
Eingeführt Vermutlich um 1900
Abstammung Ungewiss
Blüten klein, dicht gefüllt, satt purpurrot, ausgeprägte gelbe Staubgefäße, treten in völlig geöffnetem Zustand hervor. Mittelgroße Büschel. Leichter Duft. Mittelstark wachsend, relativ unbewehrt. Laub dunkelgrün. Nach der Blüte etwas anfällig für Mehltau.
❍ ● **S** ⊙ **H** 4 m **B** 3 m Zone 6

'Blush Rambler'
Züchter Cant, Großbritannien 1903
Abstammung 'Crimson Rambler' x 'The Garland'
Blüten etwas dichter als einfach, in Zartrosa mit dunkelrosa Zeichnung erscheinen in schweren Dolden. Leider wenig Duft. Wuchsfreudig und relativ unbewehrt. Reichlich, hellgrünes Laub. Zu Beginn des 20. Jhs. eine beliebte Rose für Cottagegärten.
❍ ● **S** **H** 5 m **B** 3 m Zone 6

'Easlea's Golden Rambler'

'Excelsa'

'François Juranville'

'Gardenia'

'Francis. E. Lester'

'Ghislaine de Féligonde'

'Rose-Marie Viaud'

'Anemone Rose'

'Bobbie James'
Eingeführt Sunningdale Nurseries, Großbritannien 1961
Abstammung Findling
Beachtlich große, weiße Blüten, mit etwas mehr Petalen als einfache Blüten, in großen, herabhängenden Dolden. Süßer Duft. Wuchsfreudig, bewehrt. Große, glänzende, leicht kupfergrüne Blätter.
◐ 💧💧 **S** **H** 10 m **B** 6 m Zone 5

'Francis E. Lester'
Züchter Lester Rose Gardens, USA 1946
Abstammung 'Kathleen' x unbekannter Sämling
Blüten reizvoll, einfach, zartrosa mit rosa Farbtupfern, in großen Büscheln. Leichter Duft. Kleine, rote Hagebutten. Laub dunkelgrün mit einem Hauch Kastanienbraun.
◐ 💧 **S** **H** 5 m **B** 3 m Zone 5

'Ghislaine de Féligonde'
Züchter Turbat, Frankreich 1916
Abstammung 'Goldfinch' x unbekannt
Kleine Büschel mit dicht gefüllten, zartapricotfarbenen Blüten, die zu Cremetönen verblassen. Leichter Duft. Glänzende, hellgrüne Blätter. Wuchsfreudig, dicht und relativ unbewehrt. Etwas anfällig für falschen Mehltau.
◐ 💧 **D** ⊙ **H** 2,5 m **B** 2,5 m Zone 6

'Goldfinch'
Züchter Paul, Großbritannien 1907
Abstammung 'Hélène' x unbekannt
Große Büschel fast halbgefüllter, leuchtend gelber Blüten, verblassen zu Cremefarben. Leichter Duft. Laub mattglänzend, mittelgrün, Triebe fast unbewehrt, bräunlich.
◐ 💧 **S** **H** 2,5 m **B** 1,5 m Zone 6

'Lauré Davoust' ('Marjorie W. Lester')
Züchter Laffay, Frankreich 1843
Abstammung Ungewiss
Blüten klein, gänzlich gefüllt, becherförmig, rosettenartig in zartem Lila bis Lavendelrosa, das etwas verblasst. Duftend. Mittelgrünes Laub. Nahezu unbewehrt.
◐ 💧💧 **S** **H** 3 m **B** 2,5 m Zone 6

'Mannington Mauve Rambler'
Entdeckt Walpole, Großbritannien
Eingeführt Beales, Großbritannien 2001
Abstammung Sport oder Sämling von 'The Garland'
Große Büschel mit zierlichen, halbgefüllten Blüten in rosa Malventönen, die ein wenig verblassen. Leichter Duft. Kräftig, relativ bewehrt. Laub dunkelgrün.
◐ 💧💧 **S** **H** 5 m **B** 3 m Zone 6

***R. multiflora* 'Carnea' ('Carnea')**
Herkunft China
Entstehung 1804
Große, hängende Büschel mit halbgefüllten, duftenden, lila-malvenfarben überhauchten, zartrosa Blüten. Wuchsfreudig, biegsam, relativ unbewehrt, mattglänzendes, eher dunkelgrünes Laub.
◐ 💧💧 **Ö** **H** 6 m **B** 4 m Zone 5

***R. multiflora* 'Platyphylla' (*R. multiflora* 'Grevillei', 'Seven Sisters Rose')**
Herkunft China
Entstehung 1816
Büschel mit gefüllten, eher zerzausten Blüten in Schattierungen von Rosa, Magenta und Lila. Leichter Duft. Nicht sehr wuchsfreudig. Derbes, dunkelgrünes Laub.
◐ 💧 **S** **H** 4 m **B** 1,8 m Zone 6

'Rambling Rector'
Eingeführt 1913, aber mit Sicherheit wesentlich älter
Abstammung Ungewiss
Große Dolden halbgefüllter, cremeweißer Blüten, goldene Staubgefäße. Herrlicher, moschusartiger Duft. Sehr wuchsfreudig, bewehrt. Weiße, graugrüne Blätter.
◐ 💧💧💧 **S** **H** 10 m **B** 5 m Zone 7

'Rose-Marie Viaud'
Züchter Igoult, Frankreich 1924
Abstammung Sämling von 'Veilchenblau'
Große Büschel mit eher kleinen, gänzlich gefüllten, satt purpurroten Blüten, verblassen zu grau überhauchtem Mauve. Leichter Duft. Hellgrünes Laub. Wuchsfreudig, relativ unbewehrt. Etwas anfällig für Mehltau.
◐ 💧 **S** ⊙ **H** 5 m **B** 1,8 m Zone 6

'Seagull'
Züchter Pritchard, Großbritannien 1907
Abstammung *R. multiflora* x 'Général Jacqueminot'
Büschel einfacher, reinweißer Blüten, goldene Staubgefäße. Duftend. Sehr wuchsfreudig, relativ bewehrt, graugrünes Laub. Wächst gern in Hecken und Bäumen.
◐ 💧💧 **S** **H** 8 m **B** 5 m Zone 6

'The Garland'
Züchter Wills, Großbritannien 1835
Abstammung *R. multiflora* x *R. moschata*
Große Büschel halbgefüllter, leicht wuscheliger, duftender, weißer Blüten, leicht rosa überhaucht. Sehr wuchsfreudig, mittel- bis dunkelgrünes Laub. Hakige Stacheln.
◐ 💧💧 **S** **H** 6 m **B** 3 m Zone 6

'Veilchenblau'
Züchter Schmidt, Deutschland 1909
Abstammung 'Crimson Rambler' x unbekannter Sämling
Büschel kleiner, halbgefüllter, purpurrot-violetter Blüten, weiße Zeichnung, verblassen zu Lavendelgrau. Duftend. Wüchsig, fast unbewehrt, Laub mittel- bis hellgrün.
◐ 💧💧 **S** **H** 5 m **B** 4 m Zone 6

'Violette'
Züchter Turbat, Frankreich 1921
Abstammung Ungewiss
Büschel halbgefüllter, rosettenförmiger, satt violett-purpurroter Blüten mit weißer und gelber Zeichnung am Blütengrund. Leuchtend goldene Staubgefäße. Leichter Duft. Dunkelgrünes Laub. Relativ unbewehrt.
◐ 💧 **S** **H** 4 m **B** 3 m Zone 6

Weitere Rambler

'Adélaïde d'Orléans'
Züchter Jacques, Frankreich 1826
Abstammung *R.-sempervirens*-Hybride
Herabhängende Büschel mit kleinen, halbgefüllten, weißen bis zartrosa Blüten, die wie gekräuselte Rosetten anmuten. Duftend. Eher lange, ausgreifende, nahezu unbewehrte Triebe. Dunkelgrünes Laub mit einem Hauch von Purpurrot. Hervorragende Rose zum Beranken von Bögen und Sommerhäuschen.
◐ 💧💧 **S** **H** 5 m **B** 3 m Zone 5

'Anemonenrose' (*R. anemonoides*, 'Anemone', 'Anemone Rose')
Züchter Schmidt, Deutschland 1895
Abstammung *R. laevigata* x unbekannte Teerose
Sehr große, einfache, zartrosa Blüten mit dunkelrosa Zeichnung, die in ihrer Beschaffenheit an Papier erinnern. Krone gelber Staubgefäße. Leichter Duft. Sperriger, stark bewehrter Wuchs. Festes, glänzendes, dunkelgrünes Laub.
☼ 💧 **S** **H** 3 m **B** 2,5 m Zone 7

'Baltimore Belle'
Züchter Feast, USA 1843
Abstammung *R. setigera* x Gallica-Hybride
Eher kleine, herabhängende Büschel mit dicht gefüllten, leicht duftenden, seidigen reinrosa Blüten. Etwas zurückhaltende Rose mit wenigen Stacheln und biegsamen Trieben. Ledriges, dunkelgrünes Laub. Ist für etwas zusätzliche Aufmerksamkeit dankbar.
☼ 💧 **S** **H** 5 m **B** 2,5 m Zone 7

'Chevy Chase'
Züchter Hansen, USA 1939
Abstammung *R. soulieana* x 'Eblouissant'
Büschel dicht gefüllter, pomponförmiger, leuchtend roter Blüten. Biegsamer Wuchs. Fast unbewehrt, wuchsfreudig, reichlich mittelgrünes Laub. Schöne Rose zum Beranken von Bögen und Bäumen.
❍ **S** **H** 6 m **B** 3 m Zone 6

'Cooper's Burmese' (*R. cooperi*, *R. laevigata cooperi*)
Züchter Cooper, Großbritannien 1927
Abstammung Wahrsch. *R. laevigata* x *R. gigantea*
Sehr schöne, große, einfache, reinweiße Rose. Duftend. Bewehrt, reichlich, ledriges, dunkelgrünes Laub. Hervorragender, wuchsfreudiger Rambler, der rasch Unansehnlichkeiten begrünt.
☼ ♦♦ **S** **H** 5 m **B** 5 m Zone 7

'Dundee Rambler'
Züchter Martin, Großbritannien um 1850
Abstammung Wahrsch. *R. arvensis* x unbekannte Noisette-Rose
Büschel eher kleiner, dicht gefüllter, reinweißer Blüten mit leichtem Duft. Dicht, wuchsfreudig, leicht bewehrt, dunkelgrünes Laub. Nur einmalblühend, aber üppig.
❍ ♦ **S** **H** 6 m **B** 3 m Zone 5

'Félicité et Perpétue'
Züchter Jacques, Frankreich 1827
Abstammung *R. sempervirens* x unbekannte Noisette-Rose
Herrliche Rose mit herabhängenden Büscheln wohlgeformter, rosettenförmiger, ganz gefüllter Blüten in zartem Cremeweiß mit einem Hauch Rosa. Wuchsfreudig, Laub bläulich dunkelgrün. Immergrün. Ideal für Bögen.
❍ ♦♦ **S** **H** 5,5 m **B** 3 m Zone 5

'Kew Rambler'
Züchter Kew Gardens, Großbritannien 1912
Abstammung *R. soulieana* x 'Hiawatha'
Kleine Büschel einfacher, leicht duftender, mittelrosa Blüten mit cremeweiß verblassender Mitte. Üppiger Flor. Dauerhaftes, mittelgrünes Laub. Äußerst wuchsfreudig und bewehrt. Rankt gern in Bäumen empor. Leuchtend rote Hagebutten im Herbst.
❍ ♦ **S** **H** 5 m **B** 2,5 m Zone 5

R.* x *l'heritierana
Herkunft Verm. Europa
Entstehung Vor 1820
Abstammung *R.-pendulina*-Hybride
Halbgefüllte, tiefrosa Blüten erscheinen relativ zeitig im Sommer, blühen vereinzelt nach. Dunkelgrünes Laub mit pflaumenfarbenem Schimmer. Aufrechter, unbewehrter Strauch mit rötlich braunen Trieben.
☼ **Ö** **H** 2,5 m **B** 1,2 m Zone 6

'Long John Silver'
Züchter Horvath, USA 1934
Abstammung *R.-setigera*-Sämling x 'Sunburst'
Große, altmodische, dicht gefüllte, reinweiße Blüten in dichten Büscheln. Vereinzelte Nachblüte. Robuste, hellgrüne Triebe mit nur wenigen Stacheln. Hellgrünes Laub mit deutlicher Aderung. Schöne Rose für Spaliere.
❍ **Ö** **H** 5 m **B** 3 m Zone 4

'Mermaid'
Züchter Paul, Großbritannien 1918
Abstammung *R. bracteata* x gefüllte, gelbe Teerose
Große, einfache Blüten in Zartgelb, honigfarbene Staubgefäße. Herrlicher Duft. Wuchsfreudige Sorte mit bräunlicher Rinde und vielen hakigen Stacheln. Reichlich glänzendes Laub in Mittelgrün. Großartige Rose, besonders an Mauern.
❍ ♦♦ **D** **H** 10 m **B** 6 m Zone 6

'Mme de Sancy de Parabère'
Züchter Bonnet, Frankreich um 1874
Abstammung Ungewiss
Wohlgeformte, sehr dicht gefüllte, schalen- und kissenförmige Blüten in satt leuchtendem Rosa mit blasserem Rand. Leichter Duft. Triebe unbewehrt, purpurrot. Laub eher dunkelgrün. Am besten an einer Mauer zu ziehen.
❍ ♦ **S** **H** 5 m **B** 3 m Zone 5

'Paul's Himalayan Musk'
Züchter Paul, Großbritannien, verm. spätes 19. Jh.
Abstammung Findling
Kleine, halbgefüllte, duftende Blüten in Zart- bis Lilarosa. Ausgesprochen schön. Schlanke, glänzende, mittelgrüne Blätter an biegsamen Trieben. Relativ unbewehrt.
❍ ♦♦ **S** **H** 12 m **B** 4 m Zone 7

'Princesse Louise'
Züchter Jacques, Frankreich 1829
Abstammung *R.-sempervirens*-Hybride
Beachtlich große, dicht gefüllte, becherförmige, cremefarbene Blüten in herabhängenden Büscheln. Duftend. Sehr gesunde, biegsame, robuste und leicht bewehrte Pflanze mit reichlich, dunkelgrünem Laub. Immergrün.
❍ ♦♦ **S** **H** 5 m **B** 3 m Zone 7

'Princesse Marie'
Züchter Jacques, Frankreich 1829
Abstammung *R.-sempervirens*-Hybride
Blüten in der Form denen von 'Princess Louise' sehr ähnlich, nur rosa-lila in der Farbe. Duftend. Triebe biegsam, leicht bewehrt, Laub dunkelgrün. Fast immergrün.
❍ ♦♦ **S** **H** 4 m **B** 3 m Zone 7

'Ramona' ('Red Cherokee')
Züchter Dietrich und Turner, USA 1913
Abstammung Spielart von 'Anemonenrose'
In jeder Hinsicht mit der 'Anemonenrose' identisch, nur etwas dunkler in der Farbe. Einfache, leicht duftende, rosarote Blüten vor dunkelgrünem Laub. Stark bewehrt.
☼ ♦ **S** **H** 3 m **B** 2,5 m Zone 7

'Sir Cedric Morris'
Entdeckt Morris, Großbritannien
Eingeführt Beales, Großbritannien 1979
Abstammung *R.-glauca*-Sämling x mögl. *R. mulliganii*
Riesige Dolden mit kleinen, einfachen, duftenden, weißen Blüten. Äußerst wuchsfreudig. Bläulich grüne Triebe mit zahlreichen Stacheln. Bereiftes, graugrünes Laub und im Herbst zahlreiche orangerote Hagebutten.
❍ ♦♦ **S** **H** 10 m **B** 6 m Zone 7

'Venusta Pendula' ('Ayrshirerose')
Züchter Kordes, Deutschland 1928
Abstammung Ungewiss
Blüten wohlgeformt, dicht gefüllt, kräftig rosa überhaucht, zartweiß. Laub matt, dunkelgrün. Triebe pflaumenfarben, ziemlich bewehrt. Etwas mehltauanfällig.
❍ **S** ⊙ **H** 5 m **B** 3 m Zone 6

'Wedding Day'
Züchter Stern, Großbritannien 1950
Abstammung *R. sinowilsonii* x unbekannt
Büschel mit vielen, kleinen, einfachen Blüten in Zartgelb, das zu Weiß verblasst. Auffallende Staubgefäße. Süßer Duft. Äußerst wuchsfreudig, biegsam, mittelstark bewehrt, glänzendes, dunkelgrünes Laub.
❍ ♦♦ **S** **H** 10 m **B** 3 m Zone 6

'Wickwar'
Züchter Steadman, Großbritannien 1960
Abstammung Sämling von *R. soulieana*
Zahllose, große, einfache, reinweiße Blüten. Leichter Duft. Starre, stark bewehrte Triebe mit gräulich grünem Laub. Im Herbst schöne Hagebutten.
❍ ♦ **S** **H** 4 m **B** 2,2 m Zone 6

'Chevy Chase'

'Mermaid'

'Mme de Sancy de Parabère'

'Sir Cedric Morris'

Flächenrosen und kompakte Rosen

'Barakura'

'Cardinal Hume'

'Magic Carpet'

'Pearl Drift'

Flächenrosen

'Avon' (POUlmulti, 'Niagara', 'Sunnyside', 'Fairy Lights')
Züchter Poulsen, Dänemark 1992
Abstammung Unbekannt
Halbgefüllte, leicht duftende, perlweiße Blüten mit rosa Hauch in großen Büscheln. Bei regelmäßigem Entfernen des verblühten Flors blüht die Rose den ganzen Sommer. Ausladender, dichter Wuchs mit dunkelgrünem Laub.
❍ ♦ **D** **H** 30 cm **B** 90 cm Zone 5

'Barakura'
Züchter Beales, Großbritannien 1998
Abstammung 'Bonica'82' x 'Rambling Rector'
Große Büschel rosettenförmiger, zart duftender Blüten in Zartrosa bis rosa überhauchtem Weiß. Reichlich, hellgrünes Laub. Buschiger, ausladender Wuchs. Entfernen von Verblühtem fördert eine fortwährende Blüte.
☼ ♦ **D** **H** 60 cm **B** 1,2 m Zone 5

'Berkshire' (KORpinka, 'Sommermärchen', 'Summer Fairy Tale', 'Xenia', 'Pink Sensation')
Züchter Kordes, Deutschland 1991
Abstammung Unbekannt
Sehr große Büschel halbgefüllter, leuchtend rosaroter Blüten, Staubgefäße in völlig geöffnetem Zustand sichtbar. Leichter Duft. Wenn das Verblühte regelmäßig entfernt wird, blüht die Sorte den ganzen Sommer üppig. Wuchs ausladend, buschig. Laub gesund, dunkelgrün.
❍ ♦ **D** **H** 60 cm **B** 1,2 m Zone 5

'Cambridgeshire' (KORhaugen, 'Carpet of Colour')
Züchter Kordes, Deutschland 1994
Abstammung Unbekannt
Becherförmige, halbgefüllte Blüten in einer Mischung aus Orange, leuchtendem Rosa und Gelb in mittelgroßen Büscheln. Blüht den ganzen Sommer über. Dichte, ausladende, robuste Pflanze mit glänzendem, mittelgrünem Laub. Wunderschöner Anblick als herabhängende Rose in großen Pflanzgefäßen.
❍ ♦ **D** **H** 90 cm **B** 1,2 m Zone 6

'Cardinal Hume' (HARregale)
Züchter Harkness, Großbritannien 1984
Abstammung [((Sämling x ('Orange Sensation' x 'Allgold') x *R. californica*)) x 'Frank Naylor']
Sehr gute, wenn auch ungewöhnliche Rose. Rote-Beterote bis purpurrote Blüten, etwas dichter als halbgefüllt, in großen Büscheln stehend. Duftend. Blüht den ganzen Sommer über, wenn das Verblühte regelmäßig entfernt wird. Sehr dunkelgrünes, derbes Laub. Wuchs dicht; bewehrt.
❍ ♦♦ **D** **H** 90 cm **B** 1,2 m Zone 6

'Dunwich Rose'
Eingeführt Großbritannien, 1950er-Jahre
Abstammung Spielart von *R. pimpinellifolia*
Gegen Ende des Frühjahrs zahlreiche, einfache, zart duftende Blüten in zartem Cremeweiß. Ausladender Wuchs, sehr stachelig. Reichlich, farnartiges, mittel- bis hellgrünes Laub. Mahagonibraune Hagebutten. Hervorragende Rose für Gruppenpflanzungen.
❍ ♦ **F** **H** 90 cm **B** 1,8 m Zone 5

'Ferdy' (KEItoli)
Züchter Suzuki, Japan 1984
Abstammung Unbekannter Sämling x 'Petite Folie'-Sämling
Sehr große, überhängende Büschel mit halbgefüllten, lachsrosa Blüten in großer Fülle im Frühsommer. Vereinzelte Nachblüte. Leichter Duft. Reichlich, mittelgrüne, kleine Blätter. Ausladender, stark bewehrter Wuchs. Auch als kleine Kletterrose zu verwenden.
☼ ♦ **S** **H** 90 cm **B** 1,8 m Zone 6

'Fiona' (MEIbeluxen)
Züchter Meilland, Frankreich 1982
Abstammung 'Sea Foam' x 'Picasso'
Der Strauch wird eher breit als hoch. Die wohlgeformten Knospen öffnen sich zu etwas dichter als halbgefüllten, leuchtend roten Blüten, in großzügigen Büscheln, die den ganzen Sommer über erscheinen. Verhaltener Duft. Lässt man das Verblühte am Strauch, entwickeln sich im Herbst rote Hagebutten. Dunkelgrünes Laub. Buschiger, bewehrter, ausladender Wuchs. Schöne Rose für Gruppenpflanzungen.
❍ ♦ **D** **H** 90 cm **B** 1,2 m Zone 5

'Grouse' (KORimro, 'Immensee', 'Lac Rose')
Züchter Kordes, Deutschland 1982
Abstammung 'The Fairy' x *R.-wichuraiana*-Sämling
Unmengen kleiner, einfacher, leicht duftender, zartrosa bis weißer Blüten im Früh- bis Hochsommer. Vereinzelte Nachblüte. Zahlreiche kleine Hagebutten. Reichlich, hellgrünes Laub. Äußerst wuchsfreudige, gesunde, ausladende Pflanze. Herausragender Bodendecker und gute stark rankende Rose.
❍ ♦ **Ö** **H** 60 cm **B** 3 m Zone 5

'Harry Maasz'
Züchter Kordes, Deutschland 1939
Abstammung 'Barcelona' x 'Daisy Hill'
Etwas weniger dicht als halbgefüllte Blüten in zartem Kirschrosa mit auffallenden gelben Staubgefäßen. Duftend. Im Sommer nur einmal blühend, aber üppig. Äußerst wuchsfreudig. Mattes, dunkel gräulich grünes Laub.
❍ ♦♦ **S** **H** 1,2 m **B** 2,5 m Zone 5

'Magic Carpet' (JAClover, 'Tapis Magique')
Züchter Jackson & Perkins, USA 1994
Abstammung 'Immensee' x 'Class Act'
Büschel halbgefüllter, lavendel überhauchter, rosa Blüten. Dauerhafte Blüte. Würziger Duft. Glänzendes, sehr dunkelgrünes, äußerst gesundes Laub. Dichte, buschige, ausladende Pflanze. Hervorragender Bodendecker.
❍ ♦♦ **D** **H** 60 cm **B** 1,2 m Zone 6

'Norfolk' (POUlfolk)
Züchter Poulsen, Dänemark 1989
Abstammung Unbekannt
Eine der wenigen Flächenrosen mit gelben Blüten. Büschel mit gänzlich gefüllten, rosettenförmigen, leuchtend gelben Blüten, die den ganzen Sommer hindurch in üppiger Fülle erscheinen. Zarter Duft. Dichter und breiter, buschiger Wuchs. Reichlich, kleine, dunkelgrüne Blätter. Gute Topfrose.
❍ ♦ **D** **H** 60 cm **B** 90 cm Zone 5

'Nozomi' ('Heideröslein Nozomi')
Züchter Onodera, Japan 1968
Abstammung 'Fairy Princess' x 'Sweet Fairy'
Blüten klein, einfach, sternförmig, zartrosa, leichter Duft. Erscheinen im Frühsommer in üppiger Zahl. Nachblüte selten. Herabhängender, ausladender, dichter Wuchs. Reichlich, dunkelgrünes Laub. Gute Rose für das Begrünen von Hängen und Bedecken von Baumstümpfen usw.
❍ ♦ **S** **H** 90 cm **B** 1,8 m Zone 6

'Pearl Drift' (LEGgab)
Züchter LeGrice, Großbritannien 1980
Abstammung 'Mermaid' x 'New Dawn'
Eher in die Breite wachsender Strauch als eine wirklich aufrechte Rose. Den ganzen Sommer hindurch erscheinen große Büschel halbgefüllter, duftender, milchweißer Blüten. Robuste, relativ unbewehrte Triebe mit reichlich, mattglänzendem, dunkelgrünem Laub. Schöne Rose für Dreiergruppen.
❍ ♦♦ **D** **H** 90 cm **B** 1,2 m Zone 6

'Pheasant' (KORdapt, 'Heidekönigin', 'Palissade Rose')
Züchter Kordes, Deutschland 1985
Abstammung 'Zwergkönig '78' x *R.-wichuraiana*-Sämling
Halbgefüllte, leicht duftende, satt reinrosa Blüten in großen Büscheln. Öfterblühend. Eher bewehrter Wuchs. Dunkelgrünes, dichtes Laub. Ausladend, wuchsfreudig, kann auch als kleine Kletterrose kultiviert werden.
❍ ♦ **Ö** **H** 90 cm **B** 3 m Zone 6

'Pink Bells' (POUlbells)
Züchter Poulsen, Dänemark 1983
Abstammung 'Mini-Poul' x 'Temple Bells'
Dichte Büschel mit kleinen, gefüllten, rosettenförmigen, reinrosa Blüten im Frühsommer. Sehr vereinzelte Nachblüte. Leichter Duft. Dichtes, dunkelgrünes Laub. Buschiger, ausladender Wuchs. Hervorragende Sorte für Gruppenpflanzungen mit drei oder mehr Rosen.
❍ ♦ **Ö** **H** 60 cm **B** 1,2 m Zone 6

'Queen Mother' (KORquemu)
Züchter Kordes, Deutschland 1991
Abstammung Unbekannt
Halbgefüllte, leicht duftende, leuchtend rosa Blüten in großen Büscheln. Erster Flor in großer Fülle, der zweite in immer noch reichlicher Zahl. Glänzendes, dunkelgrünes Laub. Breiter, dichter Wuchs.
❍ ♦ **Ö** **H** 30 cm **B** 60 cm Zone 5

'Raubritter' ('Macrantha Raubritter')
Züchter Kordes, Deutschland 1936
Abstammung 'Daisy Hill' x 'Solarium'
Strauch mit beträchtlichem Charme. Die dichten, nahezu gefüllten, becherförmigen Blüten in reinem silbrigem Rosa erscheinen im Frühsommer in großer Fülle. Intensiver Duft. Breite, dichte Pflanze mit dunkel gräulich grünem Laub. Nach der Blüte eher anfällig für Mehltau.
☼ ♦♦♦ **S** ⊙ **H** 90 cm **B** 2,5 m Zone 5

'Red Bells' (POUlred)
Züchter Poulsen, Dänemark 1983
Abstammung 'Mini-Poul' x 'Temple Bells'
Wie 'Pink Bells' bis auf die Farbe, die hier dunkelrot ist, und etwas weniger gefüllte Blüten. Etwas höher.
❍ ♦ **Ö** **H** 75 cm **B** 1,2 m Zone 6

'Red Blanket' (INTercell)
Züchter Ilsink, Niederlande 1979
Abstammung 'Yesterday' x unbekannter Sämling
Ausgreifender Strauch, der gut klettert. Beachtlich große Büschel von etwas dichter als einfachen, roten Blüten mit blasser Mitte, schöne gelbe Staubgefäße. Leichter Duft. Öfterblühend. Sehr dunkelgrünes, üppiges Laub.
❍ ♦ **Ö** **H** 90 cm **B** 1,8 m Zone 6

'Rote Max Graf' (KORmax, 'Red Max Graf')
Züchter Kordes, Deutschland 1980
Abstammung *R. kordesii* x Sämling
Große Büschel mit relativ großen, einfachen, leuchtend roten Blüten in üppiger Menge im Frühsommer. Vereinzelt nachblühend. Leichter Duft. Lässt man das Verblühte am Strauch, entwickeln sich rote Hagebutten. Reichlich, glänzendes, dunkelgrünes Laub. Wuchsfreudig, ausladend und bewehrt.
❍ ♦ **Ö** **H** 90 cm **B** 3 m Zone 5

'Summer Sunrise'
Züchter Beales, Großbritannien 1994
Abstammung 'Bonica '82' x 'New Dawn'
Entfernt man regelmäßig Verblühtes, erscheinen den ganzen Sommer zahllose, herrliche, etwas dichter als einfache, bonbonrosa Blüten. Zarter Duft. Reichlich, glänzendes, dunkelgrünes Laub. Lässt man Verblühtes stehen, entwickeln sich dekorative, rote Hagebutten. Auch als wertvolle, kleine Kletterrose zu verwenden.
❍ ♦ **D** **H** 45 cm **B** 1,2 m Zone 5

'Summer Sunset'
Züchter Beales, Großbritannien 1994
Abstammung 'Bonica '82' x 'Robin Redbreast'
'Summer Sunrise' sehr ähnlich, doch mit etwas kleineren Blüten in größeren Büscheln. Einige Petalen mit weißem Streifen. Auch als kleine Kletterrose zu verwenden.
❍ ♦ **D** **H** 45 cm **B** 1,2 m Zone 5

'Sussex' (POUlave)
Züchter Poulsen, Dänemark 1991
Abstammung Unbekannt
Büschel halbgefüllter, eher zerzauster, apricot-orangeroter Blüten, die zu leuchtend rosa überlaufenem Gelbbraun wechseln. Schöne Blütenfülle den ganzen Sommer.
❍ **D** **H** 60 cm **B** 90 cm Zone 6

'Tall Story' (DICkooky)
Züchter Dickson, Großbritannien 1984
Abstammung 'Korresia' x 'Yesterday'
Die dunkelgelben Knospen öffnen sich zu halbgefüllten, duftenden, cremeweißen Blüten, die in Büscheln stehen und den ganzen Sommer über erscheinen. Gutes, fast glänzendes, dunkelgrünes Laub. Wuchs buschig, breite.
❍ ♦♦ **D** **H** 90 cm **B** 1,2 m Zone 6

'The Fairy'
Züchter Bentall, Großbritannien 1932
Abstammung 'Paul Crampel' x 'Lady Gay'
Eigentlich eine ausladende Polyantha-Rose. Große Büschel mit kleinen, halbgefüllten Blüten. Blüht den Sommer über. Dunkelgrünes Laub. Dichter, breiter Wuchs. Schöne Sorte für Gruppenpflanzungen.
❍ **D** **H** 45 cm **B** 75 cm Zone 6

'White Bells' (POUlwhite)
Züchter Poulsen, Dänemark 1983
Abstammung 'Mini-Poul' x 'Temple Bells'
In jeder Hinsicht wie 'Pink Bells' bis auf die Farbe, hier ein zu Weiß verblassendes Zartgelb.
❍ ♦ **Ö** **H** 60 cm **B** 1,2 m Zone 6

'Wiltshire' (KORmuse)
Züchter Kordes, Deutschland 1993
Abstammung Unbekannt
Große Büschel beträchtlich großer Blüten in leuchtend rötlichem Rosa, zunächst becherförmig, dann halb- bis dicht gefüllt. Leichter Duft. Üppige Blütenfülle den Sommer hindurch. Breit wachsende, dichte Pflanze mit eher festen und gewellten, dunkelgrünen Blättern.
❍ ♦ **D** **H** 60 cm **B** 1,2 m Zone 6

Kompakte Floribunda- und Zwergrosen

'Baby Albéric' (Kompakte Floribunda)
Züchter Chaplin, Großbritannien 1932
Abstammung Unbekannt
Reizvolle Kompaktform von 'Albéric Barbier', wenngleich die Blüten nicht wesentlich kleiner sind als jene des Ramblers. Die gelben Knospen öffnen sich zu gefüllten, leicht duftenden, cremefarbenen Blüten. Stark glänzendes Laub in Dunkelgrün. Wuchs kompakt, regelmäßig.
❍ ♦ **D** **H** 45 cm **B** 45 cm Zone 7

'Dresden Doll' (Zwergrose)
Züchter Moore, USA 1975
Abstammung 'Fairy Moss' x Moosrosen-Sämling
Herrliche Zwergmoosrose mit üppig viel Moos an Knospen und Stielen. Büschel leicht duftender, zartrosa überhauchter, gelbbrauner Blüten, die zunächst becherförmig sind und sich dann halbgefüllt öffnen. Aufrechte, kompakte Sorte mit gräulich grünem Laub. Ausgezeichnete Topfpflanze.
☼ ♦ **D** **H** 30 cm **B** 30 cm Zone 6

'Queen Mother'

'Red Blanket'

'Tall Story'

'Dresden Doll'

'Regensberg'

'Rouletii'

'Sweet Dream'

'Twenty-fifth'

'Gentle Touch' (DIClulu) (Kompakte Floribunda)
Züchter Dickson, Großbritannien 1986
Abstammung ('Liverpool Echo' x 'Woman's Own') x 'Memento'
Halbgefüllte Blüten in zartem Lila-Rosa in großen Büscheln an einer kompakten Pflanze. Leichter Duft. Gräulich grünes Laub. Reizvolle Rose zur Gruppenpflanzung in einem Beet oder auch für niedrige Hecken.
☼ 💧 **D** **H** 30 cm **B** 30 cm Zone 6

'Happenstance' (Kompakte Floribunda)
Züchter Buss, USA 1950
Abstammung Unbekannt
Ungewöhnliche Rose, eher wie eine Zwergform von 'Mermaid', mit beträchtlich großen, leicht duftenden, zartgelben Blüten mit goldenen Staubgefäßen. Zwei gute Flore. Stark bewehrte, breite Pflanze. Glänzendes, mittelgrünes Laub.
◑ 💧 **Ö** **H** 45 cm **B** 60 cm Zone 6

'Maude Elizabeth' (Kompakte Floribunda)
Züchter Beales, Großbritannien 2000
Abstammung 'Robin Redbreast' x 'Bonica '82'
Zahllose, kleine, einfache, rein dunkelrote Blüten mit goldenen Staubgefäßen. Kompakte, buschige Pflanze mit reichlich, dunkelgrünem Laub. Ausgezeichnete Topf- und Beetrose.
☼ **D** **H** 38 cm **B** 38 cm Zone 6

'Mr Bluebird' (Zwergrose)
Züchter Moore, USA 1960
Abstammung 'Old Blush' x 'Old Blush'
Ungewöhnliche Zwergrose. Büschel mit fast einfachen, lavendel-malvenfarbenen Blüten mit weißer Mitte. Aufrechter Wuchs, graugrünes Laub. Schöne Topfrose.
☼ **D** **H** 30 cm **B** 30 cm Zone 6

'Orange Sunblaze' (MEIjikatar, 'Sunblaze', 'Orange Meillandina')
Züchter Meilland, Frankreich 1980
Abstammung 'Parador' x ('Baby Bettina' x 'Permanent Wave')
Stark leuchtende, orangerote, becherförmige, halbgefüllte Blüten in Büscheln. Aufrechter, buschiger Wuchs. Reichlich, mattglänzendes, dunkelgrünes Laub.
☼ **D** **H** 45 cm **B** 30 cm Zone 6

'Perla de Montserrat' (Zwergrose)
Züchter Dot, Spanien 1945
Abstammung 'Cécile Brunner' x 'Rouletii'
Aufrechte Rispen mit wohlgeformten, gänzlich gefüllten Blüten, erinnern an winzige Teehybriden, Zartrosa mit dunklerer Mitte. Leichter Duft. Aufrecht, buschig, mattes, dunkelgrünes Laub. Am besten im Topf ziehen.
☼ 💧 **D** **H** 23 cm **B** 23 cm Zone 6

'Red Ace' (AmRUda, 'Amanda') (Zwergrose)
Züchter de Ruiter, Holland 1979
Abstammung 'Scarletta' x Sämling
Kleine Büschel mit wohlgeformten, dicht gefüllten, dunkelroten Blüten. Leichter Duft. Kompakt, buschig, mattglänzendes, mittelgrünes Laub. Reizvolle Topfrose.
☼ 💧 **D** **H** 30 cm **B** 60 cm Zone 6

'Regensberg' (MaACyoumis, 'Young Mistress', 'Bufallo Bill') (Kompakte Floribunda)
Züchter McGredy, Neuseeland 1979
Abstammung 'Geoff Boycott' x 'Old Master'
Große, wohlgeformte, dicht gefüllte Blüten in Kirschrosa mit silbrig weißer Zeichnung. Zarter Duft. Erscheinen in großer Fülle an einer kompakten, buschigen Pflanze mit glänzendem, mittelgrünem Laub. Großartige Rose in Töpfen oder Gruppenpflanzungen.
☼ 💧 **D** **H** 45 cm **B** 45 cm Zone 6

'Robin Redbreast' (INTerrob) (Kompakte Floribunda)
Züchter Interplant, Niederlande 1984
Abstammung Unbekannter Sämling x 'Eye Paint'
Einfache, leuchtend rote Blüten mit dezenter, cremegelber Mitte in kleinen Büscheln. Leichter Duft. Aufrechter Wuchs. Glänzendes, mittelgrünes Laub. Schöne Gruppenrose.
☼ 💧 **D** **H** 45 cm **B** 30 cm Zone 6

'Rouletii' (*R. rouletii*, *R. chinensis minima*) (Zwergrose)
Züchter Correvon, Schweiz 1922
Abstammung Unbekannt
Die ursprüngliche Zwergrose. Kleine Büschel mit kleinen, halbgefüllten, tief rosaroten Blüten. Buschiger Wuchs mit zahlreichen, matten, dunkelgrünen Blättern. Gedeiht am besten in Töpfen oder Balkonkästen.
☼ **D** **H** 30 cm **B** 23 cm Zone 6

'Snowball' (MACangel, 'Angelita') (Zwergrose)
Züchter McGredy, Neuseeland 1982
Abstammung 'Moana' x 'Snow Carpet'
Zahlreiche, gänzlich gefüllte, rundliche, reinweiße Blüten. Kompakte Pflanze mit reichlich, winzigen, hellgrünen Blättern. Eine herrliche kleine Rose, die sich ausgezeichnet als Topfpflanze eignet.
☼ **D** **H** 23 cm **B** 30 cm Zone 6

'Sweet Dream' (FRYminicot) (Kompakte Floribunda)
Züchter Fryer, Großbritannien 1988
Abstammung Unbekannter Sämling x unbekannter Sämling
Zahllose, dicht gefüllte, becherförmige Blüten in pfirsichfarbenem Apricot. In Büscheln. Leichter Duft. Buschiger, kompakter Wuchs. Mittelgrünes Laub. Gut für niedrige Hecken und als Topf- und Beetrose.
☼ 💧 **D** **H** 45 cm **B** 30 cm Zone 6

'Sweet Magic' (DICmagic) (Kompakte Floribunda)
Züchter Dickson, Großbritannien 1986
Abstammung 'Peek-a-boo' x 'Bright Smile'
Büschel halbgefüllter, leicht duftender, satt goldgelber Blüten in üppiger Zahl. Aufrechte Pflanze, die gut mit dunkelgrünem Laub bestanden ist. Gute Beetrose.
☼ 💧 **D** **H** 45 cm **B** 30 cm Zone 6

'Tom Thumb' ('Peon') (Zwergrose)
Züchter de Vink, Niederlande 1936
Abstammung 'Rouletii' x 'Gloria Mundi'
Kleine Büschel halbgefüllter, tiefroter Blüten mit weißer Mitte. Leichter Duft. Kompakter, aufrechter Wuchs. Mattes, dunkelgrünes Laub.
☼ 💧 **D** **H** 23 cm **B** 23 cm Zone 6

'Twenty-fifth' (BEA Stwe) (Kompakte Floribunda)
Züchter Beales, Großbritannien 1996
Abstammung 'Robin Redbreast' x 'Horstmanns Rosenresli'
Große Büschel halbgefüllter, satt rubinroter Blüten mit goldgelben Staubgefäßen. Leichter Duft. Kompakter, breiter und bewehrter Wuchs. Reichlich, dunkelgrünes Laub. Hervorragende Rose für niedrige Beete.
☼ 💧 **D** **H** 45 cm **B** 30 cm Zone 6

'White Pet' (Kompakte Floribunda)
Züchter Henderson, Großbritannien 1879
Abstammung Spielart von 'Félicité et Perpétue'
Herausragende, alte kompakte Floribunda mit zahllosen kleinen, dicht gefüllten, pomponartigen, weißen Blüten, die sich aus rosa Knospen entwickeln. In großen Büscheln. Duftend. Buschige, kompakte Pflanze mit dunkelgrünem Laub. Reizvolle Rose in Töpfen und Gruppen.
◑ 💧💧 **D** **H** 45 cm **B** 45 cm Zone 5

Klima-Zonen

Rosen sind verholzte Pflanzen, und anders als Stauden, deren oberirdische Pflanzenteile im Winter absterben, schützen sich Rosen vor Frostschäden, indem sie im Herbst ihr Laub abwerfen und im Winter eine Ruhephase einlegen. Da Rosen und ihre Vorfahren aus den unterschiedlichsten geographischen Regionen stammen, unterscheiden sie sich auch stark in ihrer Fähigkeit, Kälte zu ertragen. In den USA hat das *Department of Agriculture* die hier gezeigte Übersichtskarte herausgegeben, die Klima-Zonen auf der Basis der niedrigsten Durchschnittstemperaturen im Winter angibt. Die Situation in den USA ist natürlich nicht immer auf Europa übertragbar. Doch wenn Sie sich über die durchschnittliche jährliche Tiefsttemperatur in Ihrer Region informieren, können Sie der Tabelle unten entnehmen, zu welcher Klima-Zone Ihr Garten gehört. Aus der im Verzeichnis der Arten und Sorten bei jeder Rose angegebenen Zone können Sie ablesen, ob diese Rose in Ihrer Klima-Zone gedeiht, ob sie einen Winterschutz braucht oder ob sie nicht geeignet ist. Der Großteil Deutschlands gehört zur Zone 7. Einige Gebiete, vor allem das östliche Bayern und höhere Berglagen, liegen in Zone 6. Dies gilt auch für den größten Teil Österreichs. Weniger streng sind die Winter am Bodensee und in vielen Gebieten am Rhein, im westlichen Niedersachsen und an den Küsten (Zone 8). Sehr milde Lagen kennzeichnen einige Gebiete der West- und Südschweiz (bis Zone 9). Und natürlich hängt es auch vom Mikroklima in Ihrem Garten ab, wie gut eine Rose gedeiht.

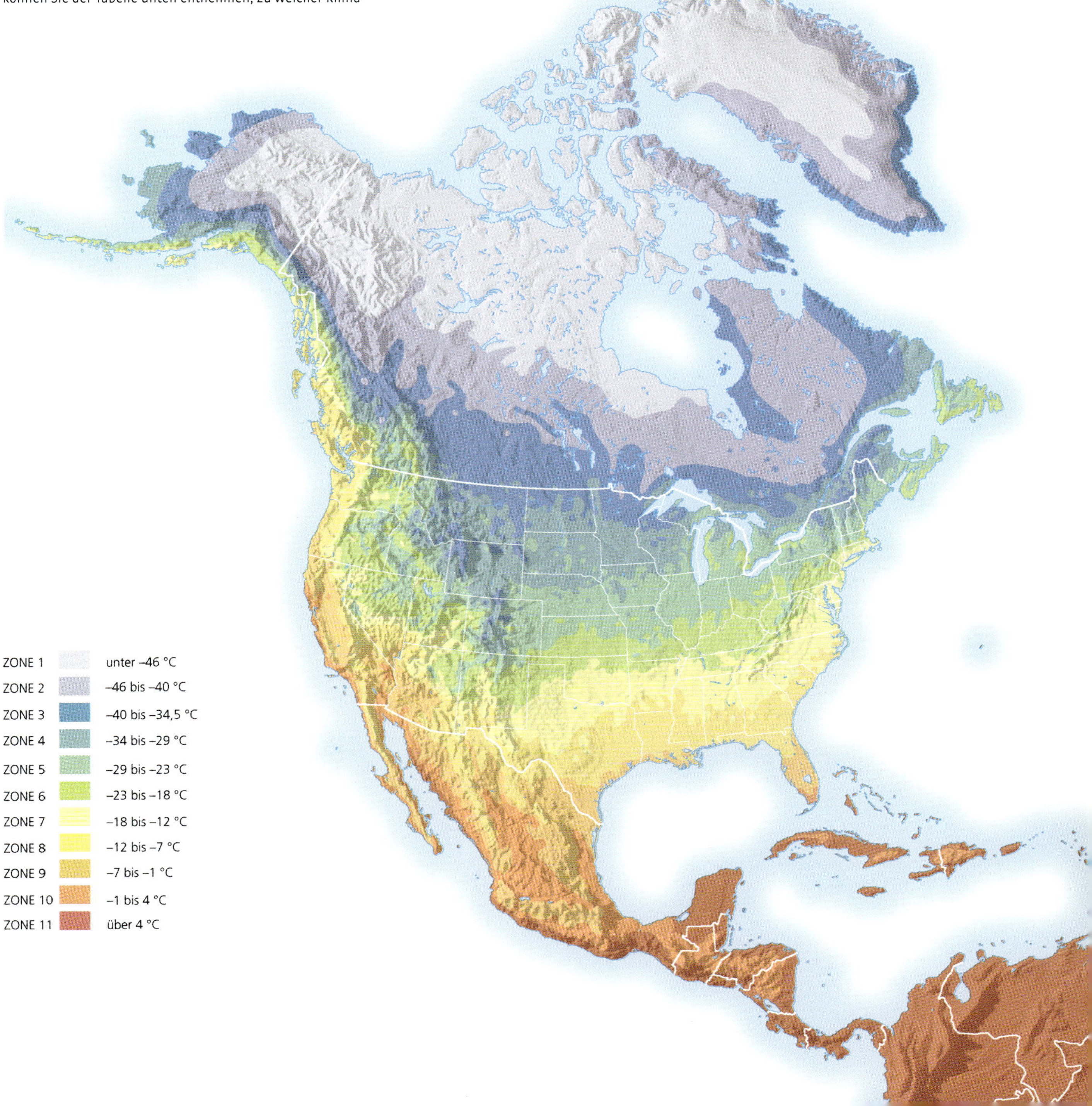

Register

Kursive Seitenzahlen verweisen auf Abbildungen

Danksagung des Autors

Als Mitchell Beazley mich bat, ein weiteres Buch über Rosen zu verfassen, hatte ich bereits Einladungen anderer Verlage abgelehnt und verspürte keinen Wunsch mehr, mich nochmals dem Schreiben zu widmen. Als ich jedoch hörte, dass eher ein Buch über die Erfahrungen mit Rosen, die ich im Laufe meines Lebens gesammelt hatte, erwartet wurde, und kein Handbuch oder eine Rosenenzyklopädie, konnte ich mein Nein nicht länger aufrecht erhalten.

Mein erster Dank gilt daher den Rosen selbst, denn mein Leben ist nur ein Augenblick in ihrer Geschichte, die sich ewig fortsetzen wird. Meine Rosenleidenschaft gab mir die Gelegenheit, weltweit zahlreiche Seelenverwandte kennenzulernen, Menschen, die ich gern als meine Freunde betrachte. Diese Rosenliebhaber haben zu meiner Liebe zu den Rosen beigetragen, und somit, auf indirektem Wege, auch zu diesem Buch. Ihnen sei hier herzlich gedankt.

Zu meinen engsten Freunden zähle ich auch meine Familie und möchte ihnen für ihr unschätzbares Engagement danken, insbesondere meiner Frau Joan, die meine schwer leserliche Handschrift am Computer in saubere Manuskriptseiten verwandelt hat, meiner Tochter Amanda für ihre Nachforschungen für das Rosenverzeichnis und meinem Sohn Richard, der das Unternehmen in meiner Abwesenheit geführt hat. Erwähnt sei auch Oscar, unser Golden Retriever, der mich an uninspirierten Tagen auf langen therapeutischen Spaziergängen begleitet hat. Eine weitere Person, die bei der Entzifferung meiner Handschrift behilflich war, ist meine Sekretärin, Betty Gardiner. Vielen Dank, Betty, für die vielen Stunden am Bildschirm. Mein Dank gilt auch Helen Lee, unserer Büroleiterin, die nach eigener Aussage meine Abwesenheit niemals bemerkt hat. Dank auch an Ian Limmer, der bewiesen hat, dass unser Aufzuchtbetrieb genauso gut, wenn nicht besser, läuft, wenn ich abwesend bin. Und Dank an Ian's Frau Tina, die viele Stunden mit dem Sortieren der Dias verbracht hat. Ich bedanke mich für die vielen kleinen Beiträge zu diesem Buch, die meine Mitarbeiter geleistet haben, und möchte ihnen für ihre fortwährende Unterstützung danken.

Mein besonderer Dank gilt der Fotografin Marianne Majerus, die die vielen herrlichen Rosen in ihren jeweiligen Landschaften mit der Kamera eingefangen hat, und ebenso den Besitzern der Gärten (die an anderer Stelle aufgeführt sind), die Marianne die Möglichkeit geboten haben, dort zu fotografieren.

Ich bedanke mich beim gesamten Team von Mitchell Beazley, insbesondere bei Michèle Byam für ihre Unterstützung, Miranda Harvey und Sarah Rock, die das Layout gestalteten und Worte und Fotos zu einem gelungenen Zusammenspiel finden ließen, und bei meiner Lektorin Lesley Riley für ihre Einfühlsamkeit und konstruktiven Vorschläge. Es war einfach eine Freude, mit ihr zusammenzuarbeiten. Ich hoffe, dass jeder, der in irgendeiner Weise bei der Entstehung dieses Buches behilflich war, spüren mag, dass ein kleiner Teil dieses Buches nur für sie oder ihn bestimmt ist.

Bildnachweis

Mit Ausnahme der folgenden stammen alle Fotos von Marianne Majerus:

Peter Beales Roses: 13, 27, 30, 31, 78, 83, 91, 94, 95, 98, 99, 110 113, 114, 115, 117, 122, 125, 126, 128, 130, 140, 143, 156, 160, 163, 169, 173, 181, 186 unten, 190, 192, 193 oben und unten, 198, 199, 200, 204, 211, 212, 213; Andrew Lawson Photography: 36, 41, 141; Garden Picture Library: Fotos von Mark Bolton 52, Howard Rice 53, Mayer/Le Scanff 175, Ellen Rooney 176, Eric Crichton 182; Mise Au Point/A Descat: 16; Octopus Publishing Group: 112; Photos Horticultural: 28, 104, 120, 129, 135, 149, 159, 165; S & O Mathews: 121.

Sämtliche Fotos im Rosenverzeichnis (Seiten 217–250) mit freundlicher Genehmigung von *Peter Beales Roses*, mit Ausnahme von 221 oben und Mitte unten, 222 unten, 225 oben und 236 unten, die von Marianne Majerus stammen.

Wir möchten uns bei folgenden Eigentümern und Gartengestaltern bedanken, die uns die freundliche Erlaubnis gaben, ihre Gärten zu fotografieren:

Astley Abbots House, Shropshire: 56; Cerney House, Glos: 177; Clinton Lodge, Sussex: 57; Coughton Court, Warwicks: 11, 127, 146, 147, 153, 178; Eastgrove Cottage, Hereford & Worcs: 15; Elsing Hall, Norfolk: 19, 54, 88, 97, 185, 194; Ephraim Gardens, Kent: 202; Helmingham Hall, Suffolk: 8, 48, 148; High Cleabarrow, Cumbria: 87; Kil ieser Avenue, London: 82; Lawn Farm, Norfolk: 179, 184; Lime Kiln House, Suffolk: 75; Malvern Terrace, London: 24; Mannington Hall, Norfolk: 17, 22, 108, 118, 170, 186a, 214; Mount Ephraim Gardens, Kent: 138; The Old Manor, Hemingford Grey: 40; Peter Beales Roses, Norfolk: 21, 29, 49, 61, 62, 64, 65, 137, 167, 197, 205, 206, 207; Pound House, Wilts: 92; RHS Hyde Hall: 103, 133; RHS Wisley: 20, 111, 188; Shepherds Lane Gardens, Surrey: 162; Sun House, Suffolk: 6; Wyken Hall, Suffolk: 71; Miranda Holland Cooper: 155, 172; Pedro Da Costa Felgueiras: 187; Lynette Hemmant: 191; Chris & Toby Marchant: 73; Mary McCarthy: 84; Helen Pitel: 157; Tom Stuart-Smith: 79.

Elisabeth Wagner
Weimar 2005